Programmieren mit COBOL

Unter besonderer Berücksichtigung von COBOL 85

Von Friedemann Singer,
Gesamthochschule Kassel

6., völlig neubearbeitete Auflage

Mit 11 Originalprogrammen, zahlreichen Bildern und Beispielen

B. G. Teubner Stuttgart 1988

Dipl.-Math. Friedemann Singer

Geboren 1927 in Dessau. Studium der Mathematik in Halle/Saale und Göttingen; 1968 Diplom in Mathematik. 1968 bis 1970 wiss. Mitarbeiter im Max-Planck-Institut für Aeronomie, Institut für Stratosphärenphysik, in Lindau/Harz. 1970 bis 1972 wiss. Angestellter im Zentrum für Datenverarbeitung der Universität Tübingen. Seit 1972 wiss. Bediensteter an der Gesamthochschule Kassel, Planungsgruppe des Gründungspräsidenten, Referat EDV; seit 1977 im Hochschulrechenzentrum der Gesamthochschule Kassel

CIP-Titelaufnahme der Deutschen Bibliothek

Singer, Friedemann:
Programmieren mit COBOL : unter bes. Berücks. von COBOL 85 / von Friedemann Singer. – 6., völlig neubearb. Aufl. – Stuttgart : Teubner, 1988
Mit 11 Orig.-Programmen, zahlr. Bildern u. Beispielen
ISBN 3-519-02281-8

Printed in Germany
Druck und Bindung: Zechnersche Buchdruckerei GmbH, Speyer

Vorwort

Im September 1972 habe ich das Vorwort zur 1. Auflage dieses Buches geschrieben. Darin steht u.a., daß es sein Zweck sei,

> "den Leser so weit zu bringen, daß er in der Lage ist, das COBOL-Handbuch eines Computer-Herstellers mit Gewinn zu lesen und mit dessen Hilfe auch größere Programme selbständig zu schreiben und zum Laufen zu bringen. Es ist also nicht Vollständigkeit angestrebt, sondern die Struktur der Programmiersprache COBOL soll deutlich gemacht werden, was nur durch Beschränkung auf das Wesentliche möglich ist. Im Übrigen sei auf das Kapitel "Einleitung" verwiesen, in dem weitere Einzelheiten über dieses Buch angegeben sind.
>
> "Wesentlich an diesem Text sind die Programmbeispiele, die in verschiedenen Rechenzentren auf Computern verschiedener Hersteller gelaufen sind. ..."

Diese Sätze gelten auch heute noch. Dennoch hat sich die Situation seitdem erheblich geändert. Damals war es noch nicht selbstverständlich, daß sich die Hersteller nach dem drei Jahre zuvor vom American National Standards Institute (ANSI) veröffentlichten Standard ANS COBOL X3.23-1968 richteten.

Fünf Jahre später gab ich der 3. Auflage folgende Zeilen mit auf den Weg:

> "Seit Erscheinen der 2. Auflage haben sich in der Welt der Datenverarbeitung und besonders der COBOL-Welt einige bemerkenswerte Änderungen vollzogen. Mit der 3. Auflage habe ich darauf reagiert: sie ist auf lange Strecken ein neues Buch geworden.
>
> "Bei der Revision des Textes habe ich den neuen COBOL-Standard ... zugrunde gelegt, zumal sich dieses "COBOL 74" in immer stärkerem Maße ... durchsetzt."

1982, also zehn Jahre nach Erscheinen der 1. Auflage, war die 4. Auflage fällig. Ich schrieb damals im Vorwort u.a.:

> "Der dritte Standard ANS COBOL X3.23 steht ins Haus. ... Was er enthält, ist hinreichend bekannt; es gibt auch schon Hersteller, die einige dieser Neuerungen implementiert haben.
>
> "... Die Strukturierte Programmierung - obwohl nur wenig unmittelbar angesprochen - zieht sich wie ein roter Faden durch dieses Buch ... Alle 11 Beispielprogramme sind daher in diesem Sinne überarbeitet und auf modernen COBOL-Implementationen neu gerechnet worden, Lesbarkeit und Durchsichtigkeit haben dadurch zugenommen. Der aufmerksame Leser wird u.a bemerken, daß nur anfangs noch GO TO vorkommt..."

Es hat aber noch Jahre gedauert, bis der dritte Standard ANS COBOL X3.23-1985 veröffentlicht wurde. Jetzt setzt er sich durch, immer mehr COBOL-85-Compiler erscheinen auf dem Markt.

Wie man aus den Zitaten ersieht, spiegelt die Geschichte dieses Buches die Wandlungen der COBOL-Welt wieder. Die Eigenbrötelei vieler Hersteller ist nach und nach der Erkenntnis gewichen, daß nur eine einheitliche, also genormte Sprache lebensfähig ist, und daß nur Programmsysteme, die in einer solchen Sprache geschrieben sind, die Zeiten überdauern können. Die Hardware ändert sich schnell, COBOL-Programme sind aber lange im Einsatz. Was früher sehr arbeitsaufwendig war, ist heute erreicht: Programme, die in COBOL 85 geschrieben sind, lassen sich problemlos von einem DV-System auf das andere übertragen.

Die 6. Auflage dieses Buches habe ich wieder völlig neu geschrieben, und wieder habe ich alle Beispielprogramme überarbeitet und neu gerechnet. Der bewährte Aufbau ist dagegen unverändert geblieben.

Da es noch nicht so viele COBOL-85-Compiler gibt - 70 % der Hersteller, die ich angeschrieben habe, gaben mir einen Korb - ist im Vergleich zu früheren Auflagen die Anzahl der verschiedenen DV-Systeme, auf denen ich gearbeitet habe, kleiner geworden. Auch habe ich - von Ausnahmen abgesehen - auf die Übernahme von Originallisten verzichtet, denn heute dominiert der magnetische Datenträger.

Folgenden Firmen danke ich, daß ich bei ihnen Beispielprogramme habe rechnen dürfen, unterstützt von geduldigen Betreuerinnen und Betreuern:

DIGITAL EQUIPMENT GmbH in Hannover (VAX-11/750)
und Frau Hofmann und Frau Sommer,

NCR GmbH in Frankfurt (TOWER)
und Frau Ohlenschläger,

PCS Computer Systeme GmbH in Hannover (CADMUS)
und Herrn Sandner.

Weiterhin danke ich der Fa. NORSK DATA GmbH in Frankfurt und Herrn Rimbach für die Bereitstellung einer Vorabversion des noch in Entwicklung befindlichen COBOL-85-Compilers auf der Anlage ND-570 des Hochschulrechenzentrums (HRZ) der Gesamthochschule Kassel (GhK).

Der Fa. mbp in Dortmund danke ich für die Überlassung von Unterlagen über ihren mbp-COBOL-Compiler, den ich auf dem Rechner CADMUS benutzt habe.

Alle 11 Beispielprogramme habe ich auf dem Rechner SIEMENS 7.590-G des HRZ der GhK ausgetestet, bevor sie auf andere Rechner übertragen wurden. Dies geschah im Rahmen der Pilotierung des COBOL-85-Compilers von SIEMENS im HRZ der GhK. In diesem Zusammenhang danke ich Herrn Acconci (SIEMENS AG in München) für wichtige Diskussionsbeiträge.

Sodann danke ich meinen Kollegen für Rat und Tat, insbesondere den Herren Peter Mann und Dr. Wilfried Wätzig.

Nicht zuletzt danke ich meiner Frau für ihre Geduld und Langmut, mit der sie es ertrug, daß ich Abend für Abend auf meinem kleinen Computer das gesamte Buch mit Hilfe eines Textsystems in immer neuen Varianten schrieb und ausdruckte. Sie hat den ganzen Text gelesen und mich auf sehr viele Fehler aufmerksam gemacht.

Baunatal, im August 1988

Friedemann Singer

Acknowledgment

COBOL (Common Business Oriented Language) ist aus einer Zusammenarbeit von Computer-Herstellern und Anwendern in einem Arbeitsausschuß von CODASYL (Conference on Data Systems Languages) hervorgegangen. Auf diesem sog. CODASYL COBOL basiert die amerikansiche Normung ANS COBOL X3.23 des American National Standards Institute (ANSI, vormals USASI, davor ASA), die von der International Standards Organization (ISO) und vom DIN übernommen wird.

Da sich das vorliegende Buch auf ANS COBOL bezieht, und damit auch auf CODASYL COBOL, ist nachfolgender Text hier abzudrukken, denn sowohl im Journal of Development 1978 (JOD 1978) als auch im American National Standard COBOL X3.23-1985 (Abweichungen in eckigen Klammern) heißt es:

> Any organization interested in reproducing the COBOL report [standard] and specifications in whole or in part, using ideas from this report [document] as the basis for an instruction manual or for any other purpose, is free to do so. However, all such organizations are requested to reproduce the following acknowledgment paragraphs in their entirety as part of the preface to any such publication. Any organization using a short passage from this document, such as in a book review, is requested to mention "COBOL" in acknowledgment of the source, but need not quote the acknowledgment.

> "COBOL is an industry language and is not the property of any company or group of companies, or of any organization or groups of organizations.

"No warranty, expressed or implied, is made by any contributor or by the CODASYL COBOL Committee as to the accuracy and functioning of the programming system and language. Moreover, no responsibility is assumed by any contributor, or by the committee, in connection therewith.

"The authors and copyright holders of the copyrighted material used herein

> FLOW-MATIC (trademark of Sperry Rand Corporation), Programming for the UNIVAC (R) I and II, Data Automation Systems copyrighted 1958, 1959, by Sperry Rand Corporation;
>
> IBM Commercial Translater Form No. F28-8013, copyrighted 1959 by IBM;
>
> FACT, DSI 27A5260-2760, copyrighted 1960 by Minneapolis-Honeywell

have specifically authorized the use of this material in whole or in part, in the COBOL specifications. Such authorization extends to the reproduction and use of COBOL specifications in programming manuals or similar publications."

[JOD 78]
[ANS 85]

Inhaltsverzeichnis

1. Einleitung

1.1 Forderungen an eine kommerzielle Programmiersprache

Thema dieses Buches ist die Prgrammierung kommerzieller Probleme in einer dafür geeigneten Programmiersprache, also einer Sprache, die sich nicht unwesentlich von denjenigen Programmiersprachen unterscheidet, die für mathematische, naturwissenschaftliche oder technische Zwecke entwickelt wurden und deren bekannteste FORTRAN ist. Bei jenen Sprachen kommt es darauf an, umfangreiche Berechnungen möglichst einfach formulieren und programmieren zu können. Im kommerziellen Bereich und in der Verwaltung sehen dagegen die Aufgaben für den Computer ganz anders aus.

Zwei charakteristische Eigenschaften solcher kommerziellen Programme sind:

- Es werden große Datenmengen verarbeitet mit - im Verhältnis - wenig Rechenoperationen, z.B. "Lohn und Gehalt" in einem Großbetrieb.
- Die Programme haben eine lange Lebensdauer, werden aber immer wieder modifiziert, z.B. weil sich Gesetzes- oder Verwaltungsvorschriften ändern.

Wir fordern also eine Programmiersprache, die eine "effektive Lösung kommerzieller Datenverarbeitunsprobleme" gewährleistet (J. E. SAMMET in ihrem interessanten Buch über die Geschichte der Programmiersprachen [SAMM 69], S. 314). Für eine solche Programmiersprache und die in ihr geschriebenen Programme kann man folgende, unmittelbar einsichtige Forderungen aufstellen:

1) Problem-orientiert und maschinen-unabhängig soll die Sprache sein, d.h. verhältnismäßig einfach soll ein gegebenes Problem in der Sprache formuliert werden können; dabei darf es keine Rolle spielen, auf welchem Computer das Programm später laufen wird. Bestehende Programme sollen mit minimalem Aufwand von einem Computer (Hersteller A) auf einen anderen (Hersteller B) übertragbar sein (Kompatibilität der Programme).

2) Die Programme sollen gut lesbar sein, d.h. in einer vereinfachten menschlichen Sprache abgefaßt. Auch Nicht-Programmierern sollen die Programme verständlich sein (wesentlich u.a. für Kontrollen, etwa für den Datenschutzbeauftragten, und Revisionen).

3) Nach Möglichkeit soll die Programmdokumentation im Programm selbst enthalten sein, so daß umfangreiche Programmbeschreibungen nicht mehr geschrieben werden müssen. Die Programme sollen also - wie man sagt - selbstdokumentierend sein.

4) Moderne Programmiermethoden sollen sich in der Sprache entfalten können, das gilt vor allem für die sog. Strukturierte Programmierung.

5) Einheitliche Programmstruktur, klare Trennung von Datenbeschreibungen und Prozeduren soll die Sprache erzwingen.

6) Die Sprache soll so beschaffen sein, daß die Übersetzer effizienten Code erzeugen können, d.h. die resultierenden Maschinenprogramme sollen schnell ablaufen und wenig Speicherplatz benötigen; die Hardware-Eigenschaften des betreffenden Computers sollen optimal ausgenutzt werden.

7) Die Sprache soll unter der Voraussetzung allgemeiner Kenntnisse in der Elektronischen Datenverarbeitung (EDV) leicht zu erlernen sein. Diese Forderung ist im Zusammenhang mit dem Sprachumfang zu sehen: Sprachen, die wenig leisten, sind möglicherweise leicht zu erlernen; Programmiersprachen für kommerzielle Zwecke müssen aber sehr viel "können".

8) Künftige Entwicklungen sollen nicht ausgeschlossen werden, d.h. die Sprache soll lebendig sein; Programme, die in einer älteren Version der Sprache geschrieben sind, sollen in einer modernen Version lauffähig bleiben (man nennt diese Eigenschaft von Programmen Aufwärtskompatibilität).

1.2 COBOL

Die am weitesten verbreitete Programmiersprache, welche die genannten Forderungen mehr oder minder gut erfüllt, ist COBOL (Common Business Oriented Language). Die interessante Geschichte von COBOL ist im Abschnitt 8.1 geschildert.

Bei früheren COBOL-Implementationen war man vor allem darauf bedacht, die Eigenschaften des betreffenden Computers so gut wie möglich auszunutzen. Die erzeugten Programme waren dadurch wenig kompatibel. Nachdem im Jahre 1968 das American National Standards Institute (ANSI) mit internationaler Beteiligung erstmalig COBOL standardisiert (genormt) hat (im folgenden COBOL 68 genannt) und sich die Computerhersteller nach anfänglichem Zögern überwiegend an diese Norm halten, kann die grundlegende Forderung nach Kompatibiliät im wesentlichen als erfüllt angesehen werden.

Da sich COBOL inzwischen weiterentwickelt hat und viele dieser Spracherweiterungen von etlichen Herstellern bereits implementiert waren, ist ANSI im Jahre 1974 dem Wunsch nach einer neuen Norm nachgekommen (im folgenden COBOL 74 genannt).

Der dritte Standard war für 1980/81 vorgesehen, ist aber erst 1985 erschienen (im folgenden COBOL 85 genannt), obwohl bereits bekannt war, welche Erweiterungen COBOL durch diese neue Norm erfahren wird, weil

- ANSI sich immer auf die Sprachentwicklung von CODASYL bezieht und zwar im Falle von COBOL 85 zunächst auf JOD 1978 (Journal of Development 1978 [JOD 78], dann aber auf JOD 1984 und
- durch verschiedene Veröffentlichungen [FMK 79], [NEL 80], [ANS 80] bekannt war, wie COBOL 85 aussehen wird (es gibt bereits seit Jahren Hersteller, die einiges davon schon implementiert haben).

Der Sprachumfang von COBOL ist sehr groß. Will man z.B. die Sprachdefinition von COBOL 85 [ANS 85] in das Format dieses Buches bringen, so würde sie etwa 1300 Seiten umfassen. Auch die COBOL-Handbücher der Computer-Hersteller sind ähnlich umfangreich.

1.3 Zu diesem Buch

Aus dem bisher Gesagten geht hervor, daß das Abfassen eines COBOL-Lehrbuches, das einführenden Charakter haben und nicht zu umfangreich sein soll, Probleme aufwirft, die nur durch Kompromisse gelöst werden können. Daher muß ich als Autor hier zunächst einmal sagen, was das Buch n i c h t will, um dann besser zeigen zu können, w a s es will.

Das angestrebte Ziel ist also nicht, eine vollständige Sprachdefinition zu geben. Das würde eine Übersetzung des offiziellen amerikanischen Handbuchs [ANS 85] viel besser leisten. Außerdem müßte ein derartiges Buch COBOL-Kenntnisse voraussetzen, die ja auch für die COBOL-Handbücher der Computer-Hersteller bzw. Übersetzer-Hersteller erforderlich sind.

Ebenso ist nicht beabsichtigt, eine breitangelegte Einführung in die Programmiersprache COBOL zu geben; das ist schon in anderen Büchern geschehen. Jene Bücher aber müssen aus ökonomischen Gründen gerade dort aufhören, wo COBOL erst richtig interessant wird.

Dieses Buch beabsichtigt zweierlei:

Einmal soll die vor allem für Anfänger schwierige Lektüre von COBOL-Handbüchern der Hersteller erleichtert oder überhaupt erst möglich werden, denn ohne diese Handbücher zu Hilfe zu nehmen, können selbst erfahrene COBOL-Programmierer größere Programme oder gar ganze Programmsysteme nicht schreiben.

Zum andern soll COBOL als ein Medium vorgestellt werden, mit dessen Hilfe man Datenverarbeitungsprobleme aus Industrie, Handel und Verwaltung auf wirksame Weise lösen kann. Dazu gehört auch, daß gezeigt wird, wie gut sich COBOL für moderne Programmiermethoden, also für die Strukturierte Programmierung, eignet.

Daraus ergibt sich folgender Aufbau des Buches:

Die nächsten beiden Kapitel haben einführenden Charakter. Kapitel 2 enthält eine Zusammenstellung derjenigen Begriffe aus der Datenverarbeitung, die für eine kommerzielle Programmiersprache wichtig sind. Kapitel 3 stellt die Philosphie von COBOL vor.

In den Kapiteln 4 bis 6 werden in etwas breiterer Darstellung die wichtigsten COBOL-Anweisungen vorgeführt, zunächst in ihren Grundformen, später ausführlicher.

Kapitel 7 schließlich bringt eine systematische Übersicht über die Moduln, d.h. Bausteine, in die ANS COBOL gegliedert ist, ergänzt so den Inhalt der voraufgegangenen Kapitel, kann aber aus Platzgründen nicht alles en detail bringen.

Um Sie, die Leserin bzw. den Leser, in die Lage zu versetzen, bald erste Programme schreiben zu können, sind ausführliche Beispiel-Programme in größerer Zahl aufgenommen, die - und das ist wichtig zu wissen - alle auf einem Computer in der angegebenen Weise gelaufen sind: es handelt sich also um Originale, d.h. um Faksimile-Wiedergaben bzw. um Ausdrucke von Dateien, die auf magnetischen Datenträgern mir, dem Autor, zur Verfügung standen. Programmieren lernt man weniger durch theoretische Überlegungen als in erster Linie durch praktische Übungen mit dem Computer, d.h. an Beispielen, die man variiert und den eigenen, zu lösenden Problemen anpaßt. So machen es auch die Erfahrenen.

Auf Übungsaufgaben, die nur den Formalismus der Sprache COBOL betreffen, habe ich bewußt verzichtet. Beim Übersetzen entdeckt ein COBOL-Übersetzer (COBOL-Compiler) formale Fehler, d.h. Verletzungen der COBOL-Syntax ja ohnehin.

Wichtiger sind praktische Programmierübungen, vor allem solche, welche die Manipulation großer Datenmengen enthalten. Derartige Übungen kann man nur mit dem Computer selbst durchführen. Leider lassen sich deshalb in einem Lehrbuch diesbezügliche Übungsaufgaben nicht stellen, da größere Datenmengen auf den entsprechenden (magnetischen) Datenträgern nur in Programmierkursen verfügbar sein können.

Um aber nicht im Theoretischen stecken zu bleiben, habe ich einige Übungsaufgaben in den Text eingefügt mit der Absicht,

Sie anzuregen, Ihre neu erworbenen Kenntnisse in praxi zu testen. Lösungen habe ich nicht angegeben, da die Aufgaben so abgefaßt sind, daß Sie leicht selbst sehen können, ob Sie die Aufgabe richtig gelöst haben oder nicht.

Nicht zuletzt möchte ich auf folgendes hinweisen:

Die in den Text eingestreuten Beispiele sind auf Computern verschiedener Hersteller gerechnet worden. Es ist das erklärte Ziel dieses Buches, Compiler-unabhängig zu sein. Der COBOL-Programmierer sollte von Anfang an sein Augenmerk darauf richten, daß er seine Programme möglichst "ANSI-Norm-gerecht" schreibt, um weitgehend kompatibel zu anderen DV-Systemen sein zu können. Damit befindet er sich in einer anderen Lage als der Programmierer naturwissenschaftlicher Fragestellungen, bei denen es in der Regel auf die schnelle Lösung eines Problems ankommt und nicht auf jahrelange, gleichbleibende Produktionen durch ein einmal geschriebenes Programmsystem.

Den deutschen Fachausdrücken sind beim ersten Auftreten die gängigen englischen Übersetzungen in Klammern beigefügt.

Zum Schluß zwei Anmerkungen didaktischer Art:

Man kann das Programmieren in einer Programmiersprache, etwa in COBOL, wie Lesen und Schreiben nach der Ganzheitsmethode lehren und lernen. Ich bekenne mich jedoch zur Analytischen Methode. Deswegen, und um Sie in das algorithmische Denken einzuführen, welches auch in der kommerziellen Datenverarbeitung eine wichtige Rolle spielt, ist das eine oder andere Beispiel untypisch für kommerzielle Anwendungen.

Die Aufwärtskompatibilität von COBOL 74 nach COBOL 85 habe ich dadurch versucht deutlich werden zu lassen, daß in den syntaktischen Definitionen (COBOL-Notation) <u>die Erweiterungen von COBOL 85 grau-gerastert unterlegt</u> sind. Wem COBOL 85 nicht zur Verfügung steht, braucht diese Teile nur fortzulassen.

2. Grundlagen der elektronischen Datenverarbeitung

2.1 Allgemeines

Ein Mensch, der sich mit der Programmiersprache COBOL beschäftigen will - oder muß, wird heutzutage einige Kenntnisse haben über die elektronische Datenverarbeitung (EDV) oder - wie man in der Verwaltung auch sagt - automatische Datenverarbeitung (ADV). In diesem Kapitel habe ich daher die für das Verständnis von COBOL wichtigen Begriffe nur genannt, um Sie gegebenenfalls zu veranlassen, Ihnen unbekannte Begriffe in Büchern nachzuschlagen, die u.a. eine allgemeine Einführung in die Datenverarbeitung (DV) bieten, etwa [BAU 85].

Das Prinzip der DV kann man sinnbildlich folgendermaßen darstellen:

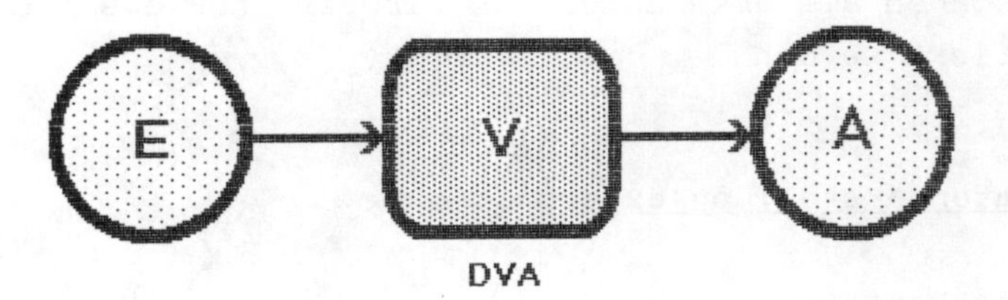

E = Eingabe (input), V = Verarbeitung (processing), A = Ausgabe (output). In der Datenverarbeitungsanlage (DVA), also im Computer, laufen die Programme ab, welche die Verarbeitung der Daten übernehmen. Da für die kommerzielle Datenverarbeitung Eingabe und Ausgabe großer Datenmengen charakteristisch ist, werden solche Programme auch als E-A-intensiv bezeichnet (E-A = Eingabe-Ausgabe; I-O = Input-Output). Im Gegensatz dazu nennt man die meisten technisch-naturwissenschaftlichen Programme rechenintensiv.

Die (noch) zu verarbeitenden Daten bzw. die (bereits) verarbeiteten Daten werden auf Datenträgern festgehalten, d.h. gespeichert. Für die kommerzielle Datenverarbeitung sind die wichtigsten Datenträger:

Papierspeicher: gedruckte Listen (listings), Lochkarten (punched cards) [veraltet]

Magnetspeicher: Magnetplatten (disks), Magnetbänder (magnetic tapes).

Bei den Magnetplatten unterscheidet man zwischen Festplatten, die luftdicht verkapselt sind, und Wechselplatten. Außerdem sind die Disketten (floppy disks) dazu zu rechnen.

Der Computer verarbeitet die Daten bekanntlich binär, d.h. er rechnet im Dualsystem, wogegen wir Menschen im Dezimalsystem rechnen. Daneben verwendet man in der ADV noch zwei weitere Zahlensysteme, das Oktalsystem und das Sedezimalsystem (wegen des anglo-amerikanischen Sprachgebrauchs auch häufig, wenn auch sprachlich inkorrekt, Hexadezimalsystem genannt); beide Systeme können als abkürzende Schreibweise für das Dualsystem interpretiert werden.

2.2 Datendarstellung extern

2.2.1 Lochkarten

Obwohl Lochkarten heute veraltet sind und nur noch bei älteren DV-Systemen angewandt werden, müssen wir sie hier kurz besprechen, weil sie an verschiedenen Stellen in COBOL ihre Spuren hinterlassen habe.

Eine Lochkarte umfaßt 80 Spalten (columns), die je ein Zeichen (Ziffer, Buchstabe, Sonderzeichen) enthalten. Nicht nur eine COBOL-Zeile besteht aus 80 Zeichen, sondern auch eine Bildschirmzeile hat normalerweise dieses Format.

Sollten Sie an einem DV-System arbeiten, das noch Lochkartenverarbeitung hat, müssen Sie wissen, daß es verschiedene Lochkarten-Codes gibt. Erkundigen Sie sich also rechtzeitig (im Rechenzentrum und im Hersteller-Handbuch), was Sie zu tun haben, um die vorliegenden Karten einwandfrei verarbeiten zu können.

2.2.2 Listen

Der Drucker (printer) gibt die Daten als Liste (listing) auf sogenannten Endlos-Formularen aus, die man auch Leporello nennt. Diese Bezeichnung leitet sich von Don Giovannis Diener Leporello ab, der in Mozarts Oper (Registerarie) aus einem "Leporello" die umfangreiche Liste der Liebschaften seines Herrn vorliest.

Für den COBOL-Programmierer relevant ist der Zeichenvorrat des Druckers (64 Zeichen bei älteren Druckern, die nur Großbuchstaben kennen, und 96 Zeichen bei den Schnelldruckern mit Groß- und Kleinschreibung) und die Zeilenlänge (meist 132 oder 136 Zeichen pro Zeile, 80 Zeichen bei kleinen Bürodruckern und Druckern, die an Personal Computern angeschlossen sind).

Große Laser-Drucker benehmen sich wie Schnelldrucker, kleinere dagegen eher wie Schreibmaschinen oder Offset-Maschinen.

2.2.3 Daten auf Magnetspeichern

Während die Daten-Darstellung auf Platten jeweils vom DV-System abhängt, ist sie auf Magnetbändern genormt, d.h. man kann Magnetbänder zum Datenaustausch zwischen verschiedenen DV-Anlagen verwenden. Heutzutage gibt es nur noch die sog. 9-Spur-Bänder, mit den Schreibdichten (densities)

```
 800 bpi  =   320 Sprossen/cm   [veraltet]
1600 bpi  =   640 Sprossen/cm
6250 bpi  =  2560 Sprossen/cm
```

"bpi" heißt bits per inch.

Bei den Disketten gibt es eine verwirrende Vielfalt in der Größe (8 Zoll, 5 1/4 Zoll, 3 1/2 Zoll) und in der Art der Aufzeichnung (einseitig, doppelseitig; verschiedene Schreibdichten; Art der Formatierung).

2.3 Darstellung der Daten und Informationen intern

Bekanntlich kann ein Computer nur diejenigen Daten verarbeiten, die im Arbeitsspeicher (memory) eingetragen sind. Die individuellen Maschinencodes interessieren hier weniger; wichtig ist vielmehr deren Struktur:

Das "Informations-Atom" ist das Bit (binary digit). Einzelne Bits werden in der Regel nicht verarbeitet, sondern nur Bit-Mengen (Bit-Ensembles), die man auch Bit-Muster (bit pattern) nennt. Je nach Größe dieser Bit-Muster spricht man von einem Wort (Maschinenwort) oder von einem Byte, letzteres meistens 8 Bit umfassend, was gerade einem Zeichen (Buchstabe, Ziffer, Sonderzeichen) entspricht.

In einem Wort können mehrere Bytes untergebracht werden, deren Anzahl von der Wortlänge abhängt, die meistens 16, 32, 36, 48 oder 64 Bit beträgt, je nach Maschinentyp. Von der Wortlänge hängt auch ab, welcher Code bevorzugt zur Zeichendarstellung benutzt wird:

6-Bit = 2-stellige Oktalzahl = BCD-Zeichen,
7-Bit = 3-stellige Oktalzahl = ASCII-Zeichen,
8-Bit = 2-stellige Sedezimalzahl = EBCDIC-Zeichen.

Die verwendeten Abkürzungen bedeuten:

BCD = Binary Coded Decimal [veraltet],
ASCII = American Standard Code of Information Interchange [wird international zum Datenaustausch benutzt],
EBCDIC = Extended Binary Coded Decimal Interchange Code.

In einem Wort sind in der Regel enthalten:

- eine Festpunktzahl oder
- eine Gleitpunktzahl oder
- mehrere Zeichen oder
- ein Maschinenbefehl.

2.4 Datenverarbeitungsanlagen (hardware)

Ein COBOL-Programmierer sollte einiges über den Aufbau und die Struktur von modernen DV-Anlagen wissen. Die E-A-Geräte (I-O-devices), auch periphere Geräte genannt, sind über Kanäle (channels) oder spezielle E-A-Prozessoren mit der Zentraleinheit (CPU = central processing unit) verbunden. Wichtige E-A-Geräte sind Bildschirmgeräte (terminals) und Drucker (printers); Magnetbandgeräte (tape drives) und Plattenlaufwerke (disk drives) werden oft als Hintergrundspeicher bezeichnet, große Platten auch als Massenspeicher (mass storage).

Wie bereits erwähnt, kann ein Rechner nur die Daten verarbeiten, die - zusammen mit den zugehörigen Programmen - im Arbeitsspeicher abgelegt sind, der in Zellen (Worte oder Bytes) eingeteilt ist, welche - mit Null beginnend - durchnumeriert sind. Diese Nummern heißen Adressen und werden meist in Oktal- oder Sedezimalzahlen angegeben.

Bei sog. Virtuellen Maschinen liegen die Daten und Programme nicht komplett im Arbeitsspeicher sondern teilweise auf dem Hintergrundspeicher, woher sie bei Bedarf in den Arbeitspeicher geholt werden.

2.5 Betriebssysteme

Betriebssysteme (operating systems) sind maschinennahe Programme (software), die in der Regel vom Hersteller der Hardware mitgeliefert werden und den gesamten Ablauf der DV-Prozesse auf der Anlage steuern.

Ein Teil des Betriebssystems, der Kern (nucleus), befindet sich ständig im Arbeitsspeicher und wird daher der residente Teil genannt. Hierzu gehören u.a. die Geräte-Treiber (driver) und das Programm, welches für die über Massenspeicher gepufferte E-A zuständig ist, der Spool (eine Liste z.B. wird erst dann gedruckt, wenn das Programm vollständig abgelaufen ist).

Zu den transienten Teilen des Betriebssystems, d.h. denjenigen Teilen, die auf Massenspeicher ausgelagert sind und nach Bedarf in den Arbeitsspeicher geladen werden, gehören die Übersetzer (compiler), mithin der COBOL-Übersetzer, der Binder (linkage loader) und die Dienstprogramme (utilities), wie z.B. das Sortier- und Mischprogramm, sowie der Editor, womit man die Eintragungen in Dateien vornimmt.

Neben den genannten Aufgaben, die auch ein PC-Betriebssystem abzuwickeln hat, kontrolliert das Betriebssystem in einem Universalrechner (mainframe) auch die Mehrfach-Programm-Verarbeitung (mulitprogramming): es sind mehrere Programme gleichzeitig im DV-System, die abwechselnd die Zentraleinheit benutzen. Neben der Stapelverarbeitung (batch processing) ist heute der Teilnehmerbetrieb oder Dialogbetrieb (time sharing) dominierend.

Die genannten (und andere) Funktionen des Betriebssystems werden durch Kommandos (commands) aktiviert. Kommandos beginnen bei vielen Systemen mit einem besonderen Zeichen, z.B. dem Dollarzeichen "$" oder dem Schrägstrich "/". Daran erkennt der Kommando-Interpreter die Kommandos und kann sie von anderen Angaben unterscheiden.

Die Gesamtheit der Kommandos wird Steuersprache (job control language = JCL) genannt, die natürlich für jedes Rechnersystem anders ist, zumal das jeweilige Rechenzentrum auch noch Modifikationen an der Steuersprache anbringen kann. Vielfach kann man mehrere Kommandos zu einer Kommando-Prozedur zusammenfassen, quasi zu einem Super-Kommando.

2.6 Flußdiagramme

Um den Daten- und Informationsfluß allgemeinverständlich darzustellen, benutzt man vielfach sog. Flußdiagramme (flow charts). Pfeile weisen in die Richtung, in der die Daten bzw. Informationen "fließen".

Nach DIN 66001 unterscheidet man Datenflußpläne und Programmablaufpläne. Die ersteren stellen die Wege der Daten durch das DV-System graphisch dar, die letzteren die Logik eines Programms bzw. Programmteils. Die Sinnbilder sind weitgehend selbsterklärend und allgemein bekannt, deshalb kann ich hier auf ihre Beschreibung verzichten.

Bei der graphischen Wiedergabe insbesondere von großen, komplexen Programmen haben sich die Flußdiagramme nach DIN nicht als zweckmäßig erwiesen, da solche Programmablaufpläne nur mit großer Mühe hergestellt werden können. Außerdem verführen sie zu einem schlechten Programmierstil. Man hat deshalb andere Methoden der graphischen Darstellung entwickelt, von denen sich aber bisher nur die sog. Struktogramme (NASSI-SHNEIDERMAN-Diagramme) durchgesetzt haben, die andernorts [BAU 85, SIN 84] erklärt sind.

Schließlich mag folgende Beobachtung interessant sein:

Selbst umfangreiche Programme benötigen weder zu ihrer Entwicklung noch zur Dokumentation zwingend Flußdiagramme, wenn man sich beim Entwurf und Schreiben des Programms u.a. von folgenden Gesichtspunkten leiten läßt:

- Forderung nach klaren Programmvorgaben, d.h. erst überlegen, dann programmieren!
- Saubere Gliederung des Entwurfs (Schrittweise Verfeinerung, vgl. auch [SIN 84]).
- Benutzung selbsterklärender Namen, wie z.B. BAND-LESEN, MATRIKEL-NR-VERGLEICH, ... anstelle von BL, MNV3, ...

- Benutzung von Kommentarzeilen und sonstigen Gestaltungsmittel, wie sie COBOL reichlich anbietet, z.B. Verwendung von Leerzeilen, Unterstreichung von Kapitelüberschriften, Möglichkeiten des Layouts, wie Einrücken, etc.

Die Programmbeispiele mögen zeigen, was gemeint ist.

2.7 Einige Bemerkungen zur Programmiertechnik

2.7.1 Problemstellung

Bevor Sie ans Programmieren gehen, sollten Sie über das zu lösende Problem genau Bescheid wissen. Nichts stört das Arbeiten an einem Programm mehr als fortwährende Änderungswünsche des Auftraggebers. Daher müssen Sie von Ihrem Auftraggeber fordern, daß das zu lösende Problem in voller Klarheit (schriftlich!) formuliert ist. Insbesondere sollten folgende drei Fragen bis in alle Einzelheiten geklärt sein:

1.) Welches sind die Ausgangsdaten (input für die DVA)?

2.) Wie sollen die Ergebnisse aussehen (output der DVA)?

3.) Welches Verfahren soll verwendet werden?

Die dritte Frage kann man auch als Frage nach dem zu verwendenden Algorithmus bezeichnen. Unter einem Algorithmus versteht man zunächst die Zerlegung einer Rechnung in endlich viele Rechenschritte. Da bei der kommerziellen Datenverarbeitung das Rechnen nicht im Mittelpunkt steht, wird heutzutage der Begriff des Algorithmus auf allgmeine Verfahrensschritte ausgedehnt.

2.7.2 Modularer Programmaufbau

Vor allem größere Programme bzw. ganze Programmsysteme sollte man immer modular aufbauen, d.h. klar in einzelne Bausteine gliedern. Dieser Hinweis mag an dieser Stelle vorerst genügen. Was man darunter versteht und wie diese Forderung realisiert wird, ist in [SIN 84] beschrieben; außerdem wird weiter unten darüber gesprochen werden, denn COBOL stellt geeignete Mittel zur Modularisierung von Programmen zur Verfügung.

7.3 Prüfen

Nicht das Prüfen (= Testen) der Programme ist hier gemeint, sondern das Prüfen der Daten, mit denen das Programm zu tun hat. Verlassen Sie sich keinesfalls auf die Richtigkeit der Daten! Daher gilt die wichtige Regel:

Prüfe, was sich nur immer prüfen läßt!

Auch anscheinend triviale Dinge müssen geprüft werden. Sollen z.B. die zu verarbeitenden Daten sortiert sein, ist auf jeden Fall die Sortierfolge nachzuprüfen. Unterläßt man das, so können seltsame Ergebnisse die Folge sein und auf einen vermeintlichen Programmierfehler deuten; dabei waren nur zwei Datensätze vertauscht.

Hat man derartige Mißstände entdeckt, müssen sie als Fehlermeldung mitsamt den fehlerhaften Daten dem Benutzer des Programms mitgeteilt werden. In mehreren Beispielprogrammen wird vorgeführt, wie das zu handhaben ist.

2.7.4 Sinnvolle Verfahren

Im allgemeinen ist es üblich, ein Programm mit einer kleinen Datenmenge zu testen. Hat das Programm diesen Test bestanden, so schließt man auf die Richtigkeit des Programms. Daß man dabei aber auch böse Überraschungen erleben kann, zeigt folgendes Beispiel:

Eine endliche Anzahl von Elementen soll in allen Reihenfolgen angeordnet werden, die es gibt. Eine derartige Anordnung heißt Permutation. Die Anzahl der Permutationen von *n* Elementen ist *n!* (sprich: *n* Fakultät) und berechnet sich nach der folgenden Formel:

$$n! = 1 \cdot 2 \cdot 3 \cdot \ldots \cdot (n-1) \cdot n$$

Wenn wir annehmen, daß der Computer 1000 Maschinenbefehle benötigt, um eine Permutation zu berechnen und auszugeben, und wenn wir weiter annehmen, daß der Computer durchschnittlich 1 Million Maschinenbefehle in der Sekunde ausführt, so gibt die folgende Tabelle an, daß man dabei sehr schnell an gewisse Grenzen stößt, denn 20 Elemente sind ja nicht gerade viel!

n	n!	Rechenzeit
1	1	1 msec
5	120	0,1 sec
10	3 628 800	1 Stunde
15	$1{,}31 \cdot 10^{12}$	44,5 Jahre
20	$2{,}43 \cdot 10^{18}$	77 Millionen Jahre

Schwierigkeiten dieser Art können z.B. bei der Berechnung von Stundenplänen auftreten. Die Konsequenzen liegen auf der Hand.

3. Grundlagen der Programmiersprache COBOL

Dieses Kapitel soll einen ersten Überblick über COBOL vermitteln. Die Elemente der Sprache werden vorgestellt, der grundlegende Aufbau eines COBOL-Programms und seine Umgebung.

3.1 Allgemeine Eigenschaften von COBOL

COBOL präsentiert sich als ein stark vereinfachtes, stilisiertes Englisch. Wie in der englischen Sprache ist das Basis-Element der Programmiersprache COBOL das Wort, und wie im Englischen gibt es verschiedene Arten von Wörtern. Es gibt Verben, die von COBOL zur Verfügung gestellt werden, wie z.B. COMPUTE, PERFORM, WRITE. Es gibt Substantiva, die meist vom Anwender geschaffen werden, d.h. Namen von Einzeldaten, Speicherbereichen, Dateien, etc.; daneben gibt es von COBOL zur Verfügung gestellte spezielle Substantiva wie ZERO, SPACES. Schließlich gibt es Füllworter wie IS, ARE, FROM, OF, die im wesentlichen dazu dienen, das Programm besser lesbar zu machen.

Beispiel.

```
SUBTRACT ABZUEGE FROM BRUTTO-GEHALT GIVING NETTO-GEHALT.
```

Eine COBOL-Anweisung beginnt mit einem Verb, dem im allgemeinen ein Substantiv folgt. Eine oder mehrere Anweisungen bilden einen Satz, der mit einem Punkt abgeschlossen wird.

Es gelten strenge syntaktische Regeln.

3.2 COBOL-Notation

Zur Definition der Programmiersprache COBOL hat sich die sog. COBOL-Notation durchgesetzt. Sie ist folgendermaßen definiert:

COBOL-Wörter werden immer mit großen Buchstaben geschrieben (sog. Schlüssel-Wörter).
COBOL-Wörter, die unterstrichen sind, sind obligatorisch; COBOL-Wörter, die nicht unterstrichen sind, können fortgelassen werden (sog. Wahl-Wörter).
Die Sonderzeichen + (plus), - (minus), < (kleiner als), > (größer als), = (gleich), <= (kleiner-gleich), >= (größer-gleich) sind stets obligatorisch. Die Sonderzeichen , (Komma) und ; (Semikolon) dürfen überall zur Gliederung des Programms verwendet werden; sie dürfen fortgelassen werden. Das Sonderzeichen . (Punkt) ist obligatorisch.
Wörter mit kleinen Buchstaben sind vom Programmierer aufzubauen (sog. Programmierer-Wörter).
Angaben in eckigen Klammern [ ] sind Zusätze und können fortgelassen werden.
Bei Angaben in geschweiften Klammern { } muß eine und nur eine der angebotenen Möglichkeiten verwendet werden.
Drei Punkte ... bedeuten, daß die unmittelbar davor stehenden Angaben beliebig oft wiederholt werden können.

Die grau-gerastert unterlegten Stellen gelten nur für COBOL 85. Wegen der Aufwärtskompatibilität müssen sie weggelassen werden, falls nur COBOL 74 zur Verfügung steht.

Beispiel:

```
ADD { numerisches-Literal-1 } [ , { numerisches-Literal-2 } ]
    { Daten-Name-1          }     { Daten-Name-2          }

      TO  Daten-Name-n    [ ROUNDED ]

      [ ON SIZE ERROR  unbedingter-Befehl ]

   [ END-ADD ]
```

Daraus kann z.B. werden:

```
ADD ZWISCHEN-SUMME TO GESAMT-SUMME
```

d.h. addiere ZWISCHEN-SUMME zu GESAMT-SUMME, oder anders gesagt: ZWISCHEN-SUMME + GESAMT-SUMME ergibt neue GESAMT-SUMME. Oder:

```
ADD LOHNSTEUER, KIRCHENSTEUER TO ABZEUGE;
     ON SIZE ERROR  PERFORM DATEN-FEHLER
END-ADD.
```

d.h. zu den (bisher ermittelten) Abzügen (etwa Sozialabgaben) werden Lohnsteuer und Kirchensteuer addiert. Wenn die Abzüge zu groß werden, d.h. bei Überlauf im Datenfeld ABZUEGE, wird die Prozedur DATEN-FEHLER ausgeführt (PERFORM = führe aus).

3.3 Aufbau eines COBOL-Programms

Ein COBOL-Programm gliedert sich stets in vier Teile, die sog. DIVISIONs, welche im folgenden kurz beschrieben werden.

3.3.1 IDENTIFICATION DIVISION

Die IDENTIFICATION DIVISION dient der "Identifikation" des Programms und enthält als wesentlichen Bestandteil seinen Namen, sowie weitere Kommentare.

Beispiel:

```
IDENTIFICATION DIVISION.
PROGRAM-ID.  KUNDENLISTE.
```

Das Programm heißt "KUNDENLISTE".

3.3.2 <u>ENVIRONMENT DIVISION</u>

Die ENVIRONMENT DIVISION beschreibt in zwei Kapiteln die "Umgebung" des Programms, nämlich die Maschinenausstattung im Kapitel CONFIGURATION SECTION und die Verknüpfung der COBOL-Dateien mit den E-A-Geräten bzw. Massenspeicher-Dateien im Kapitel INPUT-OUTPUT SECTION. Die ENVIRONMENT DIVISION stellt also die Schnittstelle des COBOL-Programms zur Hardware und zum Betriebssystem dar und ist demzufolge <u>maschinen-abhängig</u>.

Beispiel:

```
ENVIRONMENT DIVISION.

CONFIGURATION SECTION.

    SOURCE-COMPUTER.  SIEMENS 7.590-G.
    OBJECT-COMPUTER.  SIEMENS 7.590-G.

INPUT-OUTPUT SECTION.

FILE-CONTROL.
    SELECT KUNDEN-LISTE   ASSIGN TO "LISTE".
    SELECT ADRESSEN       ASSIGN TO "KUNDEN".
```

Die COBOL-Dateien KUNDEN-LISTE und ADRESSEN werden den Massenspeicher-Dateien LISTE bzw. KUNDEN zugeordnet

3.3.3. <u>DATA DIVISION</u>

Die DATA DIVISION umfaßt die Beschreibung der Daten, die vom COBOL-Programm verarbeitet werden sollen, sowie Speicherplatzbelegungen und Konstantendefinitionen. Die Benennung der Daten richtet sich nur nach dem gestellten Problem. Die DATA DIVISION ist daher weitgehend <u>maschinen-unabhängig</u>.

Beispiel:

```
DATA DIVISION.

FILE SECTION.

FD  KUNDEN-LISTE.

01  ZEILE        PICTURE IS X(91).
```

3.3.4 PROCEDURE DIVISION

In der PROCEDURE DIVISION ist das eigentliche Programm enthalten. Es besteht aus einzelnen Verarbeitungsschritten, den sog. Anweisungen. Diese bestehen aus Klauseln (clauses) in englischer Sprache, die zu Sätzen (sentences) zusammengefaßt werden. Im allgemeinen bilden mehrere Sätze einen Paragraphen, mehrere Paragraphen ein Kapitel (SECTION). Ein oder mehrere Kapitel bilden die PROCEDURE DIVISION. Die PROCEDURE DIVISION ist maschinen-unabhängig, d.h. ohne jeglichen Bezug auf die interne Struktur eines bestimmten DV-Systems.

Beispiel:

```
PROCEDURE DIVISION.

HAUPTPROGRAMM SECTION.

ANFANG.
    OPEN INPUT ADRESSEN,
         OUTPUT KUNDEN-LISTE.
```

3.4 Aufschreiben eines COBOL-Programms.

Ein COBOL-Programm kann man in ein sog. COBOL-Programm-Formular (COBOL programming form) eintragen. Ein typisches Beispiel für ein solches Formular ist auf Seite 40 angegeben. Solche Formulare dienten früher als Ablochvorlagen.

Eine COBOL-Zeile hat folgendes Format:

L						C	A				B				R
1	2	3	4	5	6	7	8	9	10	11	12	13	14	...	n

Hierbei bedeuten:

- L linker Rand der Zeile.
- C 7-te Zeichen-Position (für Kommentare u.a.).
- A 8-te Zeichen-Position.
- B 12-te Zeichen-Position.
- R rechter Rand der Zeile (n-te Zeichen-Position).

Früher hat man COBOL-Programme stets auf Lochkarten übertragen. Diese konnten in den letzten 8 Spalten (Spalte 73 - 80) eine Kennung (identification) enthalten. Eine solche COBOL-Programm-Lochkarte ist auf Seite 41 abgebildet.

Heutzutage trägt man die COBOL-Zeile mittels eines Bildschirmgerätes in eine Datei ein, die sich auf einer Magnetplatte befindet. Obwohl auf magnetischen Datenträgern gewisse Freiheiten gestattet sind und obwohl über die Länge der COBOL-Zeile nichts ausgesagt ist, hält man aus historischen und aus Kompatibilitätsgründen am Lochkarten-"Bild" fest, d.h. R hat meist die Positon 72.

Die vier Abschnitte der COBOL-Zeile enthalten folgende Informationen:

Die ersten 6 Zeichen-Positionen können zum Durchnumerieren der Zeilen (früher Lochkarten) verwendet werden: Folge- oder Kartennummer (sequence number). Sind Folgenummern vorhanden, wird ihre Reihenfolge vom Übersetzer (compiler) geprüft. Folgenummern werden heute aber kaum noch benutzt, denn

- sie fördern nicht die Lesbarkeit des Programms,
- sie erschweren das Einfügen von Programmteilen,
- sie sind überflüssig, denn die Zeilen werden auf magnetischen Datenträgern anderweitig durchnumeriert.

Deshalb werden Folgenummern in diesem Buch nicht verwendet.

Die Stelle C (Zeichen-Position 7) der COBOL-Zeile wird zur Kennzeichnung von Kommentaren (Zeichen "*"), zur Fortsetzung von Namen u. drgl. (Zeichen "-") und zur Vorschubsteuerung (Zeichen "/") verwendet. Darüber wird später noch zu sprechen sein.

Bei A (Zeichen-Position 8) beginnen die Überschriften, d.h. die Namen der DIVISIONs, SECTIONs und Paragraphen.

Bei B (Zeichen-Position 12) oder später beginnen alle anderen COBOL-Anweisungen. In der Gestaltung der COBOL-Anweisungen hat man volle Freiheit; nur dürfen sie nicht vor B beginnen und nicht über R hinausgehen. So kann sich z.B. eine Anweisung über beliebig viele Zeilen erstrecken.

Leerzeilen können in beliebiger Anzahl in das COBOL-Programm eingefügt werden.

3.5 Übersetzen und Ausführen

Meistens wird das Programm (also die COBOL-Anweisungen) aufgeschrieben und dann in eine Datei übertragen. Diese Datei ist das Quellprogramm. Der COBOL-Übersetzer (COBOL-Compiler) wird in den Arbeitsspeicher geladen und gestartet. Er erzeugt aus dem Quellprogramm (den COBOL-Anweisungen) das Objektprogramm (d.h. das Maschinenprogramm), welches zwischengespeichert wird. Außerdem wird das Programm aufgelistet (gedruckt).

Zur Ausführung wird das Objektprogramm von der Platte eingelesen (geladen) und gestartet. Nunmehr kann das Programm seine Arbeit verrichten. Es wird Eingabe-Daten lesen und verarbeiten und Ausgabe-Daten produzieren (siehe Seite 42).

3.6 COBOL-Elemente

Wie bereits erwähnt, gliedert sich ein COBOL-Programm in vier DIVISIONs, die DIVISIONs (im allgemeinen) in mehrere SECTIONs, die SECTIONs in Paragraphen, die Paragraphen in Sätze, die Sätze in Anweisungen, die Anweisungen in Wörter, und schließlich die Wörter in einzelne Zeichen.

Diese Unterteilung bzw. Gliederung kann man symbolisch auch durch folgendes Schema deutlich machen:

[Weiter auf Seite 43]

COBOL-Programm-Formular

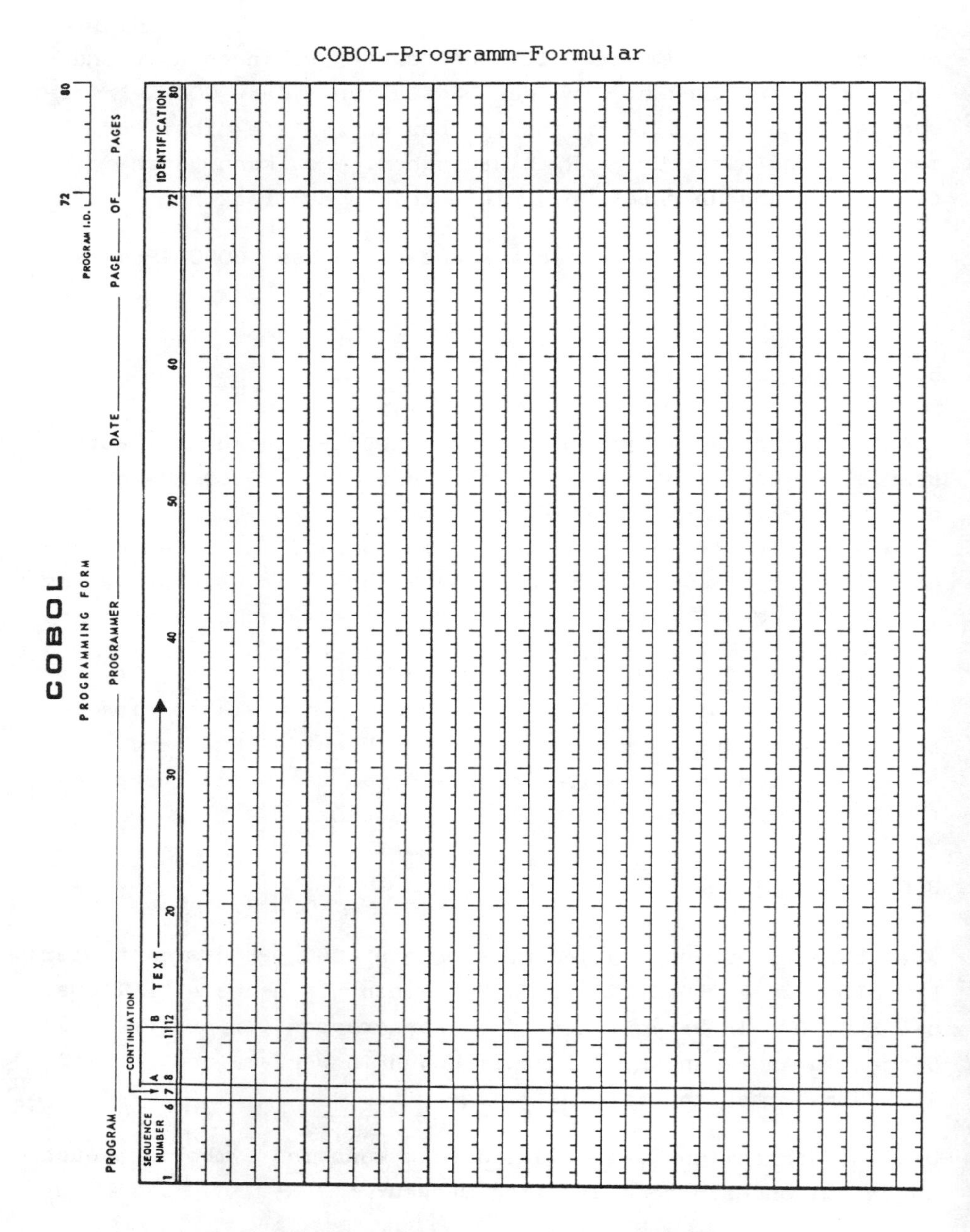
COBOL
PROGRAMMING FORM
PROGRAM
PROGRAMMER
DATE
PAGE
OF
PAGES
PROGRAM I.D.
72
80
SEQUENCE NUMBER
1
6
7
8
11
12
CONTINUATION
A
B
TEXT
20
30
40
50
60
72
IDENTIFICATION
80

Abdruck mit freundlicher Genehmigung der SPERRY RAND GmbH Geschäftsbereich UNIVAC.

COBOL-Programm-Lochkarte

Übersetzen und Ausführen eines COBOL-Programms

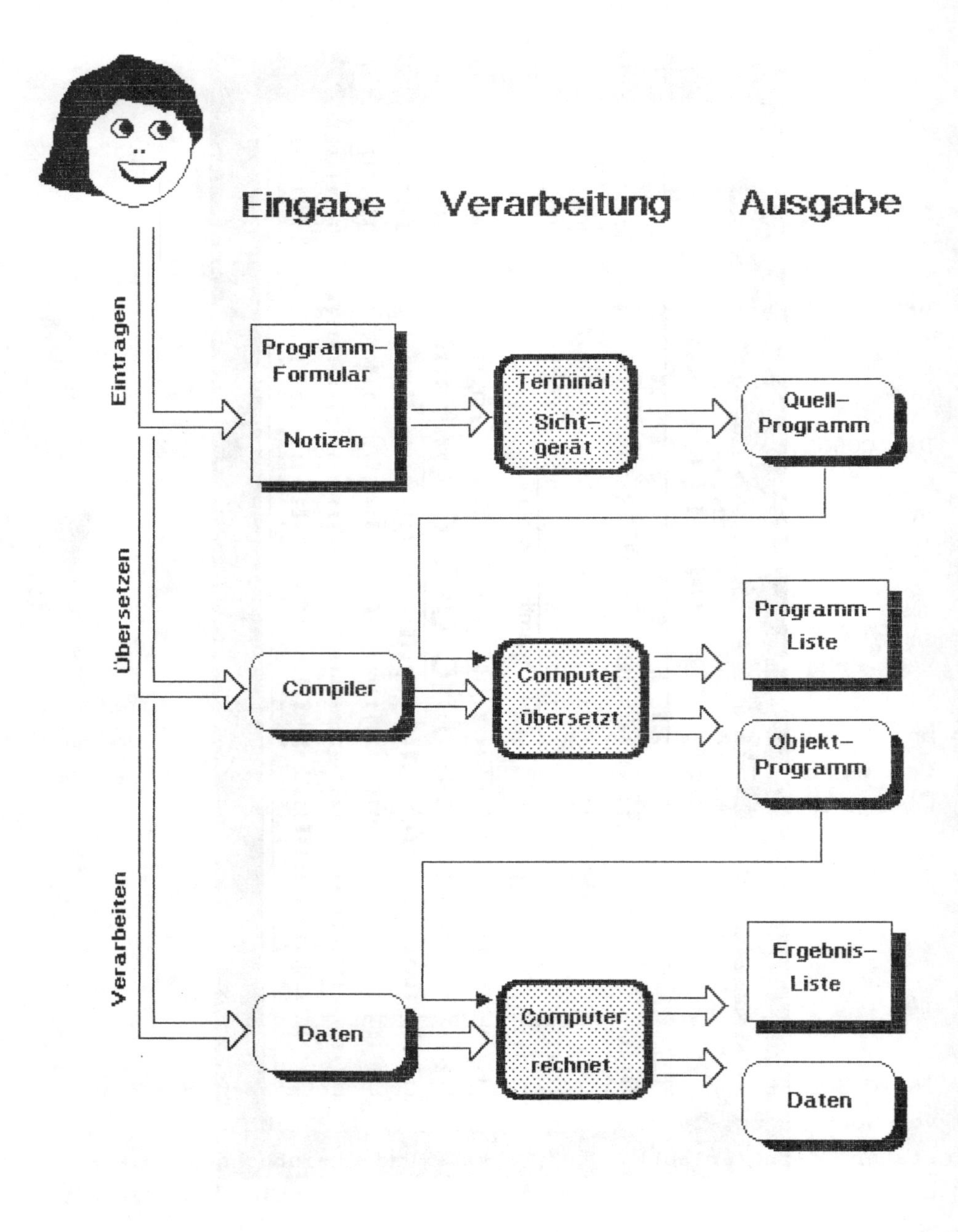

Programm
DIVISION
SECTION
Paragraph
Satz
Anweisung
Wort
Zeichen

Das Zeichen ist also das COBOL-Element, welches nicht mehr unterteilt werden kann, quasi das "COBOL-Atom".

3.6.1 COBOL-Zeichenvorrat

Der COBOL-Zeichenvorrat besteht aus 51 Zeichen. Diese 51 Zeichen teilt man formal in drei Gruppen ein:

26 Buchstaben
10 Ziffern
15 Sonderzeichen

Man kann die Zeichen aber auch nach ihrem Verwendungszweck einteilen: zur Bildung der Wörter, als Interpunktionszeichen und als Rechenzeichen, zur Bildung von Vergleichen und zur Druckaufbereitung. Wie diese Zeichen im einzelnen verwendet werden, wird weiter unten ausführlich behandelt.

1. Zur Bildung der Wörter:

A ... Z (Buchstaben)
1 ... 0 (Ziffern)
- (Bindestrich = Minuszeichen)

In COBOL 68 und COBOL 74 sind nur Großbuchstaben zur Bildung von Wörtern zugelassen, wogegen in COBOL 85 auch Kleinbuchstaben dazu erlaubt sind; Groß- und KLeinbuchstaben werden aber nicht unterschieden, sind also gleichwertig. Um Verwirrungen zu vermeiden, werden in diesem Buch nur Großbuchstaben zur Bildung von Wörtern verwendet.

2. Interpunktionszeichen

"	(Anführungszeichen)
. , ;	(Punkt, Komma, Semikolon)
( )	(Klammer auf, Klammer zu)

Das Anführungszeichen " wird bei manchen Systemen als Apostroph (Hochkomma) ' wiedergegeben.

Man kann auch den Zwischenraum zu den Interpunktionszeichen rechnen, da er das wichtigste Trennzeichen (separator) ist, denn alle Wörter, Rechenzeichen, Vergleichszeichen etc. müssen durch Zwischenräume voneinander getrennt werden, wie man es auch bei einem gewöhnlichen Text tut.

Für den Zwischenraum (blank), der in diesem Buch mit

␣

bezeichnet ist, findet man in der Literatur, vor allem in der älteren, auch andere Zeichen, wie z.B.:

b̸, △, ^

3. Arithmetische Zeichen

+	(plus)	Addition	
–	(minus)	Subtraktion	
*	(mal)	Multiplikation	(Stern)
/	(durch)	Division	
**	(hoch)	Potenzierung	(Doppelstern)
=	(gleich)		

4. Vergleichszeichen

<	(kleiner als)	=	LESS THAN
>	(größer als)	=	GREATER THAN
=	(gleich)	=	EQUAL TO

und für COBOL 85 zusätzlich:

<=	(kleiner-gleich)	=	LESS THAN OR EQUAL TO
>=	(größer-gleich)	=	GREATER THAN OR EQUAL TO

Diese Zeichen können auch durch die rechts daneben stehenden COBOL-Wörter ersetzt werden.

5. Druckaufbereitung

. ,	(Punkt, Komma)	Dezimalpunkt
*	(Sternchen)	Schecksicherung
$	(Dollarzeichen)	Währungssymbol

Wenn der Drucker die Zeichen "£" (Pfund Sterling), "¥" (Yen) oder andere Währungssymbole hat, können auch diese verwendet werden.

Weitere Druckaufbereitungssymbole sind:

+	positives Vorzeichen
-	negatives Vorzeichen
CR	Credit
DB	Debet
B	Zwischenraum (blank, space)
0	Null
Z	Nullenunterdrückung (zero suppress)
/	Schrägstrich (slant)

3.6.2 Wort-Arten

Je nach Einteilungsgesichtpunkt kann man die in der Programmiersprache COBOL verwendeten Wörter in verschiedene Gruppen einteilen:

1. Rein formal

    1.1 Reservierte Wörter

    1.2 Programmierer-Wörter

1.1) Die <u>reservierten Wörter</u> sind in COBOL für genau festgelegte Bedeutungen bzw. Funktionen bestimmt und dürfen nur in diesem Sinne verwandt werden. Um festzustellen, welche Wörter reserviert sind, muß man in der <u>Liste der reservierten Wörter</u> nachsehen, die in jedem COBOL-Handbuch aufgeführt ist. Sie enthält sowohl die für ANS COBOL reservierten Wörter als auch Wörter, die vom Hersteller hinzugefügt sind (implementor names) und Geräte und ähnliches bezeichnen (vgl. Abschnitt 8.2).

1.2 <u>Programmierer-Wörter</u> werden vom Programmierer nach bestimmten Regeln gebildet, die in Abschnitt 3.7.1 diskutiert werden. Nur eines sei hier schon gesagt: Programmierer-Wörter dürfen keinesfalls reservierten Wörtern gleichen.

2. <u>Grammatikalisch und funktionell</u>

1. Substantiva
    - 1.1 Daten-Namen
    - 1.2 Prozedur-Namen
    - 1.3 Literale
        - 1.3.1 numerische Literale
        - 1.3.2 nichtnumerische Literale
    - 1.4 figurative Konstanten
2. Verben
3. Adjektiva und Bedingungen
4 Füllwörter

Diese Aufstellung soll nur einen ersten Überblick geben; die genannten Wort-Arten werden nach und nach ausführlich erklärt und in Beispielen vorgeführt.

Es gibt noch andere Einteilungsprinzipien, wie sie z.B. zur Definition der Programmiersprache COBOL [ANS 85] benutzt werden; dort stellt man sich z.T. auf den Compiler-Standpunkt. Darum wird diese Einteilung hier nicht benutzt.

3.7 Bildung von COBOL-Wörtern

3.7.1 Daten-Namen

Daten-Namen sind Programmierer-Wörter und bestehen aus 1 bis 30 Zeichen des folgenden Zeichenrepertoirs (37 Zeichen):

A, B, C, ... , Z	=	26 Buchstaben,
0, 1, 2, ... , 9	=	10 Ziffern und
-	=	Bindestrich (= Minus-Zeichen).

Einschränkungen:

1. Der Bindestrich darf nicht erstes oder letztes Zeichen des Daten-Namens sein.
2. Ein Daten-Name muß mindestens einen Buchstaben enthalten.
3. In einem Daten-Namen darf (im Gegensatz zu FORTRAN etwa) kein Zwischenraum enthalten sein.

Ein Wort endet mit einer der folgenden Zeichenkombinationen:

␣ ,␣ ;␣ .␣)␣

wobei die letzte Zeichenkombination bei Subskribierung oder Indizierung auftritt, d.h. in diesen Fällen kann ein Daten-Name auch in Klammern eingeschlossen werden. Nach "(" und vor ")" darf kein Zwischenraum stehen. Was Subskribierung und Indizierung ist, wird später in Abschnitt 6.3 erklärt.

Beispiele für formal richtige Daten-Namen:

```
X
SUMME
X123
15L---STRICH
UEBER-50-JAHRE
```

Beispiele für formal falsche Daten-Namen:

4711	nur Ziffern
-SUMME-TOTAL	Bindestrich vorn
KLEINSTES-GEMENSAMES-VIELFACHES	zu lang: 32 Zeichen

NETTO-WERT-	Bindestrich hinten
BRUTTO WERT	Zwischenraum im Wort
ALTER	reserviertes Wort

Obwohl der Fantasie bei der Bildung von Programmierer-Wörtern wenig Grenzen gesetzt sind, sollten Sie der Versuchung widerstehen, modische oder lustige Wörter zu wählen. Wissen Sie in 6 Monaten noch, was sich hinter dem Daten-Namen OBELIX für eine Information verbirgt? Wählen Sie also Namen, die sofort die richtigen Assoziationen wecken.

Beispiel mit Kontext (unterstrichen sind die reservierten Wörter):

```
IF UEBER-50-JAHRE
   THEN
        PERFORM ALTERS-VERMERK
   ELSE
        PERFORM VERARBEITUNG
        PERFORM BAND-SATZ-LESEN
        ADD 1 TO BAND-SATZ-ZAEHLER
END-IF.
```

Wie bereits gesagt, sollten Daten-Namen nur mit Großbuchstaben geschrieben werden. Obwohl COBOL 85 auch Kleinbuchstaben zur Bildung von Daten-Namen zuläßt, sollten Sie konsequent bei den großen Buchstaben bleiben, weil Sie dann kompatibel sind.

In diesem Zusammenhang muß ich auf folgende Schwierigkeit hinweisen:

Normalerweise spielt es keine Rolle, daß die Ziffer 0 (Null) und der Buchstabe O sich in der Form gleichen, denn die Bedeutung des betreffenden Zeichens geht ja aus dem Zusammenhang hervor. Nicht so beim Programmieren, denn ein Programmierer-Wort kann aus einer beliebigen Folge von Ziffern und Buchstaben bestehen, insbesondere kann darin sowohl eine Null als auch ein Buchstabe O enthalten sein.

Es gibt bisher keine verbindliche Konvention, wie man die Ziffer 0 vom Buchstaben O unterscheiden kann (meist ist das eine Zeichen etwas dicker als das andere; durch Vergleichen findet man heraus, ob die Null oder das O dicker ist). Verschiedene Ausgabegeräte, z.B. Bildschirmgeräte, streichen die Null durch: Ø , im Gegensatz zum Buchstaben O . In der (älteren) Fachliteratur findet man es leider oft auch umgekehrt!

3.7.2 Prozedur-Namen

Die Vorschrift, nach welcher die Prozedur-Namen gebildet werden, ist die gleiche wie für die Bildung der Daten-Namen, nur fällt jetzt die Einschränkung 2 fort: Prozedur-Namen dürfen auch nur aus Ziffern (und Bindestrichen) bestehen.

Prozedur-Namen beginnen immer in Spalte 8, wenn sie als Überschrift verwendet werden, d.h. wenn sie Prozeduren kennzeichnen.

Obwohl es erlaubt ist, sollten Sie Prozedur-Namen nicht nur aus Ziffern bestehen lassen, denn hier gilt die gleiche Empfehlung wir für die Daten-Namen: Wählen Sie Prozedur-Namen, bei denen es sofort "klingelt". Beispiele folgen in ausreichender Zahl.

3.7.3 Figurative Konstanten

Figurative Konstanten sind Daten-Namen mit festgelegtem Wert und festgelegtem Namen. Es handelt sich also bei ihnen um reservierte Wörter. Dies sind sämtliche in ANS COBOL vorkommende figurative Konstanten:

ZERO	Null
ZEROS, ZEROES	Nullen
SPACE	Zwischenraum (blank)
SPACES	Zwischenräume (blanks)
HIGH-VALUE	Höchster Wert der Sortierfolge
HIGH-VALUES	Höchste Werte der Sortierfolge
LOW-VALUE	Niedrigster Wert der Sortierfolge
LOW-VALUES	Niedrigste Werte der Sortierfolge

QUOTE, QUOTES	Anführungszeichen
ALL Literal	Das auf "ALL" folgende Literal mehr mals hintereinander

Beispiele:

MOVE SPACES TO ADRESSE.

Das Feld ADRESSE wird mit Zwischenräumen gefüllt, also gelöscht.

MOVE HIGH-VALUE TO MAXIMUM.

Das Feld MAXIMUM wird mit dem höchsten Wert der Sortierfolge belegt. Da die Sortierfolgen unterschiedlich festgelegt sind (vgl. Abschnitt 7.6.1), ist HIGH-VALUE kein eindeutig festgelegtes Zeichen. Wenn man HIGH-VALUE verwendet, benutzt man einen Wert, der in der Programm-Logik eine wohldefinierte Bedeutung hat, nämlich der höchste Wert der Sortierfolge zu sein, unabhängig vom Compiler, den man gerade benutzt. Entsprechendes gilt sinngemäß für LOW-VALUE.

MOVE ALL "X" TO NAME.

Das Datenfeld NAME soll mit lauter Zeichen "X" gefüllt werden. Auf diese Weise kann man entweder

- Datenfelder vorbesetzen oder
- Datenfelder löschen (Datenschutz!).

Die figurative Konstante QUOTE bzw. QUOTES wird im nächsten Abschnitt diskutiert.

3.7.4 Literale

Ein Datenfeld (das ein oder viele Zeichen lang sein kann) wird durch einen Daten-Namen gekennzeichnet; der Daten-Name zeigt gewissermaßen auf das Datenfeld. Wenn man mittels einer Anweisung einen Daten-Namen anspricht, so wird nicht der Datenname selber bearbeitet, sondern der Inhalt des durch den Daten-Namen bezeichneten Feldes. Wenn ich meinen Freund Hans herbeirufe, so möchte ich den Menschen bei mir haben. Unter Berücksichtigung dieser Erklärung könnte man ein Literal etwas absurd auch so definieren: ein Literal bedeutet sich selbst.

ADD ANTON TO SUMME bedeutet: der Inhalt von ANTON wird zum Inhalt von SUMME hinzuaddiert. ADD 3 TO SUMME dagegen heißt: SUMME wird um 3 vermehrt.

3.7.4.1 Numerische Literale

Ein numerisches Literal wird gebildet aus einem oder mehreren Zeichen des folgenden Zeichenvorrats:

0, 1, 2, ... , 9	d.h. 10 Ziffern
+ und -	d.h. die beiden Vorzeichen und
.	d.h. der Dezimalpunkt.

Es gelten folgende Bildungsregeln:

1. Ein numerisches Literal darf nicht mehr als 18 Ziffern enthalten.
2. Es ist nur ein Vorzeichen zugelassen, und das muß das erste Zeichen des Literals überhaupt sein. Fehlt das Vorzeichen, wird + angenommen.
3. Wenn ein Dezimalpunkt vorhanden ist, darf er nicht das letzte Zeichen des Literals sein.
4. Ein numerisches Literal darf keinen Zwischenraum enthalten.

Die auf den ersten Blick nicht einsichtige Regel 3 ist leicht zu begründen: Zum einen ist ein Dezimalbruch, hinter dessen Dezimalpunkt keine Ziffern mehr folgen, gleichwertig mit einer ganzen Zahl, und zum andern würde der Compiler - wenn das zugelassen wäre - nicht wissen: gehört der Punkt zum Literal, also zur Zahl, oder bedeutet er Satzende. Das wäre zweideutig, und beim Programmieren sind Zweideutigkeiten unzulässig!

Beispiele für gültige Literale:

```
123456789012345678
-123.45
+13
4711.00
4711
```

Fehlerhafte numerische Literale wären:

12-	Vorzeichen hinten
4711.	Nach dem Punkt müssen noch Ziffern folgen
12 345 678	Zwischenräume in der Zahl

Ein Beispiel mit Kontext:

```
ADD 1 TO ZEILEN-ZAEHLER.
```

Der Inhalt von ZEILEN-ZAEHLER soll um 1 erhöht werden, d.h. die Zeilen werden gezählt.

Manche COBOL-Compiler lassen auch sog. Gleitpunkt-Literale zu. Als zusätzliches Zeichen wird der Buchstabe "E" (für Exponent) benutzt, um den Zehner-Exponenten anzugeben. Das folgende Beispiel zeigt, wie das aussieht:

-.425E-3 bedeutet $-0{,}425 \cdot 10^{-3} = -0{,}000\,425$

Weiter soll auf diese non-ANS-Erweiterung nicht eingegangen werden; in den COBOL-Handbüchern dieser Hersteller werden sie ausführlich erklärt.

3.7.4.2 Nicht-numerische Literale

Bei nicht-numerischen Literalen, die auch alphanumerische Literale genannt werden, sind alle Zeichen zugelassen, die es überhaupt bei dem betreffenden Computer gibt, also auch Zeichen, die nicht zum COBOL-Zeichenvorrat gehören, insbesondere auch Kleinbuchstaben; mit einer Ausnahme: Das Anführungszeichen ist verboten. Der Grund für dieses Verbot ist sofort einsichtig, wenn man sieht, wie nicht-numerische Literale gebildet werden:

Nicht-numerische bzw. alphanumerische Literale bestehen aus 1 bis 120 beliebigen Zeichen (außer Anführungszeichen), die in Anführungszeichen eingeschlossen sind.

Beispiel:

"*** ENDE ***" bedeuten die 12 Zeichen

die hintereinander abgespeichert sind.

Im Gegensatz zu numerischen Literalen und zu Daten- und Prozedur-Namen sind in nicht-numerischen Literalen auch Zwischenräume erlaubt.

Beispiele mit Kontext:

```
DISPLAY "*** ENDE ***" UPON BILDSCHIRM.
```

Die oben beschriebenen 12 Zeichen *** ENDE *** werden auf dem Bildschirm wiedergegeben.

```
MOVE ZEILEN-ZAEHLER TO N;
DISPLAY "ZEILENZAHL = ", N, "." UPON BILDSCHIRM.
```

Das bedeutet folgendes: Wenn in dem vierziffrigen Datenfeld ZEILEN-ZAEHLER die Zahl 1201 enthalten ist, wird der Inhalt von ZEILEN-ZAEHLER, also die Zahl 1201, in das Datenfeld N geschafft und anschließend, von zwei alphanumerischen Literalen eingerahmt, auf dem Bildschirm ausgegeben:

Das erste Literal besteht aus den 12 Zeichen

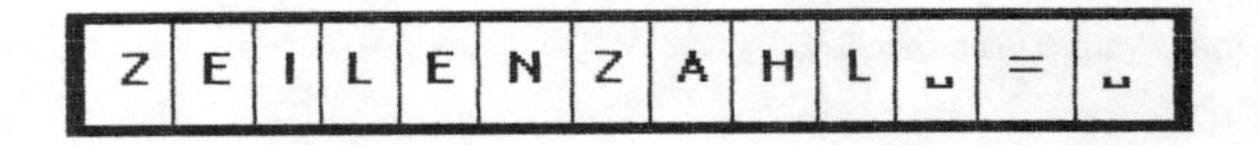

und das zweite aus dem einzigen Zeichen

Dazwischen wird der Inhalt von ZEILEN-ZAEHLER, bzw. von N, also die vier Ziffern 1201, untergebracht:

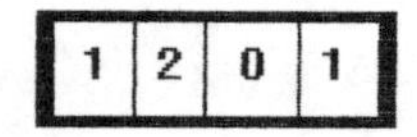

> <u>Achtung:</u> Das alphanumerische Literal "4711" ist grundverschieden von dem numerischen Literal 4711, denn bedeutet das erste der beiden Literale vier Zeichen, die nicht für arithmetische Operationen taugen, so bedeutet das zweite eine Zahl, mit der man rechnen kann.

Da Anführungszeichen bei nicht-numerischen Literalen verboten sind, man aber doch hier und da Anführungszeichen ausgeben will, gibt es in COBOL die figurative Konstante QUOTE. Das folgende Beispiel erklärt, wie man QUOTE anwendet:

```
DISPLAY "Bölls ", QUOTE, "Ansichten eines Clowns",
     QUOTE, "." UPON BILDSCHIRM.
```

Auf dem Bildschirm wird dann ausgegeben:

```
Bölls "Ansichten eines Clowns".
```

Man muß also, wenn man in einem Text das Anführungszeichen verwenden will, den Text zerhacken und QUOTE dazwischenschieben.

Bei den Compilern, die statt des Anführungszeichens den Apostroph zur Kennzeichung der nicht-numerischen Literale verwenden, bedeutet QUOTE soviel wie Apostroph.

Um den Text

```
THAT'S ALL, CHARLEY BROWN
```

zu erhalten, muß man dann

```
DISPLAY 'THAT, QUOTE, 'S ALL, CHARLEY BROWN'
        UPON BILDSCHIRM.
```

schreiben

4. Einfache COBOL-Anweisungen

4.1 PROCEDURE DIVISION

4.1.1 Aufbau der PROCEDURE DIVISION

Die PROCEDURE DIVISION kann man - wie bereits gesagt - in ein oder mehrere Kapitel (SECTIONs) einteilen. Jedes Kapitel enthält einen oder mehrere Paragraphen. Oder anders ausgedrückt: Die PROCEDURE DIVISION enthält mindestens einen Paragraphen.

Sowohl die Kapitel als auch die Paragraphen bekommen je eine Überschrift. Diese Überschriften beginnen immer an der Stelle A der COBOL-Zeile, d.h. in der Zeichen-Position 8 (Spalte 8). Alle anderen COBOL-Anweisungen beginnen an der Stelle B der COBOL-Zeile, oder später, d.h. ab Zeichen-Position 12 (Spalte 12).

Eine Überschrift, die einen Paragraphen bezeichnet, ist formal ein Prozedur-Name (beginnend an der Stelle A), der mit einem Punkt abgeschlossen sein muß. Ein Paragraph erstreckt sich bis zur nächsten Überschrift.

Eine Überschrift, die ein Kapitel bezeichnet, ist ebenfalls ein Prozedur-Name (beginnend an der Stelle A), dem aber noch das reservierte Wort SECTION folgt; danach kommt der Punkt. Ein Kapitel erstreckt sich bis zur nächsten Kapitel-Überschrift oder - wenn keine mehr kommt - bis zum Programm-Ende.

Auf der nächsten Seite ist ein Beispiel angeführt, das die Struktur der PROCEDURE DIVISION verdeutlichen soll. Das erste Kapitel, HAUPTRECHNUNG SECTION, enthält den Paragraphen PROGRAMM-STEUERUNG. Das zweite Kapitel, EROEFFNUNG SECTION, enthält die Paragraphen VORBESETZUNGEN und PARAMETER-LESEN.

Beispiel:

```
1      8  12  Nummer der Zeichen-Position in der COBOL-Zeile
       :   :
       :   :
       PROCEDURE DIVISION.

       HAUPTPROGRAMM SECTION.

       PROGRAMM-STEUERUNG.
           PERFORM EROEFFNUNG.
           PERFORM VERARBEITUNG
               UNTIL DATEN-ZU-ENDE.
           PERFORM ABSCHLUSS.


       EROEFFNUNG SECTION.

       VORBESETZUNGEN.
           MOVE ZEROES TO ZAEHLER.
           MOVE SPACES TO STATUS-WORT.
           OPEN INPUT PARAMETER-DATEI.
           ...
           PERFORM PARAMETER-LESEN.
              UNTIL PARAMETER-ZU-ENDE.
           ...

       PARAMETER-LESEN.
           ...
           READ PARAMETER-DATEI RECORD
                AT END MOVE PAR-ENDE TO STATUS-PAR
           END-READ.
           ADD 1 TO PARAMETER-ZAEHLER.
           ...

       ...
```

Der Paragraph PARAMETER-LESEN ist eine Prozedur, die mehrmals ausgeführt (durchlaufen) wird, nämlich so lange, bis alle Sätze der Parameter-Datei gelesen (und verarbeitet) sind: UNTIL PARAMETER-ZU-ENDE.

An diesem Beispiel erkennt man ferner: Die Überschriften müssen, weil sie auch <u>Prozeduren</u> bezeichnen können, eindeutig (unique) sein, d.h. es darf keine Überschrift zwei- oder mehrmals vorkommen; denn käme ein nicht-eindeutiger Prozedur-Name als Objekt einer Anweisung vor, z.B. PERFORM Prozedur-Name, kann der COBOL-Compiler nicht wissen, welcher der möglichen Prozedur-Namen in dieser Anweisung gemeint ist, d.h. welche Prozedur angesteuert werden soll.

Ein Paragraph enthält mindestens einen Satz, ein Satz mindestens eine Anweisung. Ein Satz muß mit einem Punkt abgeschlossen werden, wie in einer geschriebenen Sprache. Eine Anweisung beginnt mit einem Verb, dem ein Daten-Name oder ein Literal folgt. Enthält ein Satz mehrere Anweisungen, so dürfen die einzelnen Anweisungen durch Semikolons oder Kommas getrennt werden, was die Lesbarkeit des Programms erhöhen kann.

Anweisungen können durch Beifügungen, die sog. Klauseln (clauses), erweitert werden. Unter einer Klausel versteht man eine Anordnung von einem oder mehreren COBOL-Wörtern in vorgeschriebener Reihenfolge, welche die betreffenden Anweisungen ergänzen bzw. modifizieren.

Was oben von den Überschriften, den Namen der Prozeduren, gesagt wurde, gilt auch für die Daten-Namen: sie müssen eindeutig sein, denn wären sie es nicht, wüßte der COBOL-Compiler nicht, welches der möglichen Objekte eines Verbs er einsetzen soll.

Das was mit einem Daten-Namen bezeichnet wird, nennt man Daten-Wort (data item) oder Datenfeld. Darunter versteht man einen Arbeitsbereich, der aus einem oder mehreren aufeinanderfolgenden und zusammenhängenden Zeichen besteht.

Das alles führt zu syntaktischen Regeln, die in der COBOL-Notation aufgeschrieben werden. Mit diesen Regeln wird die Grammatik (Syntax) der COBOL-Sprache aufgebaut.

Zunächst beginnen wir mit ganz einfachen Sätzen, die so ausgewählt sind, daß wir möglichst schnell zu kleinen, aber vollständigen Programmen kommen können.

4.1.2 ADD ... TO

Hier wird das erste COBOL-Verb vorgestellt: ADD, d.h. addieren. Die zugehörige Regel, und zwar in der einfachsten Form, lautet in der COBOL-Notation:

$$\underline{\text{ADD}} \left\{ \begin{array}{l} \text{numerisches-Literal-1} \\ \text{Daten-Name-1} \end{array} \right\} \underline{\text{TO}} \ \text{Daten-Name-2}$$

Exakt formuliert bedeutet das: Zu dem Inhalt des Feldes, das "Daten-Name-2" heißt, wird der Inhalt des Feldes, das "Daten-Name-1" heißt, oder das "numerische-Literal-1" addiert. Das Feld "Daten-Name-2" enthält also nach der Operation das Ergebnis der Rechnung. Der alte Wert, der in Feld "Daten-Name-2" untergebracht war, ist nicht mehr verfügbar. Dagegen bleibt der Inhalt des Feldes "Daten-Name-1" (und natürlich erst recht das "numerische-Literal-1") unverändert.

Dafür kann man auch abgekürzt, aber weniger exakt, sagen: Der Inhalt von Daten-Name-1 bzw. das numerische-Literal-1 wird auf den Inhalt von Daten-Name-2 addiert; Daten-Name-2 enthält das Ergebnis. Der Anschaulichkeit und Kürze wegen wollen wir künftig nur diese abgekürzte Ausdrucksweise benutzen.

Beispiele:

```
ADD 13 TO ZAEHLER.
```

Das bedeutet: auf ZAEHLER soll 13 addiert werden, oder anders gesagt: der Inhalt von ZAEHLER wird um 13 vermehrt.

```
ADD -12 TO ZAEHLER.
```

Zum Inhalt von ZAEHLER wird -12 hinzuaddiert, d.h. faktisch, daß 12 vom Inhalt von ZAEHLER abgezogen wird.

```
ADD ANTON TO BERTA.
```

Der Inhalt von ANTON wird auf den Inhalt von BERTA aufaddiert. Im einzelnen sieht das folgendermaßen aus:

Nehmen wir an, beide Felder seien 4 Zeichen lang, ANTON enthalte den Wert 123 und BERTA enthalte den Wert 4567. Dann muß BERTA nach der Addition

123 + 4567 = 4690

enthalten, oder anders dargestellt

ANTON				BERTA				
0	1	2	3	4	5	6	7	vorher
0	1	2	3	4	6	9	0	nachher

Bei diesem Beispiel ist das Vorzeichen nicht berücksichtigt worden, d.h. es wurde in beiden Feldern das positive Vorzeichen angenommen. Um das Arbeiten mit Vorzeichen zu verstehen, muß man wissen daß das <u>Vorzeichen im letzten Zeichen</u> des Datenfeldes untergebracht ist, entgegen der eigentlichen Wortbedeutung von V o r zeichen. Der Grund dafür ist, daß beim Rechenen die Zahlen in Zeichendarstellung von rechts nach links verarbeitet werden. Da im allgeinen für die Darstellung eines Zeichens 8 Bits benötigt werden, Ziffern aber nur 4 Bits brauchen, ist noch Platz vorhanden, um in der letzten Ziffer das Vorzeichen zu markieren.

Angenommen, ANTON enthalte den Wert -123 und BERTA enthalte, wie vorher, +4567, dann wird BERTA nach der Addition den Wert

(-123) + (+4567) = +4444

enthalten, oder wieder in Zeichen dargestellt:

ANTON				BERTA				
0	1	2	$\overset{-}{3}$	4	5	6	$\overset{+}{7}$	vorher
0	1	2	$\overset{-}{3}$	4	4	4	$\overset{+}{4}$	nachher

COBOL rechnet also genauso, wie man es von der Arithmetik her erwartet. Das funktioniert natürlich auch, wenn ANTON einen positiven Wert enthält, und BERTA einen negativen, und bei anderen Vorzeichen-Kombinationen.

Wichtig ist nun folgendes: Es können in COBOL auch Zahlen mit Dezimalpunkt verarbeitet werden. Die Lage des Dezimalpunktes ist dabei "gedacht", d.h. der Dezimalpunkt belegt kein Zeichen in dem Datenfeld.

Beispiel:

ADD EMIL TO CAESAR.

Wenn wir annehmen, daß EMIL 4 Zeichen lang sei, mit 2 Ziffern hinter dem (gedachten) Dezimalpunkt, und den Wert -25,45 enthalte, und wenn wir weiter annehmen, daß CAESAR 5 Zeichen lang sei, mit ebenfalls 2 Ziffern hinter dem (gedachten) Dezimalpunkt, und den Wert +125,50 enthalte, dann ergibt das den Wert

(-25,45) + (+125,50) = +100,05

für CAESAR nach der Addition, bzw. in Zeichen dargestellt (das kleine schwarze Dreieck bezeichnet die Lage des gedachten Dezimalpunktes):

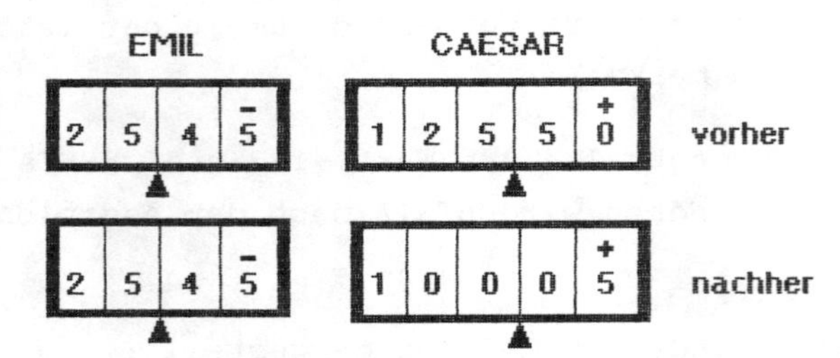

Diese Arbeitsweise setzt voraus, daß beide Datenfelder zusammenpassen, wie es im obigen Beispiel der Fall ist. Passen sie nicht zusammen, kann es zu einem Unglück kommen, dem sog. Überlauf (overflow). COBOL rettet sich brutalerweise so aus dieser mißlichen Lage, daß die Ziffern, die "überlaufen", abgeschnitten (truncated) werden, ohne Rücksicht auf Verluste.

Die folgenden Beispiele erklären, was gemeint ist:

ADD FELD-1 TO FELD-2.

Ohne lange Vorrede gleich in Zeichen dargestellt:

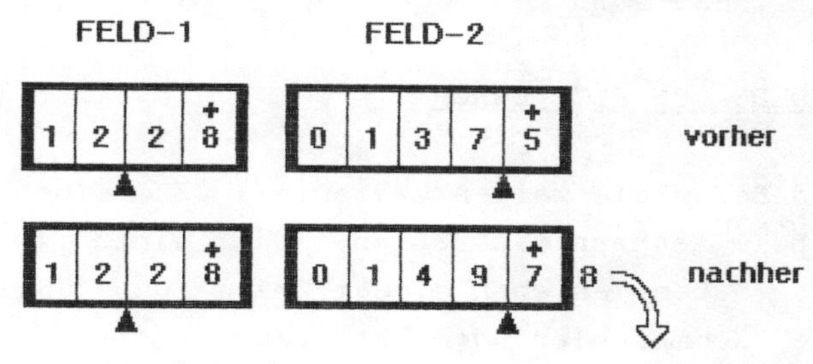

Die 8 wird abgeschnitten und weggeworfen, d.h. FELD-2 enthält nach der Addition den Wert +149,7 anstatt, was richtiger wäre: +149,8; oder genauer: +149,78; aber die zuletzt aufgeführte Zahl paßt in FELD-2 nicht mehr hinein, weil in FELD-2 nur eine Ziffer nach dem Komma zugelassen ist, im Gegensatz zu FELD-1, das zwei Ziffern nach dem Komma gestattet. Dabei spielt es keine Rolle, daß in FELD-2 vorn noch Platz ist. COBOL richtet sich stets nach dem Dezimalpunkt.

ADD FELD-A TO FELD-B.

Angenommen, FELD-A sei 4 Zeichen lang, mit 2 Ziffern nach dem Komma, und enthalte den Wert +12,25; angenommen weiter, FELD-B sei 5 Zeichen lang, mit 3 Ziffern nach dem Komma, und enthalte den Wert +95,46; dann sieht das ganze in Zeichen dargestellt folgendermaßen aus:

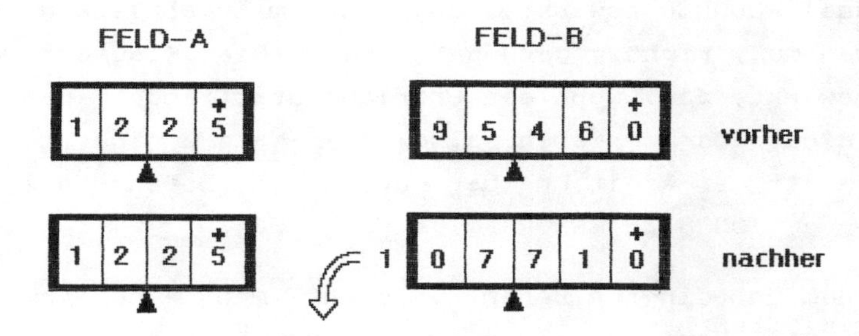

Das Ergebnis ist zu groß für FELD-B, d.h. FELD-B "läuft über"; die Ziffer 1 geht verloren, und in FELD-B steht Unsinn. Auch hier spielt es keine Rolle, daß hinten in FELD-B noch Platz ist.

4.1.3 ROUNDED; ON SIZE ERROR

Die letzten Beispiele zeigen zweierlei: Zum einen orientiert sich COBOL beim Rechnen mit Zahlen, die einen (gedachten) Dezimalpunkt haben, an eben diesem Dezimalpunkt; m.a.W.: es werden keine "Kommafehler" gemacht. Zum andern kennt COBOL keine Skrupel, wenn eine Zahl nach einer arithmetischen Operation nicht mehr in das Ergebnisfeld paßt: es wird rücksichtslos abgeschnitten, ohne Warnung. Das ist solange ohne Belang, solange die Zahlen , mit denen man es zu tun hat, "vernünftig" sind und die Felder zueinander passen, wie es frühere Beispiele gezeigt haben. Wenn die Datenfelder nicht so gut zueinander passen, kann man die oben beschriebenen Überläufe dadurch verhindern, daß man die Zusätze (Klauseln) ROUNDED und ON SIZE ERROR verwendet. Mit diesen Zusätzen sieht das ADD-Verb folgendermaßen aus:

```
ADD { numerisches-Literal-1 }  TO  Daten-Name-2
    { Daten-Name-1          }

    [ ROUNDED ]  [ ON SIZE ERROR  unbedingter-Befehl ]

[ END-ADD ]
```

Die Klausel ROUNDED bewirkt, daß, wenn im Ergebnisfeld gerundet werden muß, richtig gerundet wird. Die Klausel ON SIZE ERROR bewirkt, daß, wenn ein Überlauf stattfindet, das Ergebnisfeld nicht überschrieben, also Daten-Name-2 nicht zerstört, sondern statt der Addition der unbedingte Befehl ausgeführt wird, der auf ON SIZE ERROR folgt.

Unter einem unbedingten Befehl versteht man eine Anweisung, die beliebig kompliziert zusammengesetzt sein kann, an die aber keine Bedingung geknüpft sein darf, also ein Befehl ohne

Bedingung. Die Anweisung ADD ... TO .. SIZE ERROR ... (ohne END-ADD) ist ein bedingter Befehl, die Anweisung ADD ... TO ... ROUNDED ist ein unbedingter Befehl.

Die folgenden Beispiele, die sich auf die letzten zwei Beispiele beziehen und sie variieren, zeigen, wie die beiden Zusätze wirken:

```
ADD FELD-1 TO FELD-2 ROUNDED.
```

Mit den Angaben von vorhin und in Zeichen dargestellt sieht das folgendermaßen aus:

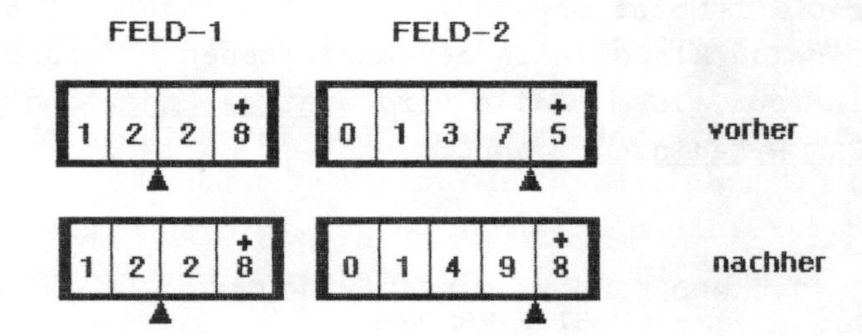

Das zweite Beispiel von vorhin, mit den gleichen Daten, lautet jetzt:

```
ADD FELD-A TO FELD-B
    ON SIZE ERROR
        ADD 1 TO FEHLER-ZAEHLER
        PERFORM DATEN-FEHLER
END-ADD.
```

Und in Zeichen dargestellt:

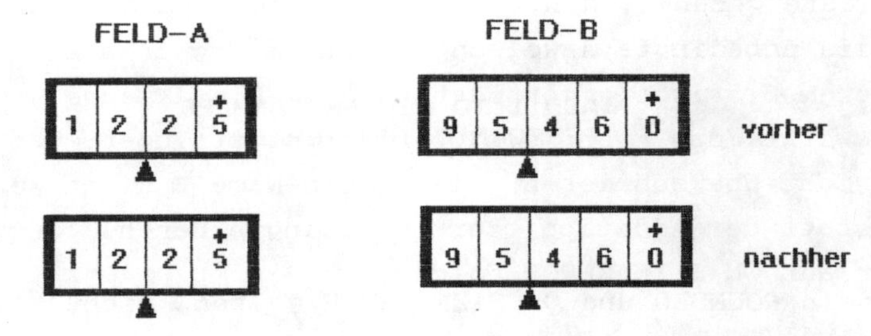

Die Addition wird also nicht ausgeführt, sondern statt dessen wird der Überlauf in FEHLER-ZAEHLER gezählt und die peinliche Situation in der Prozedur DATEN-FEHLER weiter behandelt in der Annahme, daß der Überlauf auf einen Datenfehler zurückzuführen sei. Diese Fehlerverarbeitung findet aber nur dann statt, wenn die Überlaufbedingung eingetreten ist. Im Falle eines vernünftigen Ergebnisses wird die Addition ordnungsgemäß zu Ende gebracht und es werden die beiden Anweisungen

```
ADD 1 TO FEHLER-ZAEHLER
```

und

```
PERFORM DATEN-FEHLER
```

übersprungen.

Wie in der COBOL-Notation des ADD-Verbs angegeben, ist es auch gestattet, beide Klauseln in der angegebenen Reihenfolge anzuwenden. In so einem Falle wird <u>erst gerundet</u> und <u>anschließend die ERROR-Bedingung geprüft</u>.

Beispiel:

```
ADD FELD-X TO FELD-Y ROUNDED;
    ON SIZE ERROR
       ADD 1 TO FEHLER-ZAEHLER
       PERFORM DATEN-FEHLER
END-ADD.
```

Wenn diese Addition ausgeführt werden soll, wird, falls es erforderlich ist, richtig gerundet, anschließend wird geprüft, ob die Überlauf-Bedingung eingetreten ist. Ist das der Fall, wird der Inhalt von FELD-Y, also dem Ergebnisfeld, nicht verändert, sondern statt der Addition werden in FEHLER-ZAEHLER die Überläufe gezählt, d.h. im Fehlerfalle wird der unbedingte Befehl (die unbedingte Anweisung)

```
ADD 1 TO FEHLER-ZAEHLER
PERFORM DATEN-FEHLER
```

ausgeführt.

Die Klauseln ROUNDED und ON SIZE ERROR gelten nicht nur für das ADD-Verb, sondern in gleicher Weise auch für die folgenden, noch zu behandelndend Verben:

SUBTRACT,
MULTIPLY,
DIVIDE,
COMPUTE.

ROUNDED und ON SIZE ERROR werden deshalb nur noch bei Bedarf besonders behandelt.

4.1.4 SUBTRACT ... FROM

Die einfache Subtraktion sieht in der COBOL-Notation folgendermaßen aus:

```
SUBTRACT { numerisches-Literal-1 } FROM Daten-Name-2
         { Daten-Name-1          }
    [ ROUNDED ] [ ON SIZE ERROR unbedingter-Befehl ]
  [ END-SUBTRACT ]
```

Von Daten-Name-2 wird Daten-Name-1 bzw. das numerische-Literal-1 abgezogen; das Ergebnis steht in Daten-Name-2.

Beispiel:

SUBTRACT FELD-Z FROM TOTAL.

Seien sowohl FELD-Z als auch TOTAL ganzzahlig und je 4 Zeichen lang und enthalten sie +4711 bzw. +300, so lautet das Ergebnis in TOTAL:

(+300) - (+4711) = (-4411)

oder wieder in Zeichen:

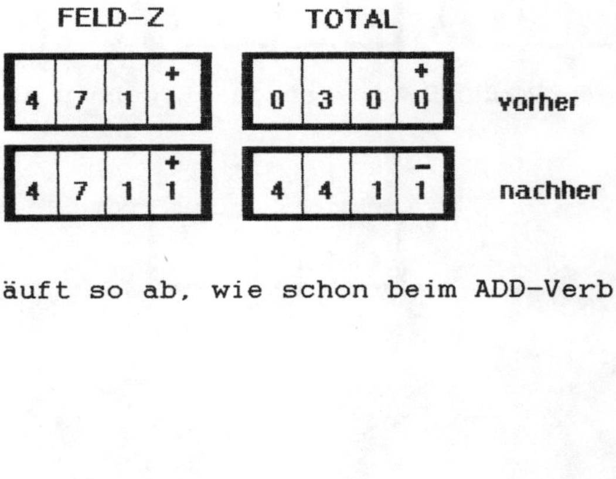

FELD-Z				TOTAL				
4	7	1	1 (+)	0	3	0	0 (+)	vorher
4	7	1	1 (+)	4	4	1	1 (−)	nachher

Alles andere läuft so ab, wie schon beim ADD-Verb geschildert.

4.1.5 MULTIPLY ... BY

Die einfache Multiplikation lautet:

MULTIPLY { numerisches-Literal-1 / Daten-Name-1 } **BY** Daten-Name-2

[**ROUNDED**] [ON **SIZE ERROR** unbedingter-Befehl]

[**END-MULTIPLY**]

Das bedeutet: Das Produkt aus Daten-Name-2 mal Daten-Name-1 bzw. mal numerisches-Literal-1 wird in Daten-Name-2 abgespeichert.

Beispiel:

```
MULTIPLY FELD-A BY FELD-C ROUNDED.
```

Angenommen, FELD-A sei 4, FELD-C sei 5 Zeichen lang, beide haben einen gedachten Dezimalpunkt zwischen der zweitletzten und der drittletzten Ziffer und beide enthalten den Wert +22,22; dann lautet das Ergebnis.

(+22,22) . (+22,22) = (+493,7284);

d.h. für die Abspeicherung des Ergebnisses in FELD-C müssen die beiden letzten Ziffern abgeschnitten werden, aber mit Rundung. Das sieht dann in Zeichen folgendermaßen aus:

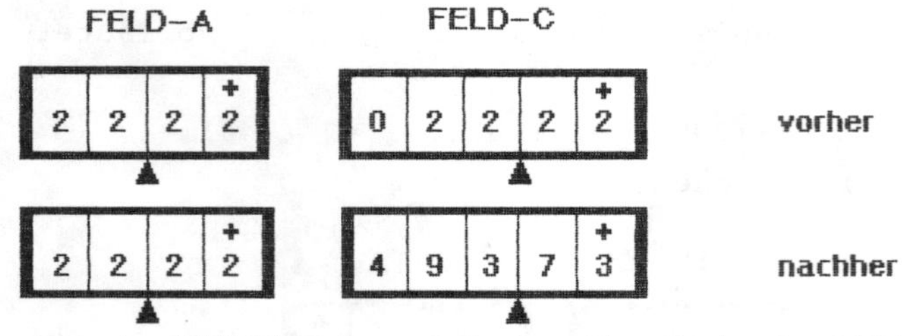

Fehlt der Zusatz ROUNDED, so ist das Ergebnis in FELD-C:

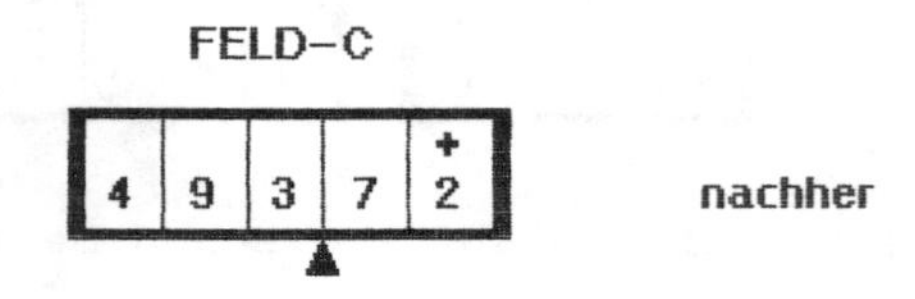

4.1.6 DIVIDE ... INTO

Die einfache Division lautet:

DIVIDE { numerisches-Literal-1 / Daten-Name-1 } INTO Daten-Name-2

[ROUNDED] [ON SIZE ERROR unbedingter-Befehl]

[END-DIVIDE]

Diese einfache Divisionsanweisung entspricht nicht dem deutschen Sprachgebrauch. Wir sagen "dividiere *a* durch *b* ", während man im Englischen sagt - und so sagt es auch COBOL - : "dividiere *b* in *a* hinein". Es wird also der Inhalt von Daten-Name-2 durch den Inhalt von Daten-Name-1 bzw. durch das numerische-Literal-1 dividiert und das Ergebnis in Daten-Name-2 abgespeichert.

DIVIDE FELD-A INTO FELD-C.

Angenommen, es handelt sich um die gleichen Datenfelder wie bei der Multiplikation, und der Inhalt sei der, den wir nach der Multiplikation mit ROUNDED erhalten hatten, so wird das Ergebnis der Division lauten:

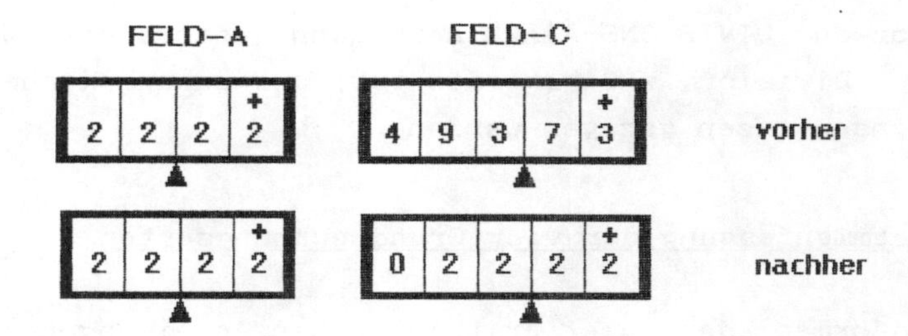

Wenn in FELD-C das Ergebnis der Multiplikation ohne ROUNDED vorhanden ist, und die Anweisung

DIVIDE FELD-A INTO FELD-C ROUNDED

lautet, dann ergibt sich:

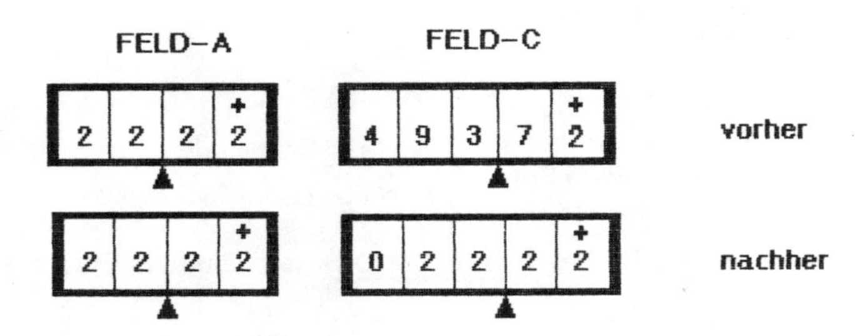

Ohne die Klausel ROUNDED würde das Ergebnis in FELD-C lauten:

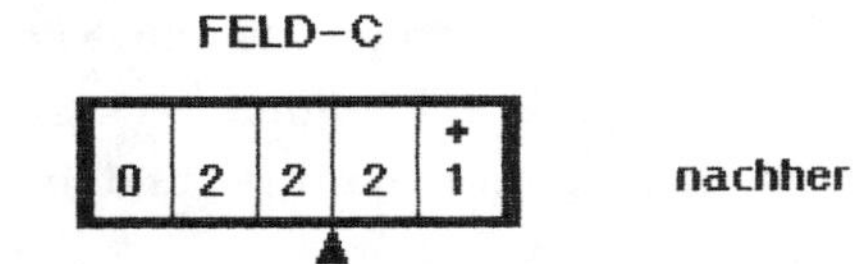

Division durch 0 ist bekanntlich verboten. Sollte aber der Divisor Daten-Name-1 = 0 geworden sein, so ist das Ergebnis in Daten-Name-2 unvorhersehbar; meist wird es = 0 gesetzt.

Eine Division durch Null kann man aber mit der Klausel ON SIZE ERROR abfangen, wie in dem folgenden Beispiel angedeutet:

```
DIVIDE DIVISOR INTO DIVIDEND
    ON SIZE ERROR
       PERFORM DIVISIONS-ALARM
END-DIVIDE.
```

In der Prozedur DIVISIONS-ALARM kann dann untersucht werden, wieso der Divisior = 0 geworden ist, und daraus können dann weitere Konsequenzen gezogen werden.

4.1.7 Zusammenfassung der vier Grundrechnungsarten

Die Grundformen der vier arithmetischen Anweisungen lauten, wenn wir von den Zusätzen ROUNDED und ON SIZE ERROR absehen:

ADD	Daten-Name-1	TO	Daten-Name-2
SUBTRACT	Daten-Name-1	FROM	Daten-Name-2
MULTIPLY	Daten-Name-1	BY	Daten-Name-2
DIVIDE	Daten-Name-1	INTO	Daten-Name-2

Allen gemeinsam ist, daß Daten-Name-1 von der Operation selbst unbehelligt, d.h. unverändert bleibt. Dagegen Daten-Name-2, der zweite Operand, wird durch das Ergebnis ersetzt, d.h. der zweite Operand wird zerstört. Ausnahmen dazu sind:

1. Addition von 0.
2. Multiplikation mit 1.
3. Beim Zusatz ON SIZE ERROR tritt die Überlaufbedingung ein.

Nun könnte man sagen: Wenn das so ist, dann sollte man immer die beiden Zusätze bei den vier arithmetischen Grundrechnungsoperationen verwenden, um allen Schwierigkeiten aus dem Wege zu gehen. Das ist zwar richtig gedacht, aber dennoch lautet die Empfehlung:

Die Klauseln ROUNDED und ON SIZE ERROR sollte man nur dann anwenden, wenn es wirklich nicht anders geht; denn jedesmal, wenn diese Klauseln den arithmetischen Operationen beigefügt werden, wird vom Compiler zusätzlicher Maschinencode erzeugt, d.h. es werden den Maschinenbefehlen, welche die arithmetische Anweisung darstellen, noch weitere Maschinenbefehle zur Seite gestellt, die vom Programm auch durchlaufen werden müssen. Das bedeutet, daß das Programm mehr Platz benötigt und zugleich auch langsamer wird.

Darüberhinaus wird ein Programm, bei dem jede arithmetische Operation mit ON SIZE ERROR versehen ist, unübersichtlich und dadurch fehlerträchtig. In den meisten Fällen ist es zweckmäßiger, v o r Eintritt in die arithmetische Operation die Fehlermöglichkeiten auszuschließen oder abzufangen.

4.1.8 Einfache Bedingungen

Eine einfache Bedingung (condition) hatten wir schon kennengelernt:

ON SIZE ERROR unbedingter Befehl

An diesem Beispiel wird bereits die wesentliche Eigenschaft einer Bedingung deutlich: Es gibt immer nur zwei Möglichkeiten: entweder ist die Bedingung erfüllt, oder sie ist nicht erfüllt. Das bedeutet im einzelnen.

1.) Die Bedingung ist erfüllt (im Beispiel: ein Überlauf ist eingetreten). Dann sagt man auch, die durch ON SIZE ERROR ... ausgesprochene Bedingung erhält den Wert wahr (true). Und wenn die Bedingung den Wert wahr erhalten hat, dann wird der unbedingte Befehl, welcher der Bedingung folgt, ausgeführt.

2.) Die Bedingung ist nicht erfüllt (im Beispiel: ein Überlauf ist nicht eingetreten). Dann sagt man auch, die durch ON SIZE ERROR ... ausgesprochene Bedingung erhält den Wert falsch (false). Und wenn die Bedingung den Wert falsch erhalten hat, dann wird der unbedingte Befehl, welcher der Bedingung folgt, nicht ausgeführt.

Mit Bedingungen hat man also die Möglichkeit, aktiv in den Automatismus des Programmablaufs einzugreifen, d.h. man kann das Programm veranlassen, Entscheidungen zu fällen.

In COBOL gibt es viele Arten von Bedingungen, die später ausführlich behandelt werden. Wir wollen jetzt nur eine, aber dafür wichtige Art kennenlernen, die vor allem bei Ende-Abfragen benutzt wird:

4.1.9 Vergleichsbedingungen

Bei Vergleichsbedingungen werden zwei numerische Werte miteinander verglichen. Und zwar wird gefragt, ob der eine Wert größer ist als der andere, oder ob beide Werte einander gleich sind. Dabei gelten die üblichen arithmetischen Regeln. Das heißt aber, daß "größer" immer so viel wie "rechts von" auf der Zahlengeraden bedeutet, und "kleiner" immer so viel wie "links von". Bei "gleich" fallen die beiden Werte zusammen.

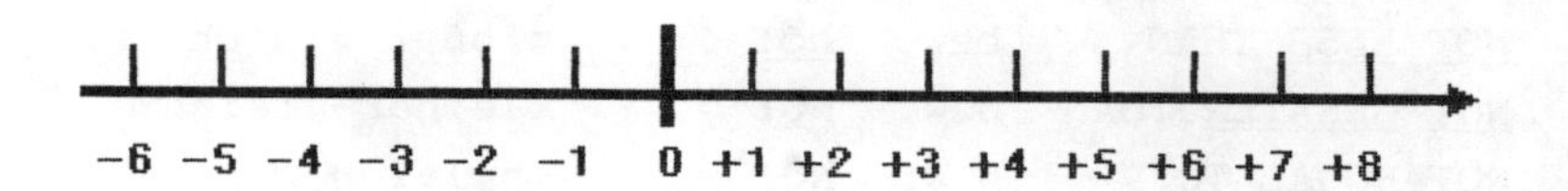

Man realisiere die folgenden sog. "Ungleichungen" auf der abgebildeten Zahlengeraden:

6	ist kleiner als	7
-1	ist kleiner als	7
-2	ist kleiner als	+1
-2	ist kleiner als	Ø
-6	ist kleiner als	-1
-6	ist kleiner als	+1

COBOL 74 kennt drei <u>Vergleichsoperatoren</u>: "größer als", "kleiner als" und "gleich wie", wofür man auch die mathematischen Symbole ">", "<" bzw. "=" setzen kann. COBOL 85 erlaubt zusätzlich "größer-gleich" und "kleiner-gleich"; die entsprechenden mathematischen Symbole "≤" bzw. "≥" werden mit ">=" bzw. "<=" wiedergegeben. Anstelle der mathematischen Symbole kann man auch die entsprechenden englischen Wörter verwenden:

größer als	>	<u>GREATER</u> THAN
kleiner als	<	<u>LESS</u> THAN
gleich wie	=	<u>EQUAL</u> TO
größer-gleich	>=	<u>GREATER</u> THAN <u>OR</u> <u>EQUAL</u> TO
kleiner-gleich	<=	<u>LESS</u> THAN <u>OR</u> <u>EQUAL</u> TO

Die ersten drei Vergleichsoperatoren kann man auch verneinen, indem man das Wörtchen NOT vorsetzt. Sie haben dann folgende Bedeutung:

Nicht kleiner	bedeutet:	größer oder gleich:	≤
Nicht größer	bedeutet:	kleiner oder gleich:	≥
Nicht gleich	bedeutet:	größer oder kleiner:	><
		bzw. ungleich:	≠

Oder in COBOL-Notation:

NOT LESS THAN	bzw.	NOT <	: größer-gleich:	≤
NOT GREATER THAN	bzw.	NOT >	: kleiner-gleich:	≥
NOT EQUAL TO	bzw.	NOT =	: ungleich:	≠

Während NOT LESS bzw. NOT GREATER nur andere Ausdrucksweisen von GREATER OR EQUAL bzw. LESS OR EQUAL sind, stellt NOT EQUAL einen sechsten Vergleichsorperator dar. Damit haben wir alle sechs Vergleichsoperatoren, welche die Mathematik auch kennt.

Aber wenn in der Mathematik eine Formulierung wie

$$X > Y$$

eine Feststellung ist, nämlich daß X größer als Y ist, bedeutet das gleiche in der Datenverarbeitung, also auch in COBOL, etwas anderes:

Wenn der Inhalt von X größer ist als der Inhalt von Y , also wenn z.B. in X der Wert +5 enthalten ist und in Y der Wert +3 , so ist die Bedingung erfüllt, also wahr. Wenn dagegen der Inhalt von X kleiner oder gleich dem Inhalt von Y ist, dann ist die Bedingung nicht erfüllt, also falsch; das wäre z.B. der Fall, wenn in X und in Y jeweils 22 , oder wenn in X -13 und in Y -11 enthalten wäre.

Man kann sich eine solche Bedingung auch als eine Waage vorstellen: je nachdem, was in den Waagschalen (in X und in Y) enthalten ist, schlägt die Waage nach der einen oder der anderen Seite aus (die Bedingung ist erfüllt oder nicht). Oder anders gesagt: solange man nicht weiß, was in X und in Y enthalten ist, solange kann man über den Wert der Bedingung nichts aussagen, denn die Waagschalen sind noch nicht gefüllt.

Damit haben wir alles zusammengetragen, was nötig ist, um die Vergleichsbedingung (relation condition) in der COBOL-Notation aufschreiben zu können:

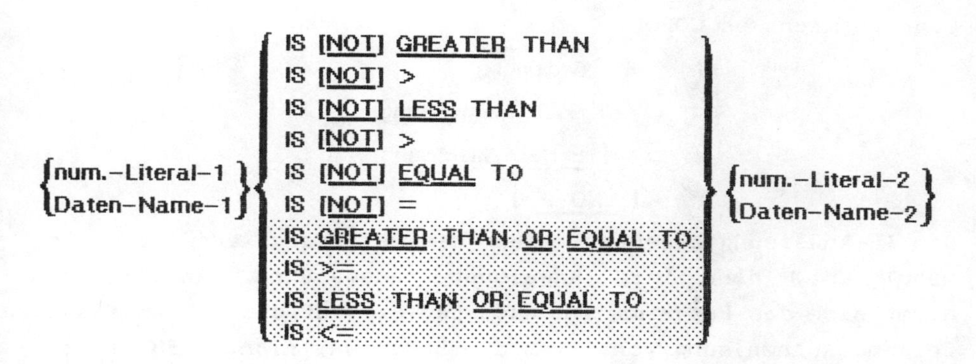

Beispiele:

FELD-A IS LESS THAN FELD-B

Diese Bedingung erhält den Wert wahr (ist erfüllt), wenn der Inhalt von FELD-A kleiner als der Inhalt von FELD-B ist. Wenn z.B. in FELD-B der Wert 0 (Null) enthalten ist, dann ist für alle negativen Werte in FELD-A die Bedingung erfüllt. Enthalten beide Felder je eine Null, ist die Bedingung nicht erfüllt, also falsch.

ANZAHL > 100

Diese Bedingung ist für alle Werte von ANZAHL, die = 101 oder größer sind, erfüllt (wahr); für alle anderen Werte, auch für ANZAHL = 100, ist sie nicht erfüllt (falsch).

4.1.10 IF ... THEN ... ELSE

So, wie die Bedingungen bisher vorgestellt sind, stehen sie gleichsam im luftleeren Raum, d.h. wir müssen noch die Verbindung zu anderen Anweisungen herstellen. Dazu gehen wir von der menschlichen Sprache aus, sei sie nun deutsch oder englisch. Wir sagen üblicherweise im Deutschen:

```
Wenn Bedingung  X  wahr (erfüllt) ist,
     dann tue   A,
     sonst tue  B.
```

Oder im Englischen:

```
If condition  X  is true (satisfied),
     then do  A,
     else do  B.
```

Genauso macht es COBOL:

```
IF Bedingung
    THEN Anweisung-1
  [ ELSE Anweisung-2 ]
[ END-IF ]
```

Die IF-Anweisung bedeutet: Wenn die Bedingung erfüllt (also wahr) ist, dann wird Anweisung-1 ausgeführt. Anschließend nimmt sich das Programm die nächste (die auf die IF-Anweisung folgende) Anweisung vor. Ist die Bedingung nicht erfüllt (also falsch), wird Anweisung-1 überschlagen. Fehlt die ELSE-Klausel, wird gleich die nächste Anweisung ausgeführt. Ist die ELSE-Klausel jedoch vorhanden, dann wird Anweisung-2 ausgeführt und anschließend die nächste Anweisung.

Das nachfolgende Bild veranschaulicht in Form von zwei Flußdiagrammen die beiden Versionen der IF-Anweisung:

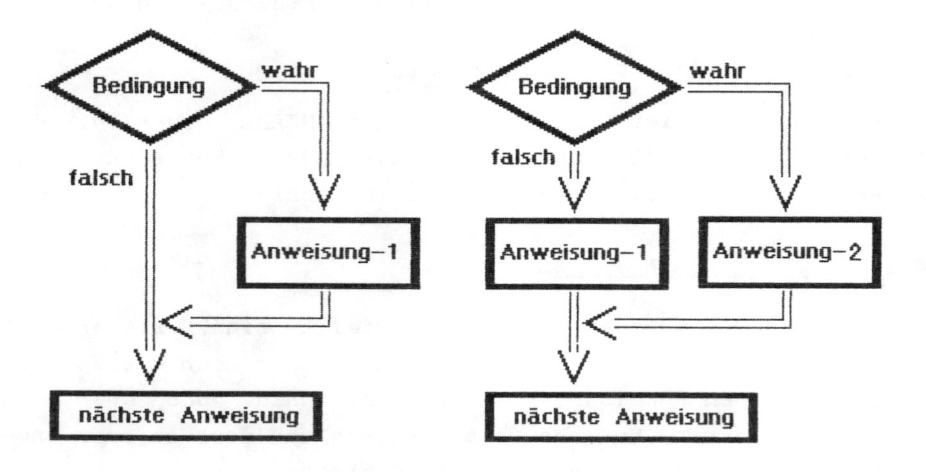


```
IF Bedingung
   THEN
       Anweisung-1


END-IF
Nächste Anweisung.
```

```
IF Bedingung
   THEN
       Anweisung-1
   ELSE
       Anweisung-2
END-IF
Nächste Anweisung.
```

Beispiel:

```
    IF FEHLER-ZAEHLER IS GREATER THAN 100
       THEN
           PERFORM FEHLER-MARKIEREN
       ELSE
           PERFORM DATEN-LESEN
    END-IF.
```

Das bedeutet: Wenn der Inhalt von Feld FEHLER-ZAEHLER größer als 100 ist, dann wird die Prozedur FEHLER-MARKIEREN ausgeführt; wenn aber in FEHLER-ZAEHLER eine kleinere Zahl als 100 enthalten ist, dann wird die Prozedur DATEN-LESEN ausgeführt. Oder anders gesagt: Es werden solange Daten eingelesen, solange die Anzahl der (Daten-) Fehler die Zahl 100 nicht übersteigt.

4.1.11 GO TO

Die GO-TO-Anweisung nennt man auch Sprungbefehl, weil man mittels dieser Anweisung aus der normalen Befehlsfolge (ein Befehl nach dem anderen), d.h. dem sequentiellen Programmablauf, herausspringt. Man setzt an einer anderen Stelle auf, die auch mit Sprungziel bezeichnet wird. In COBOL-Notation sieht das folgendermaßen aus:

GO TO Prozedur-Name

Mit einem Prozedur-Namen bezeichnet man - wie wir wissen - den Beginn eines Paragraphen oder eines Kapitels (SECTION). Das heißt also, daß wir immer nur an den Anfang einer Prozedur springen können.

Der GO-TO-Befehl ist für den Anfänger hier und da brauchbar. Darum werden wir ihn in unserem ersten Beispiel auch verwenden. Er ist aber gefährlich, weil er zu vertrackten Fehlern führen kann und Programme u.U. undurchschaubar macht. Deswegen, und weil uns COBOL, insbesondere COBOL-85, andere, bessere Hilfsmittel für eine übersichtliche Programmgestaltung zur Verfügung stellt, werden wir später kein GO TO mehr finden.

4.1.12 Programm 1: FAKULT

Mit den bisher behandelten COBOL-Anweisungen sind wir schon in der Lage, in sich geschlossene Abschnitte der PROCEDURE DIVISION aufzuschreiben. Dies wollen wir jetzt in einem Beispiel tun. Das Beispiel wird dann nach und nach zu einem kompletten Programm vervollständigt.

Anhand dieses Beispiels soll auch gezeigt werden, wie man ein kleines Problem zunächst aufschreibt und dann so umformuliert, daß man es programmieren kann.

Gegeben sei die Aufgabe, die Berechnung der Fakultäten

$$n! = 1 \cdot 2 \cdot 3 \cdot \ldots \cdot (n-1) \cdot n$$

für $n = 1, 2, 3, \ldots$ in einem kleinen Programm auszuführen.

Aus dieser Formel ist zuerst das Bildungsgesetz abzuleiten, so daß man daraus ein Programmstück entwickeln kann.

Dabei wird ein Weg eingeschlagen, der nicht nur in der Mathematik weit verbreitet ist: Man betrachtet zunächst den einfachsten Fall, erweitert dann auf den nächsten, und so fährt man fort, bis man den allgemeinen Fall aufschreiben kann:

Wir schreiben für $n = 1, 2, 3, \ldots$ die Formel auf:

$n = 1$	$1! = 1$
$n = 2$	$2! = 1 \cdot 2$
$n = 3$	$3! = 1 \cdot 2 \cdot 3 = 2! \cdot 3$
$n = 4$	$4! = 1 \cdot 2 \cdot 3 \cdot 4 = 3! \cdot 4$
usw.	usw.
$n = k$	$k! = 1 \cdot 2 \cdot 3 \cdot \ldots \cdot (k-1) \cdot k = (k-1)! \cdot k$

In der letzten Zeile ist das Bildungsgesetz deutlich erkennbar: Man benutzt das Ergebnis des voraufgegangen Rechenschrittes, um den neuen Wert zu berechnen. Eine solche Formel nennt man auch Rekursionsformel (von lat.: recurrere = zurücklaufen).

Die oben erhaltene Formel kann man in Worten auch so formulieren: Man erhöht den gegebenen Wert von n um 1 und multipliziert das so erhaltene neue n mit dem alten Wert von Fakultät. Das ergibt dann die neue Fakultät. Oder anders gesagt:

Man setzt zunächst $n = 1$ und Fakultät ebenfalls $= 1$ (das ist die erste Zeile). Dann erhöht man n um 1 und wendet auf dieses (neue) n die Rekursionsformel an. Man erhält die (neue) Fakultät. Dann erhöht man n erneut um 1, das ergibt das nächste n. Darauf wendet man wieder die Rekursionsformel an und erhält die nächste Fakultät. Und so fährt man fort, bis man zu einem wie auch immer definierten Ende kommt.

Solch einen wiederholt ablaufenden Vorgang nennt man beim Programmieren eine <u>Schleife</u> (loop). Vor Eintritt in die Schleife setzt man die zu verändernden Größen (Variablen) auf die <u>Anfangswerte</u> (im Beispiel n und Fakultät). Dann wendet man die Rekursionsformel (das ist der Inhalt der Schleife) so oft an, bis man fertig ist. Schließlich verläßt man die Schleife. Die <u>Endebedingung</u>, d.h. die Abfrage, wann die Schleife abgearbeitet ist, soll im Programm FAKULT zunächst durch den Überlauf angezeigt werden: Fakultät darf nicht mehr als 18 Ziffern enthalten, denn größere Zahlen sind ja bekanntlich in COBOL nicht erlaubt.

Wir schreiben diesen Vorgang schematisch auf:

```
ANFANG.
    n = 0 und
    Fakultät = 1 setzen.

SCHLEIFE.
    n  um 1 erhöhen.
    Neues  n  mit Fakultät multiplizieren.
    Wenn der Überlauf eingetreten ist,
        dann
            gehe nach ÜBERLAUF,
        sonst
            gib  n  und Fakultät aus und
            setze Bearbeitung von SCHLEIFE fort.

ÜBERLAUF.
    Endemeldung ausgeben.
```

Nun durchlaufen wir dieses Schema in Gedanken (wir spielen also Computer), um zu sehen, ob richtig ist, was wir aufgeschrieben haben.

Wir beginnen bei ANFANG. Die Variablen müssen wir auf ihre Anfangswerte setzen, d.h. wir setzen n auf 0 (warum nicht auf 1, werden wir gleich sehen) und Fakultät auf 1. Wir dürfen Fakultät nicht ebenfalls auf 0 setzen, weil wir ja mit Fakultät multiplizieren wollen; denn wäre Fakultät am Anfang = 0, so würden wir als Ergebnisse lauter Nullen bekommen. Anschließend betreten wir die Schleife.

Am Anfang von SCHLEIFE wird n um 1 erhöht. Das ist der Grund, warum wir 0 und nicht 1 als Anfangswert gewählt haben. Dann multiplzieren wir das neue n mit dem vorhandenen Wert von Fakultät. Beim ersten Durchlaufen der Schleife bekommt n den Wert 1 (0 + 1 = 1) und Fakultät ebenfalls 1 (1 mal 1 = 1). Nach dieser Rechnung wird Fakultät auf Überlauf abgefragt. Das ist anfangs natürlich nicht der Fall, daher werden wir die Ergebnisse ausgeben. Nun betreten wir die Schleife zum zweiten Male: 1 + 1 = 2, 2 mal 1 = 2. Und so geht es weiter, bis Fakultät den größtmöglichen Wert erhalten hat; denn anschließend tritt die Überlaufbedingung ein: wir geben eine Endemeldung aus und beschließen das Programm.

Jetzt setzen wir das Schema in COBOL-Anweisungen um (mit kleinen Buchstaben sind die Anweisungen angedeutet, die wir noch nicht behandelt haben), wobei wir uns zunächst auf die SCHLEIFE beschränken.

```
1      8  12      ...    Zeichenposition der COBOL-Zeile
       :   :
       :   :
       SCHLEIFE.
           ADD 1 TO N.
           MULTIPLY N BY FAKULTAET
               ON SIZE ERROR GO TO UEBERLAUF
           END-MULTIPLY.
           Ergebnisse ausgeben.
           GO TO SCHLEIFE.
```

Das Programm wird nach und nach vervollständigt, zunächst nur die PROCEDURE DIVISION, anschließend die anderen DIVISIONs, bis wir das Programm ablaufen lassen können.

4.1.13 MOVE ... TO

Bevor wir an Ein- und Ausgabe gehen, wollen wir noch einen der wichtigsten COBOL-Befehle kennenlernen: Bewegen von Daten innerhalb des Arbeitsspeichers von einem Feld in ein anderes Feld, verbunden mit gewissen Umformungen, falls gewünscht.

$$\underline{\text{MOVE}} \left\{ \begin{array}{l} \text{Daten-Name-1} \\ \text{Literal-1} \end{array} \right\} \underline{\text{TO}} \quad \text{Daten-Name-2}$$

Beispiele:

```
MOVE ZEROES TO N.
MOVE 1 TO FAKULTAET.
```

Das ist gerade der Anfang unseres Schemas: n und Fakultät werden auf die Anfangswerte gesetzt.

```
MOVE FELD-A TO ERGEBNIS.
```

Der Inhalt des Feldes FELD-A wird in das Feld ERGEBNIS gebracht. Der Inhalt von FELD-A bleibt ungeändert, während der Inhalt von ERGEBNIS verändert wird: was früher in ERGEBNIS stand, ist überschrieben worden vom Inhalt des Feldes FELD-A.

Beispiele mit Umformungen können wir erst behandeln, wenn wir die elementaren Datendarstellungen kennengelernt haben. Dann werden wir auf das MOVE-Verb zurückkommen.

4.1.14 DISPLAY

Das Verbum DISPLAY (wörtlich: zur Schau stellen, entfalten) wird für einfache Ausgaben benutzt. Welches Ausgabegerät dabei verwendet werden soll, wird in der ENVIRONMENT DIVISION festgelegt. Das betreffende Gerät bekommt dort einen vom Programmierer gewählten sog. Merknamen (mnemonic name).

```
DISPLAY { Literal-1      } [ , { Literal-2      } ] ...
        { Daten-Name-1   }     { Daten-Name-2   }

        [ UPON  Merkname ]
```

Man kann also eine beliebige Folge von Literalen und/oder Inhalten von Datenfeldern ausgeben. Fehlt die Klausel UPON Merkname, so wird ein Gerät genommen, das vom Hersteller (implementor) bestimmt wurde; bei älteren Systemen ist es die Bedienungs-Konsole (Bedienungs-Schreibmaschine) der Zentraleinheit (CPU). Man benutzte das Verb DISPLAY, um dem Operateur eine Nachricht zu übermitteln. Bei modernen Systemen wird das Bildschirmgerät angenommen, an dem der Anwender des Programms sitzt. Mit DISPLAY wendet sich das Programm an den Benutzer und fordert ihn auf, z.B. Eingabe-Parameter einzugeben. Wird als Ausgabegerät der Schnelldrucker gewählt, so will man mit DISPLAY in der Regel Fehlernachrichten und dergleichen ausdrucken.

Beispiele:

```
DISPLAY "Programm-Ende." UPON BILDSCHIRM.
DISPLAY "Anzahl ist ", N UPON BILDSCHIRM.
DISPLAY N, "-ter Durchlauf." UPON BILDSCHIRM.
```

So wie die Daten nach dem Verb angegeben sind, werden sie von links nach rechts zeichenweise ausgegeben, ohne Zwischenräume oder sonstige Druckaufbereitung. Wenn N ein Feld von zwei Zeichen Länge ist und den Wert 17 enthält, bekommt man auf dem Bildschirm ausgegeben.:

```
Programm-Ende.
Anzahl ist 17
17-ter Durchlauf.
```

Beachten Sie den Zwischenraum nach "ist" im zweiten und den Bindestrich vor "ter" im dritten Beispiel.

4.1.15 ACCEPT

Mit dem Verb ACCEPT kann man nur einen einzigen Wert eingeben, sei er nun eine Zahl oder ein Stück Text. Wie bei DISPLAY wird das gewünschte Eingabegerät in der ENVIRONMENT DIVISION durch einen Merknamen festgelegt.

ACCEPT Daten-Name-1 [**FROM** Merkname]

Ursprünglich war ACCEPT gedacht, Antworten vom Operateur entgegenzunehmen, die er auf eine Anforderung (aus einer DISPLAY-Anweisung) gibt. Man kann aber auch mit ACCEPT einen einzelnen Parameter, z.B. eine Anzahl, vom Bildschirmgerät übernehmen.

Beispiel:

```
ACCEPT ANZAHL FROM BILDSCHIRM.
```

Die eingetippte Zahl wird in dem Feld ANZAHL abgespeichert.

4.1.16 STOP RUN

Mit dieser Anweisung wird das Programm beendet. Die Kontrolle wird vom COBOL-Programm dem Betriebssystem übergeben, welches das nächste Programm aktiviert. STOP RUN bewirkt also nicht, daß die Maschine stehen bleibt, sondern daß das COBOL-Programm aufhört.

STOP RUN

Wenn man weiterrechnen will, muß man das Programm mit dem entsprechenden (Betriebssystem-) Kommando erneut starten: Das Programm beginnt dann wieder von vorn.

4.2 DATA DIVISION

Bisher haben wir nur Anweisungen kennengelernt, mit denen man in der PROCEDURE DIVISION an gegebenen Daten gewisse Manipulationen durchführt. Wir wissen bis jetzt aber noch nicht, wie diese Daten aussehen.

Es seien zunächst für das Programm FAKULT die nötigen Anweisungen der DATA DIVISION aufgeschrieben.:

```
1      8  12       Zeichenposition der COBOL-Zeile
       :   :
       :   :
       DATA DIVISION.

       WORKING-STORAGE SECTION.

       01  N              PICTURE IS  9(3).
       01  FAKULTAET      PICTURE IS  9(18).
```

Die DATA DIVISION gliedert sich in mehrere SECTIONs, die genau festgelegte Namen haben und in vorgeschriebener Anordnung (Reihenfolge) im Programm erscheinen müssen. Die WORKING-STORAGE SECTION enthält Arbeitsbereiche zum Rechnen, zum Druckaufbereiten, etc.

Die Ziffern "01" in Zeichen-Position 8 und 9 heißen Stufennummer und geben an, daß es sich um Daten handelt, die nicht anderen Begriffen untergeordnet sind. Mehr darüber in Kapitel 5.

Nach der Stufennummer folgt, durch wenigstens einen Zwischenraum getrennt, der Name, den das betreffende Datenfeld erhält; dann folgen die nähreren Beschreibungen der Daten. Manche Compiler verlangen, daß nach der Stufennummer 01 wenigstens zwei Zwischenräume folgen sollen, d.h. der Name an der Stelle B der COBOL-Zeile (Zeichen-Position 12) beginnt, oder später.

4.2.1 PICTURE IS

Mit der PICTURE-Klausel wird die Größe und Art des Datenfeldes beschrieben. Es sind numerische, alphabetische und alphanumerische Datenfelder möglich. Datentyp und Länge des Datenfeldes wird in der sog. Maske angegeben, das ist eine Folge von bestimmten Zeichen, die man auch Masken-Zeichen nennt.

$$\left\{ \begin{array}{l} \text{PICTURE} \\ \text{PIC} \end{array} \right\} \text{ IS Maske}$$

PIC ist eine Abkürzung für PICTURE. Die Maske besteht aus 1 bis 30 Zeichen (Buchstaben, Ziffern, Sonderzeichen), deren Anzahl die Länge des Feldes und deren Typ den Charakter des betreffenden Zeichens angibt. Erste Masken-Zeichen sind:

Zeichen:	Bedeutung:
9	numerisches Zeichen, d.h. 0, 1, 2, ..., 9.
A	alphabetisches Zeichen, d.h. A, B, C, ..., Z, sowie der Zwischenraum
X	alphanumerisches Zeichen, d.h. alle Zeichen.
V	Lage des gedachten Dezimalpunktes. Da der Dezimalpunkt gedacht ist, nimmt V keinen Platz im Arbeitsspeicher ein, d.h. V belegt kein Zeichen im zu beschreibenden Datenfeld.
S	Vorzeichen bei numerischen Feldern. S nimmt, wie V , keinen Platz im Arbeitsspeicher ein.

"V" und "S" dürfen nur einmal in einer Maske vorkommen, "S" nur als erstes Zeichen in der Maske. Man kann zur Abkürzung auch die Anzahl der Masken-Zeichen in Klammern hinter dem betreffenden Zeichen angeben. Will man z.B. 20 Buchstaben in einem Feld unterbringen, so braucht man also nicht 20mal das "A" zu schreiben, sondern es geht auch mit "A(20)".

Formale Beispiele:

PICTURE IS 999.

Dieses Datenfeld enthält eine dreiziffrige Zahl. Es dürfen nur Ziffern und keine anderen Zeichen darin untergebracht werden.

PICTURE IS S9999V99.

Dieses Datenfeld ist 6 Zeichen lang, enthält einen (gedachten) Dezimalpunkt vor der zweitletzten Stelle und ein Vorzeichen. Die Maske ist 8 Zeichen lang, das Datenfeld nur 6. Den gleichen Effekt erzielt man mit der Schreibweise

PICTURE IS S9(4)V9(2).

Diese Schreibweise ist der vorigen vorzuziehen, weil man so die Länge des Datenfeldes mit einem Blick überschauen kann: 4 + 2 = 6.

PICTURE IS A(14).

Dieses Datenfeld ist 14 Zeichen lang und kann nur Buchstaben und Zwischenräume aufnehmen, weder Ziffern noch Sonderzeichen.

PICTURE IS XX.

Dieses Datenfeld ist 2 Zeichen lang und kann alle nur erdenklichen Zeichen aufnehmen.

Beispiele in Zeichendarstellung:

Maske:	Wert:	Darstellung:
S999	0	0 0 $\overset{+}{0}$
S999	+1	0 0 $\overset{+}{1}$
S999	-1	0 0 $\overset{-}{1}$
S9(3)	125	1 2 $\overset{+}{5}$

Maske:	Wert:	Darstellung:
9(3)V9(2)	125,50	1 2 5 ▲ 5 0
999V99	13,75	0 1 3 ▲ 7 5
AAAA	ENDE	E N D E
A(4)	AND.	Fehler, denn Punkt ist kein Buchstabe
X(12)	*** ␣ENDE␣***	* * * ␣ E N D E ␣ * * *

4.2.2 Masken für die Druckaufbereitung

Die bisher beschriebenen Masken dienen dazu, Arbeitsbereiche zu definieren. Wie aus den angegebenen numerischen Beispielen ersichtlich wird, kann weder das Vorzeichen, noch der Dezimalpunkt dargestellt werden. Auch sind die sog. führenden Nullen für die Ausgabe unangenehm. Will man nun bearbeitete Daten für die Ausgabe vorbereiten, so muß man sie in einen Ausgabebereich schaffen (mittels MOVE), in dem die Daten für den Druck "aufbereitet" (edited), d.h. schön zurechtgemacht werden. Für diese sog. Druckaufbereitung sind weitere Masken-Zeichen erforderlich, von denen im folgenden einige beschrieben werden.

Zeichen:	Bedeutung:
Z	Nullenunterdrückung (zero suppress). Statt führender Nullen werden Zwischenräume (blanks) eingesetzt; gilt nur für numerische Daten.
B	Einfügung von Zwischenräumen (blanks). An beliebigen Stellen können in numerische, alphabetische und alphanumerische Felder Zwischenräume zusätzlich eingefügt werden.
.	Dezimalpunkt. Das Zeichen . realisiert das V und kann, wie V , in der Maske nur einmal vorkommen; gilt nur für numerische Daten.

Die drei genannten Zeichen beanspruchen - im Gegensatz zu "V" - im Arbeitsspeicher Platz, denn sie stellen Zeichen dar.

Beispiele:

```
01  EMIL-AUS      PICTURE IS 99.99.
01  CAESAR-AUS    PICTURE IS ZZ9.99.
01  FELD-2-AUS    PICTURE IS ZBZZ9.99.
```

Maske:	Wert:	Darstellung:
99.99	01,25	0 1 . 2 5
ZZ9.99	001,25	␣ ␣ 1 . 2 5
ZZ9.99	125,25	1 2 5 . 2 5
ZBZZ9.99	1234.56	1 ␣ 2 3 4 . 5 6
ZBZZ9.99	0000,01	␣ ␣ ␣ ␣ 0 . 0 1

Ähnlich wie die Nullenunterdrückung funktioniert die Darstellung des Vorzeichens: sie ist - wie man sagt - "gleitend" (floating). Damit wird erreicht, daß das Vorzeichen immer gerade vor der ersten Ziffer steht, die nicht mehr unterdrückt ist. Die zwei Masken-Zeichen, die das Vorzeichen zum Ausdruck bringen, sind:

Zeichen:	Bedeutung:
-	Minuszeichen. Ist das Vorzeichen positiv, wird ein Zwischenraum statt dessen ausgegeben; ist das Vorzeichen negativ, wird ein Minuszeichen ausgegeben.
+	Pluszeichen. Ist das Vorzeichen positiv, wird ein Pluszeichen ausgegeben; ist das Vorzeichen negativ, wird ein Minuszeichen ausgegeben.

Man achte bei der Druckaufbereitung auf folgendes: Das sog. Empfangsfeld, also das Ausgabefeld, muß mindestens um so viele Zeichen größer sein als das Sendefeld (Rechenfeld), wie Zeichen zusätzlich dargestellt werden sollen. Das gilt insbesondere für den Dezimalpunkt und das Vorzeichen, weil beide im Rechenfeld nur gedacht, also nicht als Zeichen realisiert sind.

Maske:	Wert:	Darstellung:
--9	+05	␣ ␣ 5
--9	-05	␣ - 5
--9	-15	- 1 5
--9	+15	␣ 1 5

Maske	Wert	Darstellung
+++99	+0005	␣ ␣ + 0 5
+++99	+0015	␣ ␣ + 1 5
+++99	+0125	␣ + 1 2 5
+++99	-0115	␣ - 1 1 5

Statt "+++99" kann man auch "+(3)9(2)" schreiben.

Zusammenfassend können wir feststellen: Man unterscheidet zwei Arten von Datendarstellungen: Daten mit Druckaufbereitung (editetd data) und Daten für die Verarbeitung (non-edited data). Um voll kompatibel zu sein, d.h. um zu erreichen, daß ein Programm auf verschiedenen Maschinen ablaufen kann, sollte man die eingelesenen Daten zunächst in Arbeitsbereiche schaffen, wo man dann mit den Daten die erforderlichen Operationen durchführt. Zum Schluß schafft man sie in Ausgabebereiche, von wo aus sie dann gedruckt oder sonstwie ausgegeben werden können. Diesen Vorgang illustriert das folgende Bild:

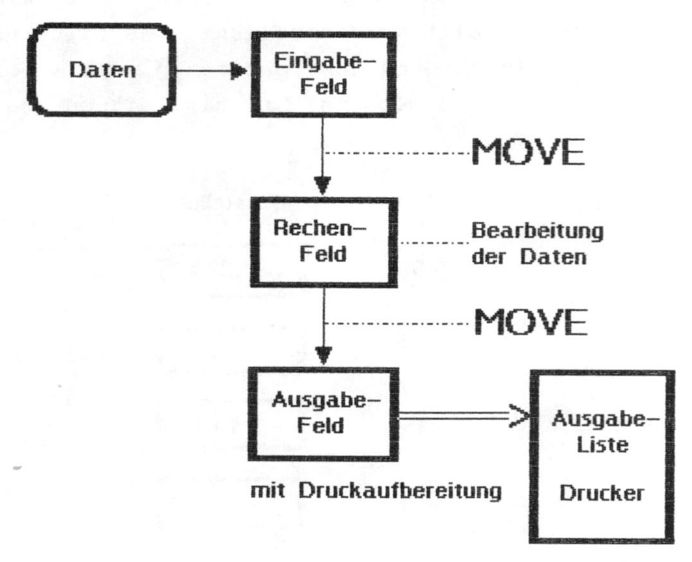

Die notwendigen Umwandlungen der Daten werden beim Transport von dem einen Feld in das andere Feld automatisch ausgeführt. Maßgebend dabei ist die Datenbeschreibung in der PICTURE-Klausel.

Unterläßt man bei vorzeichenbehafteten numerischen Daten die Druckaufbereitung, so wird statt der letzten Ziffer ein Buchstabe ausgegeben; welcher, das hängt vom Interncode der betreffenden Maschine ab. Analoges gilt auch für die Eingabe: Bei älteren Systemen, die noch mit Lochkarten arbeiten, wird das Vorzeichen als Doppellochung in der letzten Ziffer untergebracht.

Da ein Zwischenraum von der Null verschieden ist, sei an dieser Stelle auf einen häufig vorkommenden Anfängerfehler hingewiesen: Numerische Daten, die sich in einem Feld befinden, das bereits Nullenunterdrückung hat, können nicht in ein anderes Feld transportiert werden, das ebenfalls Nullenunterdrükkung hat, denn Zahlen, die bereits druckaufbereitet sind, sind nicht mehr numerisch, weil sie Sonderzeichen (Dezimalpunkt, Vorzeichen) und Zwischenräume enthalten. Also: Der Transport

PIC 9999 nach PIC ZZZ9

ist erlaubt, dagegen

PIC ZZZ9 nach PIC +++9

ist verboten; ein guter Compiler merkt das und gibt beim Übersetzen eine entsprechende Fehlermeldung aus. COBOL 85 ist bei Eingaben hier großzügiger.

4.2.3 VALUE IS

Will man neben der Datenbeschreibung dem definierten Feld einen Anfangswert zuweisen, kann man folgende Klausel benutzen:

$$\underline{\text{VALUE}}\ \text{IS} \left\{ \begin{array}{l} \text{Numerisches-Literal} \\ \text{Alphanumerisches-Literal} \end{array} \right\}$$

Auf die Reihenfolge der PICTURE- und der VALUE-Klausel kommt es dabei nicht an.

Beispiele:

```
01  ANZAHL        PIC 9        VALUE ZERO.
01  ANFANG        PICTURE IS S9(3)     VALUE -75.
01  NAME          VALUE IS SPACES      PIC X(25).
```

Das Feld ANZAHL ist einziffrig, numerisch und bekommt den Anfangswert Null. ANZAHL kann im Verlaufe des Programms durchaus verändert werden. Es darf also eine Veränderliche (Variable) anfangs einen bestimmten Wert erhalten, der dann allerdings später überschrieben wird.

Das Feld ANFANG ist dreiziffrig, numerisch und enthält ein Vorzeichen. Sein Anfangswert ist -75.

Das Feld NAME ist 25 Zeichen lang und wird für den Anfang mit Zwischenräumen "gelöscht".

4.2.4 <u>Weiterführung von Programm 1</u>

Damit können wir die Datenbeschreibung für unser Beispiel-Programm fertig aufschreiben:

```
DATA DIVISION.

WORKING-STORAGE SECTION.

* - - - Rechen-Felder:
 01  N                                PICTURE IS     99.
 01  FAKULTAET                        PICTURE IS     9(18).

* - - - Ausgabe-Felder:
 01  N-AUS                            PICTURE IS     Z9.
 01  FAKULTAET-AUS
              PICTURE IS  ZZZBZZZBZZZBZZZBZZZBZZ9.
```

Der Zusatz -AUS bei den Datenfeldern N und FAKULTAET soll die Ausgabebereiche im Gegensatz zu den Verarbeitungsbereichen (Rechenfeldern) kennzeichnen. Wegen der Eindeutigkeit der

Namensgebung müssen ja die Namen für Eingabe-, Ausgabe- und Verarbeitungsbereiche verschieden voneinander sein.

Auch die PROCEDURE DIVISION können wir jetzt ganz aufschreiben. Außer dem Paragraphen SCHLEIFE kommen noch zwei weitere Paragraphen dazu; ein einleitender Paragraph, ANFANG, in dem die Anfangswerte gesetzt werden, und ein abschließender Paragraph, UEBERLAUF, in dem die Ende-Nachricht ausgegeben wird.

```
PROCEDURE DIVISION.

ANFANG.
    MOVE ZEROES TO N
    MOVE 1 TO FAKULTAET.

SCHLEIFE.
    ADD 1 TO N.
    MULTIPLY N BY FAKULTAET;
        ON SIZE ERROR GO TO UEBERLAUF.
    MOVE N TO N-AUS
    MOVE FAKULTAET TO FAKULTAET-AUS.
    DISPLAY  N-AUS, " Fakultaet ist = ", FAKULTAET-AUS
                                             UPON BILDSCHIRM.
    GO TO SCHLEIFE.

UEBERLAUF.
    MOVE N TO N-AUS.
    DISPLAY "*** Ueberlauf bei N = ", N-AUS  UPON BILDSCHIRM.
    DISPLAY SPACE UPON BILDSCHIRM.
    DISPLAY "*** THAT'S ALL, CHARLEY BROWN ***"
                                             UPON BILDSCHIRM.
    STOP RUN.
```

4.3 IDENTIFICATION DIVISION

Zur Vervollständigung des Programms fehlen uns noch die ersten beiden DIVISIONs. Zunächst die erste, die IDENTIFICATION DIVISION. Die Minimalforderungen lauten:

IDENTIFICATION DIVISION.

PROGRAM-ID. Programm-Name.

Die beiden Buchstaben "ID" im ersten Paragraphen dieser DIVISION sind eine Abkürzung für IDENTIFICATION (Kennzeichnung). Im Paragraphen PROGRAM-ID erhält das Programm sozusagen seinen

Namen. Dieser Paragraph ist bei verschiedenen Systemen gewissen Einschränkungen unterworfen: bei manchen Systemen darf er nur wenige Zeichen lang sein (z.B. 6 oder 8), bei anderen werden nur die ersten Zeichen verwendet, bei wieder anderen darf kein Bindestrich verwendet werden. Man erkundige sich also im COBOL-Handbuch des Herstellers.

Weitere Paragraphen der IDENTIFICATION DIVISION müssen in der vorgeschriebenen Reihenfolge auftauchen, sofern sie vorkommen (sie sind alle wahlfrei und fallen in künftigen Normen fort). Sie lauten (in der vorgeschriebenen Anordnung):

```
[ AUTHOR. Kommentar. ]
[ INSTALLATION. Kommentar. ]
[ DATE-WRITTEN. Kommentar. ]
[ DATE-COMPILED. Kommentar. ]
[ SECURITY. Kommentar. ]
     [ REMARKS. Kommentar. ]
```

und enthalten jeweils einen Kommentar. Dieser Kommentar kann beliebig lang und ausgefallen sein; es gibt keinerlei Einschränkungen. Der Kommentar im Paragraphen DATE-COMPILED wird vom Compiler durch das Tagesdatum ersetzt, denn das ist ja gerade das Übersetzungsdatum.

Da alle diese Paragraphen - außer PROGRAM-ID - keinen Einfluß auf das Programmgeschehen haben, und weil seit COBOL 74 mittels der "Sternchenzeilen" (* an Stelle C, d.h. in Zeichenposition 7 der COBOL-Zeile) Kommentare an beliebigen Stellen in beliebiger Form ins Programm eingefügt werden können, hat bereits COBOL 74 den Paragraphen REMARKS gestrichen.

Als Beispiel geben wir den Anfang des Programms FAKULT an:

```
 IDENTIFICATION DIVISION.

 PROGRAM-ID.   FAKULT.
*    Dieses Programm berechnet Fakultaeten.
```

4.4 ENVIRONMENT DIVISION

In dieser DIVISION wird die maschinelle Umgebung (environment) beschrieben, in der das Programm laufen soll. Jetzt wird nur das für unser Programm Nötige angegeben. Weitere Eintragungen in die ENVIRONMENT DIVISION werden wir dann kennenlernen, wenn wir sie brauchen.

ENVIRONMENT DIVISION.

CONFIGURATION SECTION.

SOURCE-COMPUTER. Computer-Name.

OBJECT-COMPUTER. Computer-Name.

Die Computer-Namen sind bei einigen Compilern genau vorgeschrieben, bei anderen werden sie wie Kommentare behandelt. Auch hier muß man sich in den COBOL-Handbüchern der Hersteller erkundigen, was verlangt wird - oder was nicht.

Ein weiterer wichtiger Paragraph, der notwendig ist, wenn man z.B. die Verben DISPLAY und ACCEPT verwenden will, ist

```
[ SPECIAL-NAMES.
      Hersteller-Name-1  IS  Merk-Name-1
    [ Hersteller-Name-2  IS  Merk-Name-2 ] ... ]
```

Unter Hersteller-Name versteht man eine Bezeichnung für ein Ein- oder Ausgabe-Gerät (oder ähnliches), die vom Hersteller genau festgelegt ist (vgl. COBOL-Handbuch des Herstellers). Als Beispiel dafür sei die ENVIRONMENT DIVISION angegeben, wie sie für unser Programm FAKULT benötigt wird:

```
ENVIRONMENT DIVISION.

CONFIGURATION SECTION.

SOURCE-COMPUTER.  SIEMENS 7.590-G.
OBJECT-COMPUTER.  SIEMENS 7.590-G.

SPECIAL-NAMES.
    TERMINAL IS BILDSCHIRM.
```

Angemerkt sei an dieser Stelle, daß der gesamte Paragraph SPECIAL-NAMES aus nur einem Satz besteht. Die einzelnen Eintragungen dürfen nicht durch Punkte getrennt werden.

4.5 Fertigstellung von Programm 1

4.5.1 Variante 1

Nachdem wir jetzt alle COBOL-Anweisungen zusammengestellt haben, die nötig sind, um unsere Aufgabe zu lösen, können wir das Beispiel-Programm FAKULT vollständig aufschreiben.

Nachfolgend ist das Programm reproduziert, wie es als Quellprogramm auf der Platte abgespeichert ist und ausgedruckt werden kann.

Da alles bereits besprochen ist, braucht hier auf Einzelheiten nicht mehr eingegangen zu werden. Es empfiehlt sich, das Programm sorgfältig in Gedanken Schritt für Schritt zu durchlaufen, als sei man selber der Computer, und die Ergebnisse dabei im Auge zu behalten. Die Ergebnisse sind anschließend wiedergegeben, so wie sie auf dem Bildschirm erscheinen.

```
 IDENTIFICATION DIVISION.

 PROGRAM-ID.   FAKULT.
*    Dieses Programm berechnet Fakultaeten.

 ENVIRONMENT DIVISION.

 CONFIGURATION SECTION.

 SOURCE-COMPUTER.  SIEMENS 7.590-G.
 OBJECT-COMPUTER.  SIEMENS 7.590-G.

 SPECIAL-NAMES.
     TERMINAL IS BILDSCHIRM.
```

```
 DATA DIVISION.

 WORKING-STORAGE SECTION.

* - - - Rechen-Felder:
 01   N                                PICTURE IS    99.
 01   FAKULTAET                        PICTURE IS    9(18).

* - - - Ausgabe-Felder:
 01   N-AUS                            PICTURE IS     Z9.
 01   FAKULTAET-AUS
              PICTURE IS  ZZZBZZZBZZZBZZZBZZZBZZ9.


 PROCEDURE DIVISION.
 ANFANG.
     MOVE ZEROES TO N
     MOVE 1 TO FAKULTAET.

 SCHLEIFE.
     ADD 1 TO N.
     MULTIPLY N BY FAKULTAET;
         ON SIZE ERROR GO TO UEBERLAUF.
     MOVE N TO N-AUS
     MOVE FAKULTAET TO FAKULTAET-AUS.
     DISPLAY  N-AUS, " Fakultaet ist = ", FAKULTAET-AUS
                                             UPON BILDSCHIRM.
     GO TO SCHLEIFE.

 UEBERLAUF.
     MOVE N TO N-AUS.
     DISPLAY "*** Ueberlauf bei N = ", N-AUS  UPON BILDSCHIRM.
     DISPLAY SPACE UPON BILDSCHIRM.
     DISPLAY "*** THAT'S ALL, CHARLEY BROWN ***"
                                             UPON BILDSCHIRM.
     STOP RUN.
```

Und das sind die Ergebnisse:

```
             1 Fakultaet ist =                      1
             2 Fakultaet ist =                      2
             3 Fakultaet ist =                      6
             4 Fakultaet ist =                     24
             5 Fakultaet ist =                    120
             6 Fakultaet ist =                    720
             7 Fakultaet ist =                  5 040
             8 Fakultaet ist =                 40 320
             9 Fakultaet ist =                362 880
            10 Fakultaet ist =              3 628 800
            11 Fakultaet ist=              39 916 800
            12 Fakultaet ist =            479 001 600
            13 Fakultaet ist =          6 227 020 800
```

```
14 Fakultaet ist =            87 178 291 200
15 Fakultaet ist =         1 307 674 368 000
16 Fakultaet ist =        20 922 789 888 000
17 Fakultaet ist =       355 687 428 096 000
18 Fakultaet ist =     6 402 373 705 728 000
19 Fakultaet ist = 121 645 100 408 832 000
*** Ueberlauf bei n = 20

*** THAT'S ALL, CHARLEY BROWN ***
```

4.5.2 Variante 2

In Variante 1 haben wir das Programm eigentlich in einen Fehler laufen lassen und das Zuschnappen der Falle, d.h. das Abfangen des Fehlers dazu benutzt, das Programm zu beenden. Das ist unschön.

Besser ist es, man liest eine Zahl ein, die angibt, bis wohin man rechnen will; das Abfangen des Überlaufs muß natürlich im Programm erhalten bleiben, denn die eingelesene Zahl kann ja auch zu groß sein. Damit erweitert sich das Schema von Seite 77. In dem nachfolgenden Schema (Seite 96/97) sind die bisher besprochenen Daten-Namen mit großen Buchstaben geschrieben.

Dementsprechend ändert sich die PROCEDURE DIVISION. Auch die DATA DIVISION muß um die beiden Felder N-MAX-EIN und N-MAX erweitert werden. Und da wir schließlich noch ein Eingabe-Gerät benutzen, muß eine entsprechend Eintragung in der EINVIRONMENT DIVISION gemacht werden.

```
ANFANG.
    N = 0  und
    FAKULTAET = 1 setzen.
    N-MAX einlesen.

SCHLEIFE.
    N um 1  erhöhen.
    Wenn  N > N-MAX
        dann
            Rechnung beenden, d.h.
            gehe nach ENDE-DER-RECHNUNG.
    N mit FAKULTAET multiplizieren.
```

```
        Wenn Überlauf eingetreten ist,
            dann
                gehe nach UEBERLAUF,
            sonst
                gib N und FAKULTAET aus und
                setze die Bearbeitung von SCHLEIFE fort.

    UEBERLAUF.
        Fehlermeldung ausgeben.
        Gehe nach SCHLUSS.

    ENDE-DER-RECHNUNG.
        Endemeldung ausgeben,
        Gehe nach SCHLUSS.

    SCHLUSS.
       Programm beenden.
```

Und das ist das vollständige Programm in Version 2:

```
 IDENTIFICATION DIVISION.

 PROGRAM-ID.   FAKULT.
*    Dieses Programm berechnet Fakultaeten.
*    Version 2.

 ENVIRONMENT DIVISION.

 CONFIGURATION SECTION.

 SOURCE-COMPUTER.  SIEMENS 7.590-G.
 OBJECT-COMPUTER.  SIEMENS 7.590-G.

 SPECIAL-NAMES.
     TERMINAL IS BILDSCHIRM.


 DATA DIVISION.

 WORKING-STORAGE SECTION.

* - - - Eingabe-Feld:
 01  N-MAX-EIN                     PICTURE IS     99.

* - - - Rechen-Felder:
 01  N                             PICTURE IS     99.
 01  N-MAX                         PICTURE IS     99.
 01  FAKULTAET                     PICTURE IS     9(18).

* - - - Ausgabe-Felder:
 01  N-AUS                         PICTURE IS     Z9.
 01  FAKULTAET-AUS
            PICTURE IS  ZZZBZZZBZZZBZZZBZZZBZZ9.
```

```
PROCEDURE DIVISION.

ANFANG.
    MOVE ZEROES TO N
    MOVE 1 TO FAKULTAET.
    DISPLAY "Gib  N-MAX (zweiziffrig):" UPON BILDSCHIRM.
    ACCEPT N-MAX-EIN FROM BILDSCHIRM.
    MOVE N-MAX-EIN TO N-MAX.

SCHLEIFE.
    ADD 1 TO N.
    IF N IS GREATER THAN N-MAX;
         GO TO ENDE-DER-RECHNUNG.
    MULTIPLY N BY FAKULTAET;
         ON SIZE ERROR GO TO UEBERLAUF.
    MOVE N TO N-AUS
    MOVE FAKULTAET TO FAKULTAET-AUS.
    DISPLAY  N-AUS, " Fakultaet ist = ", FAKULTAET-AUS
                                           UPON BILDSCHIRM.
    GO TO SCHLEIFE.

UEBERLAUF.
    MOVE N TO N-AUS.
    DISPLAY "*** Ueberlauf bei N = ", N-AUS  UPON BILDSCHIRM.
    GO TO SCHLUSS.

ENDE-DER-RECHNUNG.
    MOVE N TO N-AUS.
    DISPLAY "Ende der Rechnung. Nicht mehr ausgefuehrt ist N = ",
          N-AUS UPON BILDSCHIRM.
    GO TO SCHLUSS.

SCHLUSS.
    DISPLAY SPACE UPON BILDSCHIRM.
    DISPLAY "*** THAT'S ALL, CHARLEY BROWN ***" UPON BILDSCHIRM.
    STOP RUN.
```

Der Programmablauf ist so wiedergegeben, wie er sich auf dem Bildschirm dargestellt hat.

Man kann das Bildschirmprotokoll abspeichern und anschließend ausdrucken. Das ist hier geschehen: (IN) und (OUT) gibt die "Richtung" an, also Eingabe und Ausgabe.

```
(OUT)      Gib  n-max (zweiziffrig):
(IN)       13
(OUT)       1 Fakultaet ist =                    1
(OUT)       2 Fakultaet ist =                    2
(OUT)       3 Fakultaet ist =                    6
(OUT)       4 Fakultaet ist =                   24
(OUT)       5 Fakultaet ist =                  120
(OUT)       6 Fakultaet ist =                  720
(OUT)       7 Fakultaet ist =                5 040
(OUT)       8 Fakultaet ist =               40 320
(OUT)       9 Fakultaet ist =              362 880
(OUT)      10 Fakultaet ist =            3 628 800
(OUT)      11 Fakultaet ist =           39 916 800
(OUT)      12 Fakultaet ist =          479 001 600
(OUT)      13 Fakultaet ist =        6 227 020 800
(OUT)      Ende der Rechnung. Nicht mehr ausgefuehrt ist n = 14
(OUT)
(OUT)      *** THAT'S ALL, CHARLEY BROWN ***
```

Und nun wollen wir testen, ob der Überlauf funktioniert:

```
(OUT)      Gib  n-max (zweiziffrig):
(IN)       23
(OUT)       1 Fakultaet ist =                        1
(OUT)       2 Fakultaet ist =                        2
(OUT)       3 Fakultaet ist =                        6
(OUT)       4 Fakultaet ist =                       24
(OUT)       5 Fakultaet ist =                      120
(OUT)       6 Fakultaet ist =                      720
(OUT)       7 Fakultaet ist =                    5 040
(OUT)       8 Fakultaet ist =                   40 320
(OUT)       9 Fakultaet ist =                  362 880
(OUT)      10 Fakultaet ist =                3 628 800
(OUT)      11 Fakultaet ist =               39 916 800
(OUT)      12 Fakultaet ist =              479 001 600
(OUT)      13 Fakultaet ist =            6 227 020 800
(OUT)      14 Fakultaet ist =           87 178 291 200
(OUT)      15 Fakultaet ist =        1 307 674 368 000
(OUT)      16 Fakultaet ist =       20 922 789 888 000
(OUT)      17 Fakultaet ist =      355 687 428 096 000
(OUT)      18 Fakultaet ist =    6 402 373 705 728 000
(OUT)      19 Fakultaet ist = 121 645 100 408 832 000
(OUT)      *** Ueberlauf bei n = 20
(OUT)
(OUT)      *** THAT'S ALL, CHARLEY BROWN ***
```

4.5.3 Variante 3

Diese Variante unterscheidet sich von der vorigen nur in einer Anweisung: wir wollen einmal sehen, was passiert, wenn wir n i c h t auf Überlauf abfragen:

```
MULTIPLY N BY FAKULTAET.
```

Das Programm unterscheidet sich demnach nur dadurch vom vorigen, daß wir die Klausel ON SIZE ERROR weggelassen haben. In der PROCEDURE DIVISION ist dann natürlich der Paragraph UEBERLAUF insofern überflüssig, als er nicht mehr angesprochen werden kann. Es schadet aber nichts, wenn er bei solch einem Experiment im Programm bleibt.

Die eingelesene Zahl war 23. Dies ist das Ergebnis:

```
(OUT)    Gib  n-max (zweiziffrig):
(IN)     23
(OUT)     1 Fakultaet ist =                          1
(OUT)     2 Fakultaet ist =                          2
(OUT)     3 Fakultaet ist =                          6
(OUT)     4 Fakultaet ist =                         24
(OUT)     5 Fakultaet ist =                        120
(OUT)     6 Fakultaet ist =                        720
(OUT)     7 Fakultaet ist =                      5 040
(OUT)     8 Fakultaet ist =                     40 320
(OUT)     9 Fakultaet ist =                    362 880
(OUT)    10 Fakultaet ist =                  3 628 800
(OUT)    11 Fakultaet ist =                 39 916 800
(OUT)    12 Fakultaet ist =                479 001 600
(OUT)    13 Fakultaet ist =              6 227 020 800
(OUT)    14 Fakultaet ist =             87 178 291 200
(OUT)    15 Fakultaet ist =          1 307 674 368 000
(OUT)    16 Fakultaet ist =         20 922 789 888 000
(OUT)    17 Fakultaet ist =        355 687 428 096 000
(OUT)    18 Fakultaet ist =      6 402 373 705 728 000
(OUT)    19 Fakultaet ist =    121 645 100 408 832 000
(OUT)    20 Fakultaet ist =    432 902 008 176 640 000
(OUT)    21 Fakultaet ist =     90 942 171 709 440 000
(OUT)    22 Fakultaet ist =        727 777 607 680 000
(OUT)    23 Fakultaet ist =     16 738 884 976 640 000
(OUT)    Ende der Rechnung. Nicht mehr ausgefuehrt ist N = 24
(OUT)
(OUT)    *** THAT'S ALL, CHARLEY BROWN ***
```

Die letzten vier Ergebniszeilen enthalten Unsinn. Wir streichen also Variante 3 und halten Variante 2 als die z.Z. optimale Lösung fest.

4.6 Betriebssystem

So, wie wir es hier aufgeschrieben haben, kann das Programm immer noch nicht laufen. Dem Betriebssystem muß noch gesagt werden, was es mit dem Quell-Programm, d.h. den COBOL-Zeilen anfangen soll. Dazu braucht man Kommandos, die natürlich absolut systemabhängig sind.

4.6.1 Teilnehmerbetrieb

Beim Teilnehmerbetrieb (time sharing) sitzt der Benutzer am Terminal (Bildschirmgerät) und korrespondiert mit dem System. Dieses Arbeiten ist vergleichbar dem Arbeiten mit einem PC (personal computer).

Die COBOL-Zeilen werden mittels eines speziellen Programms, des sog. Editors, in eine Datei eingetragen. Danach startet man mit dem entsprechenden Kommando die Übersetzung. War sie fehlerfrei abgelaufen, muß das sog. Compilat, d.h. das Halbfabrikat, welches der Compiler erzeugt hat, gebunden werden; so werden z.B. Ein- und Ausgabe-Routinen hinzugefügt. Schließlich wird das Programm mit einem weiteren Kommando gestartet. Der Benutzer kann dann mit dem Programm u.U. einen Dialog führen, wie im voraufgegangenen Beispielprogramm angedeutet. Bildlich ist das Beschriebene auf Seite 42 dargestellt.

4.6.2 Stapelbetrieb

Beim Stapelbetrieb (batch) sind alle Kommandos in einer Datei abgelegt, die man mittels eines besonderen Kommmandos startet. Das Programm läuft dann im Hintergrund ab, während man gleichzeitig am Terminal im Dialog etwas anderes machen kann.

Bei älteren Systemen sind die Kommandos und COBOL-Zeilen auf Lochkarten abgelocht. Man nennt diese Kommando-Karten auch Steuerkarten.

Weiter kann natürlich an dieser Stelle auf Kommandos und auf Betriebssysteme nicht eingegangen werden. Sinn dieser Zeilen ist nur, auf den Zusammenhang zwischen dem COBOL-Programm und dem Betriebssystem hinzuweisen. Hier kann nur ein Studium des COBOL-Handbuchs weiterhelfen, wo in der Regel die für den COBOL-Programmierer nötigen Kommandos angegeben sind. Auch die Mitteilungen des Rechenzentrums sind eine Pflichtlektüre für den COBOL-Programmierer.

4.7 Erweiterung der arithmetischen Befehle

4.7.1 GIVING

Bei den arithmetischen Befehlen

```
     ADD  ...   TO  ...
SUBTRACT  ... FROM  ...
MULTIPLY  ...   BY  ...
  DIVIDE  ... INTO  ...
```

werden Sie es als lästig empfunden haben, daß der zweite Operand (nach TO, FROM, BY oder INTO) stets zerstört und durch das Ergebnis der Operation ersetzt wird. Das muß nicht so sein. In COBOL sind die entsprechenden Vorrichtungen vorhanden, die den zweiten Operanden so belassen, wie er ist.

COBOL erweitert die bisher behandelten arithmetischen Operationen derart, daß der zweite Operand erhalten bleibt und das Ergebnis in einem besonderen Zielfeld abgespeichert wird. Dieser Zusatz heißt GIVING und ist ein echter Zusatz bei SUBTRACT, MULTIPLY und DIVIDE, während bei ADD das TO durch das GIVING ersetzt wird; deswegen werden wir die Addition besonders behandeln.

4.7.2 SUBTRACT, MULTIPLY, DIVIDE

Für diese erweiterten Anweisungen lautet das Format:

```
SUBTRACT { Num.-Literal-1 } FROM { Num.-Literal-2 }
         { Daten-Name-1   }      { Daten-Name-2   }

    GIVING  Daten-Name-3     [ ROUNDED ]

   [ ON SIZE ERROR  Unbedingter-Befehl ]

   [ END-SUBTRACT ]

MULTIPLY { Num.-Literal-1 } BY   { Num.-Literal-2 }
         { Daten-Name-1   }      { Daten-Name-2   }

    GIVING  Daten-Name-3     [ ROUNDED ]

   [ ON SIZE ERROR  Unbedingter-Befehl ]

   [ END-MULTIPLY ]

DIVIDE   { Num.-Literal-1 } INTO { Num.-Literal-2 }
         { Daten-Name-1   }      { Daten-Name-2   }

    GIVING  Daten-Name-3     [ ROUNDED ]

   [ ON SIZE ERROR  Unbedingter-Befehl ]

   [ END-DIVIDE ]
```

Beispiele:

```
MULTIPLY LOHNSTEUER BEI 0.08 GIVING KIRCHENSTEUER ROUNDED.
SUBTRACT NETTO-GEHALT FROM BRUTTO-GEHALT GIVING ABZUEGE.
DIVIDE DIVISOR INTO DIVIDENT GIVING QUOTIENT
     ON SIZE ERROR PERFORM DIVISIONS-ALARM
END-DIVIDE.
```

Zum letzten Beispiel: Es wird die Division

DIVIDEND : DIVISOR = QUOTIENT

ausgeführt. Ist DIVISOR klein gegen DIVIDEND oder gar = 0, bleibt QUOTIENT unverändert, die Division wird nicht ausgeführt, statt dessen die Fehlerprozedur DIVISIONS-ALARM.

4.7.3 ADD

Da - wie bereits gesagt - bei ADD das Wörtchen TO durch GIVING ersetzt wird, folgt, daß vor GIVING wenigstens zwei Summanden stehen müssen, weil sonst die Sache sinnlos wäre. Da es oft wünschenswert ist, mehr als zwei Summanden aufzusummieren, hat man auch in COBOL diese Möglichkeit vorgesehen. Wir erhalten somit für das Verbum ADD zwei Formate:

Format 1:

```
ADD { Num.-Literal-1 } [ , { Num.-Literal-2 } ] ...
    { Daten-Name-1   } [   { Daten-Name-2   } ]

     TO Daten-Name-3              [ ROUNDED ]

   [ ON SIZE ERROR  Unbedingter-Befehl ]

   [ END-ADD ]
```

Format 2:

```
ADD { Num.-Literal-1 } , { Num.-Literal-2 } [ , { Num.-Literal-2 } ] ...
    { Daten-Name-1   }   { Daten-Name-2   } [   { Daten-Name-2   } ]

     GIVING Daten-Name-n          [ ROUNDED ]

   [ ON SIZE ERROR  Unbedingter-Befehl ]

   [ END-ADD ]
```

Beispiele:

```
ADD LOHNSTEUER, KIRCHENSTEUER, SOZIALBEITRAEGE
    GIVING ABZUEGE.
ADD MENGE-1, MENGE-2, MENGE-3 TO SUMME.
ADD MENGE-1, MENGE-2, MENGE-3 GIVING SUMME.
```

Für die beiden letzten Zeilen kann man formelmäßig auch so schreiben:

```
MENGE-1 + MENGE-2 + MENGE-3 + SUMME   ergibt  SUMME.
MENGE-1 + MENGE-2 + MENGE-3           ergibt  SUMME.
```

4.7.4 Beispiel

Bei einem einfachen Lohnproblem sei bekannt:

Die Anzahl der gearbeiteten Stunden je Arbeiter pro Woche; 38 Stunden sei die Normal-Arbeitszeit.

Der Grundlohn pro Stunde; der Überstundenlohn betrage das Anderthalbfache des Grundlohns;

Kurzarbeit, Arbeitsausfall durch Krankheit u.ä. sollen bei diesem Beispiel unberücksichtigt bleiben.

Berechnet werden soll der Bruttolohn, der sich aus dem (regulären) Wochenlohn und dem Mehrlohn zusammensetzt. Die COBOL-Anweisungen der PROCEDURE DIVISION lauten:

```
SUBTRACT 38 FROM WOCHEN-STUNDEN GIVING UEBER-STUNDEN.
MULTIPLY GRUNDLOHN BY 1.5 GIVING UEBER-STUNDEN-LOHN.
MULTIPLY GRUNDLOHN BY 38  GIVING WOCHEN-LOHN.
MULTIPLY UEBER-STUNDEN-LOHN BY UEBER-STUNDEN
    GIVING MEHR-LOHN.
ADD WOCHEN-LOHN, MEHR-LOHN GIVING BRUTTO-LOHN.
```

4.7.5 Übungsaufgabe 1

Die natürlichen Zahlen von *1* bis *k* sollen aufsummiert werden (arithemtische Reihe):

$$SUMME = 1 + 2 + 3 + \ldots + k$$

Nehmen Sie dabei eine Schleifenbildung vor, wie sie im Programm FAKULT vorgeführt worden ist. Lesen Sie die Zahl *k* ein (wählen Sie *k* nicht zu groß, etwa = *100*). Geben Sie das Ergebnis auf dem Bildschirm (oder dem Drucker) aus.

Variante: Prüfen Sie das Ergebnis an der Summenformel der arithmetischen Reihe:

$$SUMME = (1/2) \cdot [k \cdot (k + 1)]$$

4.8 Prozeduren (Unterprogrammtechnik)

4.8.1 Gliederung der PROCEDURE DIVISION

Wie wir wissen, gliedert sich die PROCEDURE DIVISION folgendermaßen auf:

```
PROCEDURE DIVISION.
[ Kapitel-Name-1 SECTION. ]
  Paragraph-Name-1-1.
[ Paragraph-Name-1-2. ]
  ...
[ Kapitel-Name-2 SECTION.     ]
[ Paragraph-Name-2-1.         ]
[ [ Paragraph-Name-2-2. ]     ]
[ ...                         ]
  ...
```

Paragraphen müssen sein - mindestens einer. Sie enden mit dem nächsten Paragraph-Namen (Anfang des nächsten Paragraphen), mit dem nächsten Kapitel-Namen (Anfang des nächsten Kapitels) oder mit dem Programm-Ende. Ein Paragraph enthält mindestens einen Satz (sentence), der aus einer oder mehreren Anweisungen besteht und mit einem Punkt abgeschlossen wird. Anweisungen (statements), auch Befehle genannt, bestehen aus einem Verb und einem oder mehreren Operanden (Daten-Namen, Literalen, etc.) und gegebenenfalls Füllwörtern und ergänzenden Klauseln. Anweisungen innerhalb eines Satzes können durch ein Semikolon oder Komma, gefolgt von einem Zwischenraum, getrennt werden. Schreiben Sie jede Anweisung in eine Extra-Zeile, weil dann das Programm besser zu lesen und leichter zu korrigieren ist.

Kapitel müssen nicht sein. Sind ein oder mehrere Kapitel vorhanden, müssen sie mindestens einen Paragraphen enthalten. Kapitel enden mit dem nächsten Kapitel-Namen (Anfang des nächsten Kapitels) oder dem Programm-Ende.

Diese Gliederung der PROCEDURE DIVISION hat zwei große Vorteile:

1. Übersichtlichkeit des Programms und
2. Unterprogrammtechnik.

Zu 1: So wie ein Buch gewinnt, wenn es klar in Kapitel gegliedert ist und die Kapitel in Abschnitte (englisch: paragraphs), so gewinnt auch ein Programm durch einer derartige Gliederung an Übersichtlichkeit, vor allem, wenn es sich um ein umfangreiches Programm handelt, dessen Liste sich über viele Seiten erstreckt.

Und ebenfalls wie ein Buch wird normalerweise ein COBOL-Programm Kapitel für Kapitel, Paragraph für Paragraph durchlaufen, von Anfang bis zum Ende. Dies soll an einem Trivialbeispiel gezeigt werden:

```
PROCEDURE DIVISION.

KAPITEL-1 SECTION.
PARAGRAPH-1.
    DISPLAY "Dies ist Paragraph-1." UPON BILDSCHIRM.
PARAGRAPH-2.
    DISPLAY "Dies ist Paragraph-2." UPON BILDSCHIRM.
PARAGRAPH-3.
    DISPLAY "Dies ist Paragraph-3." UPON BILDSCHIRM.

KAPITEL-2 SECTION.
PARAGRAPH-4.
    DISPLAY "Dies ist Paragraph-4." UPON BILDSCHIRM.
PARAGRAPH-5.
    DISPLAY "Dies ist Paragraph-5." UPON BILDSCHIRM.
    STOP RUN.
```

Das Ergebnis dieses Programmlaufs ist:

```
(OUT)    Dies ist Paragraph-1.
(OUT)    Dies ist Paragraph-2.
(OUT)    Dies ist Paragraph-3.
(OUT)    Dies ist Paragraph-4.
(OUT)    Dies ist Paragraph-5.
```

Zu 2: Jeder Paragraph und jedes Kapitel kann außerdem als eine Prozedur aufgefaßt werden. Wenn man das tut, wird die Prozedur sozusagen außer der Reihe durchlaufen. Das würde bei einem Buch einem Hinweis auf ein anderes Kapitel oder dgl. entsprechen.

Einen Befehl, diese "normale" Reihenfolge zu durchbrechen, hatten wir schon kennengelernt: GO TO Prozedur-Name. Soeben sprachen wir aber von Paragraphen und Kapiteln statt von Prozeduren.

Diese Verwirrung löst sich sofort, wenn wir die Standpunkte berücksichtigen, von denen aus man diese Begriffe betrachtet: Paragraphen und Kapitel werden vom Standpunkt der Gliederung des Programms, Prozeduren vom Standpunkt der Funktion im Programm aus angesprochen. Bei GO TO Prozedur-Name wird nicht die Gliederung des Programms, sondern die Funktion im Programm betrachtet, denn wir führen einen Sprung auf einen Prozedur-Anfang aus.

4.8.2 PERFORM

Wenn wir die Anweisung GO TO Prozedur-Name benutzen, veranlassen wir das Programm, an den Anfang einer Prozedur zu verzweigen; wir setzen dort die Arbeit fort. Wir können auf diese Weise nicht wieder an die Stelle zurückspringen, von wo wir hergekommen sind. Die jetzt zu besprechende Anweisung erlaubt uns, an die Stelle zurückzukehren, von wo aus wir die Prozedur angesprungen haben:

PERFORM Prozedur-Name

Wenn im Programm eine PERFORM-Anweisung ausgeführt werden soll, wird die in der PERFORM-Anweisung genannte Prozedur von Anfang bis Ende durchlaufen, sei sie nun ein Paragraph oder ein Kapitel, und anschließend wird das Programm mit der Anweisung fortgesetzt, die der PERFORM-Anweisung folgt.

Beispiel:

PERFORM ABRECHNUNG.

Als weiteres Beispiel variieren wir das Trivial-Beispiel von vorhin:

```
PROCEDURE DIVISION.

KAPITEL-1 SECTION.
PARAGRAPH-1.
    DISPLAY "Dies ist Paragraph-1." UPON BILDSCHIRM.
    PERFORM PARAGRAPH-4.
PARAGRAPH-2.
    DISPLAY "Dies ist Paragraph-2." UPON BILDSCHIRM.
    PERFORM PARAGRAPH-5.
PARAGRAPH-3.
    DISPLAY "Dies ist Paragraph-3." UPON BILDSCHIRM.
    STOP RUN.

KAPITEL-2 SECTION.
PARAGRAPH-4.
    DISPLAY "Dies ist Paragraph-4." UPON BILDSCHIRM.
PARAGRAPH-5.
    DISPLAY "Dies ist Paragraph-5." UPON BILDSCHIRM.
```

Als Ergebnis erhalten wir:

```
(OUT)   Dies ist Paragraph-1.
(OUT)   Dies ist Paragraph-4.
(OUT)   Dies ist Paragraph-2.
(OUT)   Dies ist Paragraph-5.
(OUT)   Dies ist Paragraph-3.
```

Wenn man sich dieses Beispiel genauer anschaut, könnte man sagen, daß die Paragraphen PARAGRAPH-1, PARAGRAPH-2, PARAGRAPH-3 normale Paragraphen sind, während die Paragraphen PARAGRAPH-4 und PRAGRAPH-5 Prozeduren im eigentlichen Sinne sind, da sie nur mittels des PERFORM-Verbs aktiviert werden. Dem ist aber nicht so. In COBOL kann man einen Paragraphen "normal" durchlaufen, wie in KAPITEL-1, als auch "un-normal" mittels einer PERFORM-Anweisung. Dies soll eine neue Variante unseres Trivial-Beispiels veranschaulichen:

```
PROCEDURE DIVISION.

PARAGRAPH-1.
    DISPLAY "Dies ist Paragraph-1." UPON BILDSCHIRM.
PARAGRAPH-2.
    DISPLAY "Dies ist Paragraph-2." UPON BILDSCHIRM.
PARAGRAPH-3.
    DISPLAY "Dies ist Paragraph-3." UPON BILDSCHIRM.
    PERFORM PARAGRAPH-1.
    STOP RUN.
```

Das Ergebnis lautet:

```
(OUT)     Dies ist Paragraph-1.
(OUT)     Dies ist Paragraph-2.
(OUT)     Dies ist Paragraph-3.
(OUT)     Dies ist Paragraph-1.
```

Die ersten beiden Paragraphen werden also ganz "normal" durchlaufen. Im dritten Paragraphen wird der erste als Prozedur aufgefaßt und noch einmal durchlaufen. Anschließend wird die auf die PERFORM-Anweisung folgende Anweisung, nämlich STOP RUN, ausgeführt.

Wie man mehrere Paragraphen als ein Kapitel zu einer einzigen Prozedur zusammenfassen kann, zeigt eine weitere Variante:

```
PROCEDURE DIVISION.

KAPITEL-1 SECTION.
PARAGRAPH-1.
    DISPLAY "Dies ist Paragraph-1." UPON BILDSCHIRM.
PARAGRAPH-2.
    DISPLAY "Dies ist Paragraph-2." UPON BILDSCHIRM.

KAPITEL-2 SECTION.
PARAGRAPH-3.
    DISPLAY "Dies ist Paragraph-3." UPON BILDSCHIRM.
    PERFORM KAPITEL-1.
PARAGRAPH-4.
    DISPLAY "Dies ist Paragraph-4." UPON BILDSCHIRM.
    STOP RUN.
```

Das Ergebnis dieses Programmlaufs ist:

```
(OUT)     Dies ist Paragraph-1.
(OUT)     Dies ist Paragraph-2.
(OUT)     Dies ist Paragraph-3.
(OUT)     Dies ist Paragraph-1.
(OUT)     Dies ist Paragraph-2.
(OUT)     Dies ist Paragraph-4.
```

KAPITEL-1 wird zunächst "normal" durchlaufen; das liefert die ersten beiden Ausgabezeilen. Dann wird der erste Paragraph von KAPITEL-2 durchlaufen, auch "normal"; das liefert die dritte Ausgabezeile. Anschließend wird das gesamte KAPITEL-1 als Prozedur aufgefaßt und erneut durchlaufen; das liefert die nächsten zwei Ausgabezeilen. Schließlich wird der letzte Paragraph durchlaufen, der die letzte Ausgabezeile erzeugt und das Programm beendet.

4.8.3 Technik des Prozedur-Aufrufs

Eine Prozedur (ein Unterprogramm) kann beliebig oft und von verschiedenen Stellen aus aufgerufen, d.h. angesprungen werden. Damit das nicht zu Unglücken führt, wird beim Prozedur-Aufruf (Unterprogramm-Aufruf) die sog. Rücksprungadresse irgendwo hinterlegt, oft in der ersten Zelle der Prozedur. Wenn die Prozedur durchlaufen ist, springt man dorthin zurück, wo die Rücksprungadresse "hinzeigt", d.h. dorthin, woher die Prozedur angesprungen worden ist.

Da bei jedem Prozedur-Aufruf die jeweilige Rücksprungadresse an der gleichen Stelle erneut hinterlegt wird, ist es möglich, eine Prozedur beliebig oft und von beliebigen Stellen aus anzuspringen.

Dieser Mechanismus ermöglicht eine weitere Verfeinerung der Unterprogrammtechnik: Es ist erlaubt, die Prozedur-Aufrufe (Unterprogramm-Aufrufe) beliebig zu schachteln. Dies soll eine weitere Variante unseres Trivial-Beispiels zeigen:

```
PROCEDURE DIVISION.

PARAGRAPH-0.
    PERFORM PARAGRAPH-1.
    PERFORM PARAGRAPH-2.
    PERFORM PARAGRAPH-3.
    PERFORM PARAGRAPH-1.
    STOP RUN.
```

```
PARAGRAPH-1.
    DISPLAY "Dies ist Paragraph-1." UPON BILDSCHIRM.
    PERFORM PARAGRAPH-2.
PARAGRAPH-2.
    DISPLAY "Dies ist Paragraph-2." UPON BILDSCHIRM.
    PERFORM PARAGRAPH-3.
PARAGRAPH-3.
    DISPLAY "Dies ist Paragraph-3." UPON BILDSCHIRM.
```

Das Ergebnis ist:

```
(OUT)    Dies ist Paragraph-1.
(OUT)    Dies ist Paragraph-2.
(OUT)    Dies ist Paragraph-3.
(OUT)    Dies ist Paragraph-2.
(OUT)    Dies ist Paragraph-3.
(OUT)    Dies ist Paragraph-3.
(OUT)    Dies ist Paragraph-1.
(OUT)    Dies ist Paragraph-2.
(OUT)    Dies ist Paragraph-3.
```

Und zwar passiert folgendes: Wir beginnen in PARAGRAPH-0 mit dem Befehl, PARAGRAPH-1 auszuführen. Dort wird die erste Ausgabezeile produziert und anschließend die Prozedur PARAGRAPH-2 aufgerufen. Die zweite Zeile wird ausgegeben, anschließend die Prozedur PARAGRAPH-3 aufgerufen, welche die dritte Zeile erzeugt. Von PARAGRAPH-3 springen wir zurück nach PARAGRAPH-2, von dort weiter nach PARAGRAPH-1 und von hier nach PARAGRAPH-0, und zwar auf die zweite PERFORM-Anweisung. Damit hätten wir die erste Kaskade von Aufrufen durchlaufen.

Jetzt wird die zweite Anweisung des ersten Paragraphen ausgeführt: PERFORM PARAGRAPH-2. Hier wird die vierte Zeile erzeugt, anschließend die Prozedur PARAGRAPH-3 aufgerufen, welche die fünfte Zeile ausgibt. Der Rücksprung von hier erfolgt, wie vorhin, nach PARAGRAPH-2, von dort aber nicht nach PARAGRAPH-1, sondern direkt nach PARAGRAPH-0, und zwar zur dritten Anweisung dieses Paragraphen, weil der Aufruf von dort her erfolgte. Das wäre die zweite Kaskade von Aufrufen.

In der dritten Anweisung von PARAGRAPH-0 wird die Prozedur PARAGRAPH-3 direkt aufgerufen: die nächste Zeile wird ausgegeben. Der Rücksprung erfolgt zur vierten, der vorletzten Anweisung von PARAGRAPH-0. Diese bewirkt, daß die erste Kaskade noch einmal durchlaufen wird, d.h. die letzten drei Zeilen werden ausgegeben, so wie oben beschrieben. Anschließend beendet sich das Programm.

Es ist also in COBOL möglich, eine fein aufgegliederte Hierarchie von Teilprogrammen, Unterprogrammen bzw. Prozeduren aufzustellen, was das Arbeiten an großen Programm-Systemen wesentlich erleichtert.

Diese Möglichkeit birgt aber eine Gefahr in sich, auf die an dieser Stelle hingewiesen werden muß: Es ist in COBOL verboten, daß sich Prozeduren selbst aufrufen, oder anders ausgedrückt: in COBOL gibt es nicht den rekursiven Programm-Aufruf. Der Grund für dieses Verbot liegt in der Tatsache begründet, daß man in COBOL die aufwendige Kellerungstechnik vermeidet und somit die ursprüngliche Rücksprung-Adresse bei rekursiven Aufrufen von Prozeduren zerstört wird: das Unterprogramm findet nicht mehr in das rufende Programm zurück.

Auf diese Weise können schwer zu findende Fehlern entstehen, wie folgendes Beispiel zeigt: Wir schreiben eine Ausgabe-Prozedur, welche Ausgaben ausführen und dabei etwaige Fehler analysieren soll. Tritt ein Fehler auf, springen wir in eine Fehler-Prozedur, die ihrerseits eine Ausgabe vornehmen muß, also die Ausgabe-Prozedur verwendet. Damit ist die Rücksprungadresse der Ausgabe-Prozedur zerstört (da steht ja jetzt der Rücksprung in die Fehler-Prozedur): wir finden den Weg ins rufende Programm nicht mehr.

4.8.4 PERFORM ... THROUGH

Mit dem bisherigen Format des PERFORM-Verbs führt man entweder genau einen Paragraphen oder genau ein Kapitel als Prozedur aus.

Man kann aber auch mehrere hintereinanderliegende Paragraphen bzw. Kapitel zu einer Prozedur zusammenfassen und ausführen lassen:

PERFORM Prozedur-Name-1 [{ **THROUGH** | **THRU** } Prozedur-Name-2]

Beispiel:

```
PROCEDURE DIVISION.

PARAGRAPH-1.
    DISPLAY "Dies ist Paragraph-1." UPON BILDSCHIRM.
PARAGRAPH-2.
    DISPLAY "Dies ist Paragraph-2." UPON BILDSCHIRM.
PARAGRAPH-3.
    DISPLAY "Dies ist Paragraph-3." UPON BILDSCHIRM.
PARAGRAPH-4.
    DISPLAY "Dies ist Paragraph-4." UPON BILDSCHIRM.
    PERFORM PARAGRAPH-1 THROUGH PARAGRAPH-3.
    STOP RUN.
```

Das Ergebnis ist:

```
(OUT)    Dies ist Paragraph-1.
(OUT)    Dies ist Paragraph-2.
(OUT)    Dies ist Paragraph-3.
(OUT)    Dies ist Paragraph-4.
(OUT)    Dies ist Paragraph-1.
(OUT)    Dies ist Paragraph-2.
(OUT)    Dies ist Paragraph-3.
```

Die ersten drei Zeilen werden durch die ersten drei Paragraphen erzeugt, der vierte Paragraph gibt zunächst die vierte Zeile aus, ruft dann aber als eine gemeinsame Prozedur die drei ersten Paragraphen auf, und das liefert die letzten drei Zeilen.

4.8.5 PERFORM ... TIMES

Sodann ist in COBOL die Möglichkeit vorgesehen, eine Prozedur mehrmals hintereinander durchlaufen zu lassen:

```
PERFORM Prozedur-Name-1 [ { THROUGH } Prozedur-Name-2 ]
                        [ { THRU    }                 ]

    [ { Daten-Name-1 } TIMES ]
    [ { Ganzzahl-1   }       ]
```

Beispiele:

```
          PERFORM ROUTINE-1 THROUGH ROUTINE-4 15 TIMES.
```

oder

```
          PERFORM LEERZEILE 2 TIMES.
          ...

     LEERZEILE.
          DISPLAY SPACE UPON BILDSCHIRM.
```

Auf diese Weise ist noch eine andere Form der Schleifenbildung möglich: Wir fassen die Schleife als Prozedur auf und rufen sie so oft auf, wie die Schleife durchlaufen werden soll. Als Beispiel dafür variieren wir das Programm FAKULT:

4.8.6 Programm 1 (Variante 4)

Da wir in den ersten drei DIVISIONs keine Änderungen vorzunehmen brauchen, sei nur die PROCEDURE DIVISION angegeben.

```
PROCEDURE DIVISION.

ANFANG.
    MOVE ZEROES TO N
    MOVE 1 TO FAKULTAET.
    DISPLAY "Gib  N-MAX (zweiziffrig):" UPON BILDSCHIRM.
    ACCEPT N-MAX-EIN FROM BILDSCHIRM.
    MOVE N-MAX-EIN TO N-MAX.

    PERFORM SCHLEIFE  N-MAX  TIMES.

    ADD 1 TO N.
    MOVE N TO N-AUS.
    DISPLAY "Ende der Rechnung. Nicht mehr ausgefuehrt ist N = ",
          N-AUS UPON BILDSCHIRM.
    GO TO SCHLUSS.
```

```
SCHLEIFE.
    ADD 1 TO N.
    MULTIPLY N BY FAKULTAET;
         ON SIZE ERROR GO TO UEBERLAUF.
    MOVE N TO N-AUS
    MOVE FAKULTAET TO FAKULTAET-AUS.
    DISPLAY  N-AUS, " Fakultaet ist = ", FAKULTAET-AUS
                                              UPON BILDSCHIRM.

UEBERLAUF.
    MOVE N TO N-AUS.
    DISPLAY "*** Ueberlauf bei N = ", N-AUS  UPON BILDSCHIRM.

SCHLUSS.
    DISPLAY SPACE UPON BILDSCHIRM.
    DISPLAY "*** THAT'S ALL, CHARLEY BROWN ***" UPON BILDSCHIRM.
    STOP RUN.
```

Auf die Wiedergabe der Ergebnisse können wir verzichten, weil sie sich nicht von denen der Variante 2 unterscheiden.

4.8.7 PERFORM ... UNTIL

Schließlich ist noch eine sehr komfortable Form des PERFORM-Verbs anzugeben:

```
                         [ { THROUGH }                   ]
PERFORM Prozedur-Name-1  [ {         } Prozedur-Name-2   ]
                         [ { THRU    }                   ]

[            { BEFORE } ]
[ WITH TEST  {        } ]   UNTIL Bedingung
[            { AFTER  } ]
```

Die Prozedur "Prozedur-Name-1 [bis Prozedur-Name-2]" wird sooft ausgeführt, bis "Bedingung" erfüllt ist, d.h. den Wert "wahr" annimmt.

Mit der Klausel WITH TEST gibt man an, ob die Bedingung überprüft werden soll b e v o r man die Prozedur durchläuft oder n a c h dem Durchlaufen. Fehlt diese Klausel, wird WITH TEST BEFORE angenommen. COBOL 85 macht die sprachlich schillernde Formulierung "UNTIL" eindeutig, denn in der Programmiersprache PASCAL bedeutet UNTIL soviel wie WITH TEST AFTER.

4.8.8 In-Line-Prozeduren

Wie wir später sehen werden, gibt es oft kurze Prozeduren, die nur aus wenigen Anweisungen bestehen. Man muß dann im Programm-Listing hin- und herblättern, wenn man den Inhalt der Prozedur erfahren will. Um Programme leichter lesbar zu machen und um den Forderungen der Strukturierten Programmierung noch besser entgegenzukommen, hat COBOL 85 als neues Element die sog. In-Line-Prozeduren eingeführt. In-Line-Prozeduren sind Anweisungen, die sozusagen "in der Zeile" der PERFORM-Anweisung stehen, genauer: zwischen den Wörtern PERFORM und END-PERFORM, die gleichsam als Klammern dienen:

```
PERFORM [ Prozedur-Name-1 [ { THROUGH } Prozedur-Name-2 ] ]
                            { THRU    }

[ WITH TEST { BEFORE } ]   UNTIL Bedingung
            { AFTER  }

[ Unbedingter-Befehl  END-PERFORM ]
```

Was hier mit "unbedingter-Befehl" bezeichnet ist, kann aus grundsätzlich beliebig vielen Anweisungen bestehen, insbesondere darf auch wieder ein PERFORM darin vorkommen. Man kann also derartige "Einschübe" schachteln, so wie man auch Prozeduren schachteln kann. Jedoch sollten Sie dies nicht zu weit treiben, denn jedes END-PERFORM bezieht sich immer auf das zuvor im Programm vorkommende PERFORM, gleichgültig, ob es sich dabei um eine In-Line-Prozedur handelte oder nicht!

Bei diesem Format der PERFORM-Anweisung gilt folgende Regel:

Wenn eine Prozedur "Prozedur-Name-1 [bis Prozedur-Name-2]" angegeben ist, darf "unbedingter-Befehl END-PERFORM" nicht angegeben sein, und umgekehrt: ist "Unbedingter-Befehl END-PERFORM" angegeben, darf nicht gleichzeitig "Prozedur-Name-1 [bis Prozedur-Name-2]" angegeben sein; beide Angaben schließen also einander aus. Im ersten Fall liegt die Prozedur woanders, im zweiten Fall folgt sie dem PERFORM "in line". Um deutlich zu machen, was das bedeutet, wollen wir die PROCEDURE DIVISION unseres Porgramms FAKULT dementsprechend umformulieren: Die Prozeduren SCHLEIFE und UEBERLAUF verschwinden. Gleichzeitig kann die Struktur des Hauptprogramms,

1.) ANFANG, d.h. Initialisierungen,
2.) HAUPTTEIL,
3.) SCHLUSS, d.h. Abschluß.

deutlich gemacht werden. Diese Gliederung eines Programms in 3 Teile (Dreiteilung) wird uns später immer wieder begegnen.

```
PROCEDURE DIVISION.

ANFANG.
    MOVE ZEROES TO N
    MOVE 1 TO FAKULTAET.
    DISPLAY "Gib  N-MAX (zweiziffrig):" UPON BILDSCHIRM.
    ACCEPT N-MAX-EIN FROM BILDSCHIRM.
    MOVE N-MAX-EIN TO N-MAX.

HAUPTTEIL.
    PERFORM  WITH TEST AFTER  UNTIL N >= N-MAX
        ADD 1 TO N
        MULTIPLY N BY FAKULTAET
            ON SIZE ERROR
               MOVE N TO N-AUS
               DISPLAY "*** Ueberlauf bei N = ", N-AUS
                  UPON BILDSCHIRM
               GO TO SCHLUSS
        END-MULTIPLY
        MOVE N TO N-AUS
        MOVE FAKULTAET TO FAKULTAET-AUS
        DISPLAY  N-AUS, " Fakultaet ist = ", FAKULTAET-AUS
            UPON BILDSCHIRM
    END-PERFORM.
    DISPLAY "Ende der Rechnung. Nicht mehr ausgefuehrt ist N = ",
        N-AUS UPON BILDSCHIRM.

SCHLUSS.
    DISPLAY SPACE UPON BILDSCHIRM.
    DISPLAY "*** THAT'S ALL, CHARLEY BROWN ***" UPON BILDSCHIRM.
    STOP RUN.
```

Auch hier sind die Ergebnisse die alten.

5. Datenbehandlung

5.1 Datenstrukturen

5.1.1 Allgemeines

Bisher hatten wir nur Einzeldaten benutzt. Charakteristisch für COBOL ist aber die Strukturierung der Daten durch Gliederung in verschiedene Stufen (levels). Die Stufen werden durch sog. Stufennummern markiert. Zugelassen sind die Stufennummern 01, 02, ... bis 49; daneben gibt es noch die speziellen Stufennummern 66, 77 und 88. In den Entwürfen für COBOL 85 kam die Stufennummer 77, welche Einzeldaten bezeichnet, nicht mehr vor. Wegen der Kompatibilität mit älteren COBOL-Versionen hat man sie aber wieder aufgenommen.

Was es mit diesen Stufennummern auf sich hat, möge folgendes Beispiel zeigen:

```
1      8   12          Zeichen-Position der COBOL-Zeile
       :   :
       :   :
       01  ADRESSE.
           02  NAME.
               03  VORNAME             PICTURE IS X(18).
               03  NACHNAME            PICTURE IS X(20).
           02  WOHNUNG.
               03  POSTLEITZAHL.
                   04  ZIFFER-1        PICTURE IS 9.
                   04  ZIFFER-2        PICTURE IS 9.
                   04  ZIFFER-3        PICTURE IS 9.
                   04  ZIFFER-4        PICTURE IS 9.
               03  ORT                 PICTURE IS X(19).
               03  STRASSE             PICTURE IS X(16).
```

Will man mit einer einzigen Anweisung den gesamten Block ADRESSE übertragen, so schreibt man

```
MOVE ADRESSE TO ...
```

Will man VORNAME und NACHNAME übertragen, so schreibt man

```
MOVE NAME TO ...
```

Will man die zweite Ziffer der Postleitzahl übertragen, so schreibt man

```
MOVE ZIFFER-2 TO ...
```

Wir sehen: Man kann mit einer Anweisung nicht nur Einzeldaten ansprechen sondern auch Gruppen von Einzeldaten. Sogar Gruppen von Gruppen sind ansprechbar. Wie man Daten zu Gruppen zusammenfaßt, ist allein dem Programmierer überlassen.

Daten, deren Namen die PICTURE-Klausel beigefügt ist, nennt man Daten-Elemente (elementary items), denn sie werden nicht mehr unterteilt. Oberbegriffe, wie POSTLEITZAHL, NAME, WOHNUNG oder ADRESSE, die also mehrere Daten-Elemente enthalten, heißen Daten-Gruppen (group items). Den Namen, die Daten-Gruppen bezeichnen, dürfen keine PICTURE-Klauseln beigefügt sein.

Aufgrund dieser Datenstruktur ist man nicht mehr darauf angewiesen, jedem Daten-Element einen anderen Namen geben zu müssen, sondern man kann gleiche Namen verwenden für verschiedene Datenfelder; die Namen müssen nur eindeutig gekennzeichnet sein. Die Namen der Daten-Gruppen, d.h. die Oberbegriffe, denen die gleichlautenden Namen untergeordnet sind, heißen Kennzeichner (qualifier).

Bevor wir uns das Gesagte an einem Beispiel anschauen, müssen wir noch einen speziellen Daten-Namen einführen: FILLER. Die korrekte, deutschsprachige Bezeichnung dafür ist "unbenanntes Datenwort", weil man Daten, die FILLER heißen, nicht ansprechen kann, es sind eben "Füllsel". Oder anders gesagt: Datenfelder, die FILLER heißen, können nicht Objekt eines COBOL-Verbs sein.

Nun zum angekündigten Beispiel, das zwar etwas antiquiert wirkt, aber - oder gerade deswegen - anschaulich ist: Wir wollen Adressen, die auf Lochkartenpaaren abgelocht sind, auflisten, und zwar je zwei zusammengehörige Karten auf je eine Zeile. Dann könnte der Abschnitt aus der DATA DIVISION, der die Kartenformate angibt, etwa so aussehen:

```
1      8   12         Zeichen-Position der COBOL-Zeile
       :   :
       :   :
       01  KARTE-1.
           02  FILLER                   PICTURE IS X(6).
           02  NAME.
               03  VORNAME              PICTURE IS X(18).
               03  NACHNAME             PICTURE IS X(20).
           02  FILLER                   PICTURE IS X(36).

       01  KARTE-2.
           02  FILLER                   PICTURE IS X(6).
           02  WOHNUNG.
               03  POSTLEITZAHL         PICTURE IS 9(4).
               03  ORT                  PICTURE IS X(19).
               03  STRASSE              PICTURE IS X(19).
           02  FILLER                   PICTURE IS X(32).
```

Die beiden Datenkarten sehen demnach folgendermaßen aus (die eingetragenen Zahlen geben die Spalten-Nummern an; das Bild ist nicht maßstäblich korrekt):

KARTE–1

	NAME		
FILLER	VORNAME	NACHNAME	FILLER
1 6	7 24	25 44	45 80

KARTE–2

	WOHNUNG			
FILLER	PLZ.	ORT	STRASSE	FILLER
1 6	7 10	11 29	30 48	49 80

Die mit FILLER bezeichneten Teile der Lochkarten müssen nicht leer sein: sie können irgendwelche Informationen enthalten (z.B. Kunden-Nr.); nur interessieren uns diese jetzt nicht.

Für die Ausgabe könnte man schreiben:

```
01  ZEILE.
    02  FILLER              PIC X(10)    VALUE SPACES.
    02  NAME.
        03  NACHNAME        PIC X(20).
        03  FILLER          PIC X(2)     VALUE SPACES.
        03  VORNAME         PIC X(18).
    02  FILLER              PIC X(4)     VALUE SPACES.
    02  WOHNUNG.
        03  POSTLEITZAHL    PIC 9(4).
        03  FILLER          PIC X(2)     VALUE SPACES.
        03  ORT             PIC X(19).
        03  FILLER          PIC X(6)     VALUE SPACES.
        03  STRASSE         PIC X(19).
```

Eine bildliche Darstellung für ZEILE ist nicht angegeben, Sie können sie sich leicht analog zur Karten-Darstellung aufzeichnen, etwa auf kariertem Papier: für jedes Zeichen ein Karo.

Die meisten Daten-Namen, wie VORNAME, WOHNUNG, STRASSE, kommen doppelt vor, zum einen in ZEILE, zum andern in KARTE-1 oder KARTE-2. Um solch einen Daten-Namen ansprechen zu können, muß man ihn eindeutig machen, indem man ihn kennzeichnet:

Daten-Name $\left\{ \begin{array}{c} \underline{\text{OF}} \\ \underline{\text{IN}} \end{array} \right\}$ **Kennzeichner**

Es ist mehrfache Kennzeichnung möglich.

Für den Transport von Informationen aus dem Datenfeld KARTE-1 in das Datenfeld ZEILE könnte man etwa folgende Anweisung schreiben:

```
MOVE NACHNAME OF NAME OF KARTE-1 TO
     NACHNAME OF NAME OF ZEILE.
MOVE VORNAME OF KARTE-1 TO VORNAME OF ZEILE.
```

In der ersten der beiden MOVE-Anweisungen ist die doppelte Kennzeichnung ausgeführt, bei der zweiten MOVE-Anweisung die einfache Kennzeichnung; man könnte aber auch schreiben:

```
MOVE VORNAME OF NAME OF KARTE-1 TO
     VORNAME OF NAME OF ZEILE.
```

Dementsprechend sind die beiden Anweisungen

```
        MOVE ORT OF WOHNUNG OF KARTE-2 TO
             ORT OF WOHNUNG OF ZEILE.
```

und

```
        MOVE ORT OF KARTE-2 TO ORT OF ZEILE.
```

gleichwertig.

Da die Informationen auf Lochkarten (oder sonstwie auf Datenträgern) in der Regel dicht gedrängt abgespeichert sind (z.B. klebt die Postleitzahl unmittelbar vor dem Ort), sind simpel aufgelistete Lochkarten (oder sonst Daten auf irgendeinem Datenträger) nur schwer zu lesen. Daher muß man die abgespeicherten Informationen für eine lesbare Liste aufbereiten, insbesondere aneinanderklebende Informationen durch Zwischenräume trennen. Das ist in dem Datenfeld ZEILE geschehen, indem wir FILLER dazwischengeschaltet haben, die mit Zwischenräumen gefüllt sind. Nachdem die Daten in den Bereich ZEILE geschafft worden sind, können sie unmittelbar danach ausgegeben werden.

5.1.2 <u>Regeln und Begriffe</u>

Was wir im vorigen Abschntt an Beispielen erklärt haben, müssen wir jetzt in Regeln kleiden; außerdem müssen einige Begriffe präzisiert werden.

Die Stufennummer 01 muß stets an der Stelle A der COBOL-Zeile beginnen, d.h. in den Zeichen-Positionen 8 und 9 untergebracht sein, ähnlich wie etwa Paragraphen-Namen. Alle anderen Stufennummern sollten ab Stelle B der COBOL-Zeile, d.h. ab Zeichen-Position 12 beginnen, oder später, wie die Anweisungen in der PROCEDURE DIVISION. Die führenden Nullen können bei vielen COBOL-Compilern weggelassen werden; aus Gründen der Kompatibilität mit anderen Compilern sollte man sie aber immer mit hinschreiben.

Die höchste Stufennummer ist 01 (oder nur 1) und bezeichnet den höchsten Oberbegriff, meist Daten-Satz oder Satz (record) genannt, aber auch Tabellen-Name und dergleichen.

Die Stufennummern-Folge muß nicht fortlaufend sein, etwa 01, 02, 03, ... , sondern kann in beliebigen Sprüngen erfolgen: 01, 05, 10, 17, 18, ... , sie muß nur monoton sein. d.h. je tiefer man in der Hierararchie der Stufen herabsteigt, desto größer müssen die Zahlen sein. Es ist darauf zu achten, daß die Nummern für Daten-Namen gleicher Stufe gleich sein müssen. In dem Beispiel

```
01  DATEN.
02  X1          PICTURE IS 9(6).
02  X2.
04  X3          PICTURE IS 9(6).
04  X4          PICTURE IS 9(6).
```

sind von der Daten-Strukur her X1 und X2 sowie X3 und X4 jeweils nebengeordnet, d.h. es handelt sich um Daten gleicher Stufe; X3 und X4 sind zusätzlich dem Oberbegriff X2 untergeordnet.

Um die Hierarchie deutlich zum Ausdruck zu bringen, empfiehlt es sich, die Daten-Namen um so tiefer einzurücken, je niedriger sie in der Hierarchie stehen. Was damit gemeint ist, demonstrieren die Beispiele in Abschnitt 5.1.1. Das oben aufgeführte Beispiel hingegen zeigt, wie verwirrend bereits eine derart kleine Datenbeschreibung sein kann, wenn man nicht der genannten Empfehlung nachkommt. Man übersieht diese Daten-Struktur aber mit einem Blick, wenn man sie folgendermaßen aufschreibt:

```
01  DATEN.
    02  X1          PICTURE IS 9(6).
    02  X2.
        04  X3      PICTURE IS 9(6).
        04  X4      PICTURE IS 9(6).
```

Ein Daten-Name, der nicht der Stufe 01 (oder 77) zugeordnet ist, heißt <u>gekennzeichnet</u> oder qualifiziert (qualified); den zugehörigen Oberbegriff nennt man Kennzeichner (qualifier). Verschiedene Datenfelder, seien es Daten-Elemente oder Daten-Gruppen, dürfen den gleichen Namen haben, wenn sie eindeutig gekennzeichnet, d.h. verschiedenen Oberbegriffen untergeordnet sind.

Sowohl zusammengesetzte, d.h. gekennzeichnete Daten-Namen, wie z.B. NAME OF ADRESSE, als auch einfache Daten-Namen, wie z.B. NAME, nennt man Bezeichner (identifier), da sie ein Datenfeld "bezeichnen", das als Objekt eines COBOL-Verbs auftritt. Dabei ist es gleichgültig, ob es sich um Daten-Elemente oder Daten-Gruppen handelt. Darum wird in den COBOL-Notationen statt "Daten-Name" ab jetzt "Bezeichner" stehen.

Um das zuletzt Gesagte deutlicher zu machen, folgen drei Definitionen:

1.) Ein Daten-Wort (data item) bezeichnet den Inhalt eines Datenfeldes. Das Datenfeld kann sein

  - ein Daten-Element (elementary item) oder

  - eine gekennzeichnete (qualifizierte) Gruppe von Daten-Elementen innerhalb eines Daten-Satzes oder

  - ein Daten-Satz (mit der Stufennummer 01 oder 1).

2.) Daten-Name (data name) ist ein Programmiererwort, das einem Datenfeld seinen Namen gibt.

3.) Bezeichner (identifier) ist der Name eines Daten-Wortes, der aus einem Daten-Namen und gegebenenfalls zusätzlich einer Kombination von Kennzeichnern besteht. Die einzelnen Daten-Namen eines Bezeichners werden mit den Füllwörtern OF oder IN verknüpft.

Das folgende Schema zeigt den Zusammenhang der Definitionen:

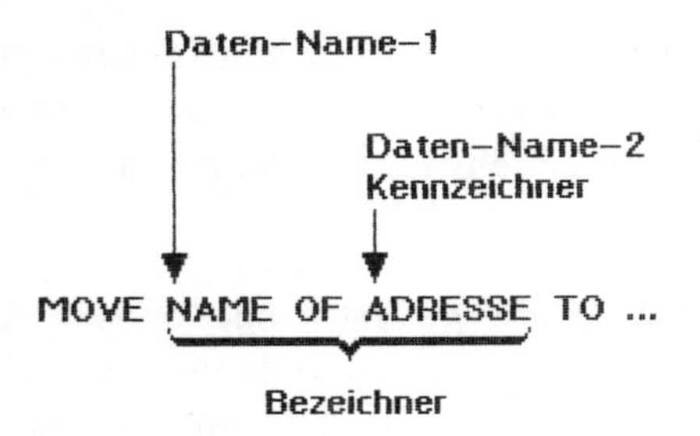

Das, was "bewegt" wird, ist das Daten-Wort. Das grammatikalische Objekt des MOVE-Verbs ist der Bezeichner, er zeigt auf das Daten-Wort und ist zusammengesetzt aus zwei Daten-Namen, von denen der zweite der Kennzeichner für den ersten ist (Daten-Name-1 ist gekennzeichnet durch Daten-Name-2).

Analog können Paragraphen-Namen durch Kapitel-Namen gekennzeichnet werden.

5.2 Dateien

5.2.1 Der Begriff "Datei"

Ein fundamentaler Begriff in der Datenverarbeitung ist die "Datei" (file). Leider entzieht sich dieser Begriff einer exakten Definition. Man kann z.B. sagen:

> Eine Datei besteht aus Daten, die in einem gewissen Zusammenhang stehen.

Eine derartige Definition sagt eigentlich nichts aus; man kann sich unter einem "gewissen" Zusammenhang nichts vorstellen. Eine andere Definition könnte lauten:

> Eine Datei ist eine Menge von Daten, die ich als Datei definiere.

Diese Definition ist wenigstens ehrlich.

Wir gehen deshalb von der Praxis aus und versuchen den Begriff "Datei" durch Beispiele zu konkretisieren:

> Eine Datei sind die COBOL-Zeilen eines COBOL-Programms, die ich auf einer Magnetplatte abgelegt habe.
>
> Eine Datei sind die Kunden-Anschriften, die ich von früher her noch auf Lochkarten habe; man kann diese Datei "Kunden-Datei" nennen.
>
> Werden diese Karten auf ein Magnetband überspielt, so handelt es sich um dieselbe Datei. Bei Dateien kommt es also auf den Datenträger nicht an, auch können Dateien mehrmals vorhanden sein, z.B. auf verschiedenen Datenträgern.
>
> Weitere Beispiele sind die Personaldaten einer Firma, seien sie auf einem Magnetband (zur Archivierung) oder auf einer Platte (zur Bearbeitung) abgelegt: die "Personal-Datei". Oder die Konten-Datei einer Bank, d.h. die Menge aller Konten der Bankkunden.

Aus den genannten Beispielen geht hervor, daß man auf einem Datenträger, etwa auf einem Magnetband, mehrere Dateien unterbringen kann. Zur Trennung der Dateien auf einem Magnetband benutzt man sog. Datei-Ende-Marken (End-Of-File-Marken, EOF-Marken), auch Bandmarken genannt; das sind ganz spezielle Zeichen, welche die Magnetbandgeräte unmittelbar erkennen.

Anfang und Ende einer Datei auf Magnetplatten sind in einem Katalog (directory) verzeichnet.

5.2.2 Block und Satz

Eine Datei besteht aus einem oder mehreren Sätzen (records). Wieviel Daten zu einem Satz zusammengefaßt sind, wird teilweise durch die Hardware festgelegt, kann aber auch vom Programmierer bestimmt werden.

Darauf basiert die Definition in der COBOL-Norm [ANSI 85]:

> Eine Datei ist eine Sammlung von Sätzen, die man auf einem Speicher-Medium (Datenträger) ablegen oder von ihm wieder abholen kann.

Bekannte, durch Hardware festgelegte Satzarten sind:

Lochkarte. Sie enthält 80 Spalten. Da in einer Spalte ein Zeichen (character) untergebracht werden kann, ist der Satz 80 Zeichen lang.

Bildschirm-Zeile. Sie ist analog zur Lochkarte gebildet und enthält normalerweise ebenfalls 80 Zeichen.

Drucker-Zeile. Ihre Länge ist abhängig vom verwendeten Drucker: Bei einem Bürodrucker (Drucker an einem PC) beträgt sie meist 80 Zeichen, bei einem Schnelldrucker in der Regel 132 oder 136 Zeichen.

Bei magnetischen Datenträgern unterscheidet man zwischen Block und Satz. In einem Block, auch physikalischer Satz genannt, ist die Anzahl von Zeichen zusammengefaßt, welche auf einmal bei einem Lesevorgang in den Arbeitsspeicher eingelesen bzw. bei einem Schreibvorgang aus dem Arbeitsspeicher auf den magnetischen Datenträger herausgeschrieben wird. Die Zusammenfassung von Daten zu physikalischen Sätzen oder Blöcken ist - durch die Hardware bedingt - Sache des Betriebssystems, während die Zusammenfassung von Daten zu logischen Sätzen Sache des Programmierers ist.

Bei älteren Betriebssystemen wurde der Programmierer aufgefordert, seine Datenssätze in geeigneter Weise der Blockstruktur, also der Hardware anzupassen, d.h. er muß die Sätze blocken. Diese Blockung ist demnach nicht portabel, denn man muß sie beim Übergang zu einem anderen Gerät oder zu einem anderen System ändern.

Moderne Betriebssysteme kennen nur eine starre Blockstruktur, welche den betroffenen Geräten optimal angepaßt ist. Die Aufteilung der Information, d.h. der (logischen) Datensätze auf die Blöcke wird automatisch vorgenommen (man sagt auch, das Betriebssystem "bricht die Sätze auf"), der Programmierer braucht sich also um die Blockung nicht mehr zu kümmern.

5.2.3 Kennsätze

Lochkarten und Druckerzeilen sind Datensätze, die man "sehen" kann. Die Daten auf magnetischen Datenträgern, etwa einem Magnetband, sind unsichtbar. Wie bewahrt man sich davor, daß ein falsches Magnetband aufgelegt wird?

Um eine unbefugte Benutzung eines Magnetbandes zu verhindern, wird den eigentlichen Daten ein Block mit Kontrolldaten vorausgeschickt: der sog. Kennsatz (label), auch Etikett genannt. Das Betriebssystem prüft den Kennsatz und weist das Programm ab, welches falsche Informationen für den Kennsatz bereit hält, denn dieses Programm ist "unbefugt".

Es gibt drei Möglichkeiten, einen Kennsatz anzuwenden:

- Standard-Kennsatz (Regelfall),
- privater Kennsatz (veraltet),
- kein Kennsatz.

Bänder, die keinen Kennsatz enthalten, nennt man "ungelabelt". Bei den Standard-Kennsätzen gibt es heute nur noch die ANS- bzw. ISO-Standard-Kennsätze; sie werden automatisch geprüft. Private Kennsätze muß man selbst per Programm prüfen; da sie aber kaum noch vorkommen, sind ab COBOL 74 keine Vorrichtungen mehr dafür vorgesehen.

In den Magnetband-Kennsätzen sind Informationen enthalten, wie Band-Nr., Eigentümer des Bandes, Datum des letzten Zugriffs, und ähnliches.

Analog dazu gibt es zu jeder Datei auf einem magnetischen Datenträger einen Kennsatz, der den Namen der Datei enthält, ihre Länge, Datum des letzten Zugriffs, Anzahl der Zugriffe, und ähnliches.

5.2.4 FD (File Description)

Das erste Kapitel in der DATA DIVISION ist die FILE SECTION. In ihr sind die Dateierklärungen (file descriptions) enthalten, die mit den beiden Buchstaben "FD" in Zeichen-Position 8 und 9, also ab Stelle A in der COBOL-Zeile gekennzeichnet sind; alle anderen Eintragungen beginnen ab Stelle B der COBOL-Zeile, d.h. ab Zeichen-Position 12, oder später.

```
FD  Datei-Name

  [ BLOCK CONTAINS [ Ganzzahl-1 TO ] Ganzzahl-2 { RECORDS    } ]
                                                { CHARACTERS }

  [ RECORD CONTAINS [ Ganzzahl-3 TO ] Ganzzahl-4 CHARACTERS ]

  [ LABEL { RECORD IS   } { STANDARD } ]
          { RECORDS ARE } { OMITTED  }

  [ DATA { RECORD IS   } { Daten-Name-1 }  ... ] .
         { RECORDS ARE }
```

Viele Übersetzer interpretieren die Klauseln der FD-Anweisung nur noch als Kommentare, zumal die Datensatzerklärungen unmittelbar auf die FD-Anweisung folgen müssen, und der Übersetzer sich von dort her die nötigen Informationen holen kann. Andere Übersetzer fordern bestimmte Klauseln als obligatorisch. Hier muß man sich im Hersteller-Handbuch umsehen.

Die Klauseln selber sind weitgehend selbsterklärend.

Im einzelnen ist noch anzumerken: Aus der RECORD-CONTAINS-Klausel kann man ablesen, daß neben festen auch variable Satzlängen erlaubt sind. Die LABEL-Klausel ist bei älteren Übersetzern obligatorisch; sie lautet bei Datenträgern, welche keine Kennsätze haben, wie etwa Lochkarten oder Schnelldrukker-Listen, LABEL RECORD IS OMITTED. Die Reihenfolge, in der die einzelnen Klauseln aufgeführt werden, ist beliebig.

Beispiele: Für das zweite Beispiel aus Abschnitt 5.1.1 (Seite 121) lautet die Dateierklärung:

```
FD  KUNDEN
    LABEL RECORD OMITTED
    DATA RECORDS ARE KARTE-1, KARTE-2.
```

Es sind also zwei Datensatzerklärungen vorgesehen. Wichtig zu wissen ist, daß für beide Lochkartenformate nur ein Speicherbereich (Puffer) vorgesehen ist; welches Format vorliegt, erkennt das Programm anhand von Informationen, die im Datensatz selbst enthalten sind, hier etwa der sog. Kartenart.

Die Dateierklärung für eine Drucker-Datei sieht so aus:

```
FD  ADRESSEN-LISTE
    DATA RECORD IS ZEILE
    LABEL RECORDS ARE OMITTED.
```

Will man diese Kunden-Adressen auf ein Magnetband überspielen, das mit einem ISO-Standard-Label versehen ist, so sieht die Dateierklärung etwa folgendermaßen aus:

```
FD  KUNDEN-BAND
    RECORD CONTAINS 80 CHARACTERS
    LABEL RECORD IS STANDARD
    DATA RECORDS ARE KARTE-1, KARTE-2.
```

Will man den Inhalt der Adressendatei auf eine Magnetplatte übertragen, um dann evtl. wahlfrei zu den einzelnen Anschriften zugreifen zu können, so lautet die Dateierklärung folgendermaßen:

```
FD  KUNDEN-DATEI
    RECORD CONTAINS 154 CHARACTERS
    DATA RECORD IS ANSCHRIFT
    LABEL RECORD IS STANDARD.
```

Die Satzlänge auf der Platte ist kürzer als die Summe zweier Lockkarten-Bilder, also 154 statt 160 Zeichen, weil die Identifikation der Anschrift, z.B. die Kunden-Nummer, die auf jeder Lochkerte enthalten sein muß, jetzt nur einmal vorhanden zu sein braucht.

5.2.5 Datensatzerklärung

Unmittelbar auf die Dateierklärung folgen die zugehörigen Datensatzerklärungen:

01 Daten-Name

oder allgemein für die einzelnen Daten:

Stufen-Nummer { Daten-Name / FILLER } [{ PICTURE / PIC } IS Maske] .

Grundsätzlich gilt auch hier, was allgemein über die Struktur der Daten in COBOL gesagt wurde, nur mit einer Einschränkung: Die VALUE-Klausel ist in der FILE SECTION nicht erlaubt. Dieses Verbot ist verständlich, wenn man bedenkt, daß die Datensatz-Felder hier Puffer sind, die durch Eingabe- oder Ausgabe-Befehle gefüllt, also überschrieben werden.

Wir bereiten jetzt ein zweites Beispiel-Programm vor. Die Aufgabe soll sein, Adressen-Karten geeignet aufzulisten, etwa um zu sehen, ob die alten Lochkarten noch aktuelle Informationen enthalten oder ob man sie dem Altpapier zuführen darf.

Wir gehen davon aus, daß die Lochkarten mittels eines Dienstprogramms auf eine Platten-Datei kopiert sind.

Dies ist die Beschreibung der Adressen-Datei auf Lochkarten:

```
FILE SECTION.

FD  ADRESS-KARTEN
    LABEL RECORD IS STANDARD
    DATA RECORDS ARE KARTE1, KARTE2.

01  KARTE1.
    02  KA-1                    PICTURE IS     XX.
    02  KUNDEN-NR               PICTURE IS     9(6).
    02  NACHNAME                PICTURE IS     X(24).
    02  VORNAME                 PICTURE IS     X(24).
    02  FIRMA                   PICTURE IS     X(24).
```

```
01  KARTE2.
    02  KA-2                      PICTURE IS    XX.
    02  KUNDEN-NR-2               PICTURE IS    9(6).
    02  ABTEILUNG                 PICTURE IS    X(20).
    02  POSTLEITZAHL              PICTURE IS    9(4).
    02  ORT                       PICTURE IS    X(24).
    02  STRASSE                   PICTURE IS    X(24).
```

Die Lochkarten-Datei ist - wie gesagt - auf Platte in Form von sog. Lochkarten-Bildern (card images) realisiert; daher schreiben wir LABEL RECORD IS STANDARD statt OMITTED.

Die "Lochkarten" sehen - einfach aufgelistet - folgendermaßen aus:

```
A1112233Karpfenteich            Anastasius              HECHT AG.
A2112233Abt. f. Fischzucht  1234Karpfendorf             Teichstrasse 123
A1223344v. Traumland-HimmelreichDr. Emmalinde           WEICHER WOHNEN KG
A2223344Bettenabteilung     2000Hamburg-Tempelhof       Kurfuerstendamm 234
A1654321Aufdemsattel            Christfried             SCHARFE SACHEN GMbH.
A2654321Whisky und Wodka    8000Muenchen-Blankenese     Zeil 99
...
```
usf.

Die Kundennummer muß in beiden Karten die gleiche sein; das Programm unterscheidet die Karten an den ersten beiden Spalten, welche die sog. Kartenart (KA-1 bzw. KA-2) enthalten: es bedeuten: A1 = Adressenkarte-1 und A2 = Adressenkarte-2.

In der WORKING-STORAGE SECTION wird der Inhalt der beiden Adressenkarten zum Druck aufbereitet. Daher kann in der FILE SECTION die Dateibeschreibung für die Drucker-Datei einfach sein:

```
FD  KUNDEN-LISTE.

01  ZEILE                         PICTURE IS    X(91).
```

Der Datensatz besteht aus dem einzigen Daten-Element ZEILE.

Die hier beschriebenen Angaben sind diejenigen für Groß-Computer (Mainframes), etwa für einen SIEMENS-Computer unter dem Betriebssystem BS2000. Bei einigen Mini-Computern unter dem Betriebssystem UNIX o.ä. müssen u.U. einige Änderungen angebracht werden, wie auf S. 147 ausgeführt ist.

5.2.6 SELECT

Unser Programm weiß jetzt

1. wie die Datei heißt und
2. wie die Datei aufgebaut, d.h. strukturiert ist.

Unser Programm weiß noch nicht, welchem Gerät die Datei zugeordnet ist. Diese Zuordnung erfolgt in der ENVIRONMENT DIVISION, die um das Kapitel INPUT-OUTPUT SECTION erweitert wird. In diesem Kapitel erscheint als erster Paragraph FILE-CONTROL. Darin ist die Zuordnungsanweisung enthalten:

SELECT Datei-Name ASSIGN TO Geräte-Name

[[ORGANIZATION IS] SEQUENTIAL]

[ACCESS MODE IS SEQUENTIAL] .

Was hier mit Geräte-Name bezeichnet ist, ist in Wahrheit ein Hersteller-Name, der nicht immer ein konkretes Gerät bezeichnet, sondern oft eine System-Datei, die dem betreffenden Gerät zugeordnet ist. Wenn man z.B. im Programm den Befehl "Drucke" gibt, so wird nicht in diesem Moment gedruckt, sondern die für den Drucker bestimmte Ausgabe zunächst auf eine Plattendatei geschrieben. Gedruckt wird erst später, nämlich dann, wenn der Drucker frei ist, also das Spool-Programm die Druck-Datei ausgeben kann.

Die Geräte-Namen lauten in jedem System anders; so heißt etwa die Standard-Ausgabe-Datei PRINTER, SYSLST oder ähnlich. Bei Plattendateien genügt oft derjenige Name, unter dem die Datei dem Betriebssystem bekannt ist, teilweise unter Hinzufügung eines Hinweises auf das Gerät, etwa KUNDEN-DISK.

Hieraus geht hervor, daß der Paragraph FILE-CONTROL extrem maschinenabhängig ist; man muß sich also genau nach den Angaben im Hersteller-Handbuch richten, wo alles Erforderliche ausführlich dargestellt ist.

Die Klauseln ACCESS MODE IS SEQUENTIAL und ORGANIZATION IS SEQUENTIAL sind nur für Dateien auf Platten erforderlich. Diese sog. Massenspeicher-Dateien (mass storage files) werden dann wie Magnetband-Dateien behandelt. Welche dieser Klauseln nötig sind, steht im Hersteller-Handbuch; oft kann man sie fortlassen, dann gilt ... IS SEQUENTIAL als Voreinstellung (default value).

Wie man Dateien mit wahlfreiem Zugriff (random access) behandelt, wird in Abschnitt 7.5 beschrieben.

Beispiel für eine Massenspeicher-Datei bei SIEMENS unter dem Betriebssystem BS2000:

```
SELECT ZWISCHEN-DATEI ASSIGN TO "HUGO".
```

Die Datei, welche im COBOL-Programm ZWISCHEN-DATEI heißt, befindet sich auf einer Platte und ist dem Betriebssystem unter dem Namen HUGO bekannt, sequentieller Zugriff ist voreingestellt.

Jetzt sind wir in der Lage, die ENVIRONMENT DIVISION für das neue Beispiel aufzuschreiben. Es ist auf einem Mini-Computer ND-570 des norwegischen Herstellers NORSK DATA gelaufen:

```
ENVIRONMENT DIVISION.

CONFIGURATION SECTION.

SOURCE-COMPUTER.  ND-570.
OBJECT-COMPUTER.  ND-570.
SPECIAL-NAMES.
    TERMINAL IS BILDSCHIRM.

INPUT-OUTPUT SECTION.

FILE-CONTROL.
    SELECT ADRESS-KARTEN   ASSIGN TO   "ADRESSEN:DATA".
    SELECT KUNDEN-LISTE    ASSIGN TO   "PETER:LIST.
```

Die Lochkarten-Bilder befinden sich auf einer Plattendatei, die das Betriebssystem unter dem Namen ADRESSEN:DATA kennt; analog ist der Name für die Drucker-Datei PETER:LIST.

Bei älteren COBOL-Compilern von SIEMENS heißen die letzten beiden COBOL-Zeilen

```
SELECT ADRESS-KARTEN   ASSIGN TO   UT-DISC-S-SYS001.
SELECT KUNDEN-LISTE    ASSIGN TO   UR-PRINTER-S-SYS002.
```

Was die einzelnen Bestandteile in diesen Geräte-Namen bedeuten, ist an dieser Stelle ohne Belang; man kann sie im Handbuch nachlesen. Die Geräte-Namen beim Computerhersteller IBM werden ähnlich gebildet.

5.3 Ein- und Ausgabe

5.3.1 OPEN und CLOSE

Bevor man eine Datei bearbeiten kann, muß man sie öffnen; und nach der Bearbeitung muß man sie wieder schließen. Unter Öffnen und Schließen versteht man das Herstellen und Lösen der Verbindung vom Programm zu der betreffenden Datei. Damit ist ein automatisches Prüfen oder (nur bei Ausgabe-Dateien) Schreiben von Kennsätzen verbunden, sofern das verlangt wird.

Wenn wir eine Datei geöffnet haben, kann kein anderer auf sie zugreifen, sie ist sozusagen für uns reserviert. Das ist besonders wichtig bei Dateien, die mit bestimmten Geräten verknüpft sind, z.B. Magnetband-Dateien: Solange die Magnetband-Datei geöffnet ist, solange kann kein anderer Benutzer das von uns belegte Magnetbandgerät belegen. Man sollte also eine Datei, die nicht mehr benötigt wird, gleich wieder schließen, d.h. das Gerät für andere Benutzer freigeben.

Beim Öffnen von Dateien unterscheidet man Eingabe-Dateien, Ausgabe-Dateien und Ein-Ausgabe-Dateien. Ein-Ausgabe-Dateien sind Dateien, von denen gelesen und auf die zugleich auch geschrieben werden kann (in der Regel sind das Dateien mit wahlfreiem Zugriff); daher können sich solche Dateien nur auf Platten (Massenspeichern) befinden.

Der Befehl zum Öffnen von Dateien lautet:

```
       { INPUT   Datei-Name-1  [ , Datei-Name-2 ] ... }
  OPEN { OUTPUT  Datei-Name-1  [ , Datei-Name-2 ] ... } ...
       { I-O     Datei-Name-1  [ , Datei-Name-2 ] ... }
```

Es können also mehrere Dateien mit einer Anweisung geöffnet werden. Die Angaben INPUT, OUTPUT und I-O (= INPUT-OUPUT) dürfen jedoch nur einmal in einer OPEN-Anweisung vorkommen.

Beispiele:

```
OPEN OUTPUT ADRESSEN-LISTE.
OPEN OUTPUT DATEI-NEU, DRUCK-LISTE.
OPEN INPUT ADRESSEN-DATEI.
OPEN I-O KONTEN-DATEI.
OPEN INPUT  ADRESSEN-DATEI,
     OUTPUT ADRESSEN-LISTE.
```

Der Befehl zum Schließen von Dateien lautet:

```
CLOSE Datei-Name-1 [ , Datei-Name-2 ] ...
```

Beispiel:

```
CLOSE KONTEN-DATEI, ADRESSEN-DATEI ADRESSEN-LISTE.
```

Wenn man eine Massenspeicher-Datei geschlossen hat und später im gleichen Programm wieder öffnet, wird sie automatisch auf den Dateianfang positioniert.

5.3.2 READ

Lesen heißt Eingabe: wir lesen vom Gerät, etwa von der Platte, Informationen in den Arbeitsspeicher ein, um sie dort zu verarbeiten. Der Lese-Befehl lautet:

```
READ Datei-Name RECORD [ INTO Bezeichner ]
     AT END unbedingter-Befehl
[ END-READ ]
```

Man gibt beim Lesen die Datei an und nicht den Satz-Namen. Dennoch stehen die eingelesenen Informationen in dem Feld "Satz-Name" bereit. Zusätzlich kann man noch den Inhalt von "Satz-Name" in einen Arbeitsbereich übertragen. Wenn das Ende der Datei erreicht ist, wird der in der AT-END-Klausel angegebene unbedingte Befehl ausgeführt.

Beispiele:

```
READ KARTEN-DATEI RECORD
     AT END MOVE EOF-KARTE TO STATUS-KARTE
END-READ.
```

Eine Lochkarte (bzw. deren Bild bei einer Platten-Datei) wird eingelesen; ist das Ende des Kartenstapels (der Platten-Datei) erreicht, wird in einer Status-Anzeigezelle (STATUS-KARTE) die Endemarkierung (EOF-KARTE) gesetzt, damit von anderen Stellen im Programm aus das Ende der Datei erkannt werden kann.

```
READ BAND-DATEI RECORD INTO ARBEITS-BEREICH
     AT END
         MOVE EOF-BAND TO STATUS-BAND
         PERFORM BAND-ENDE-ROUTINE
END-READ.
```

Aus diesem Beispiel ersieht man, daß der unbedingte Befehl sich aus mehreren unbedingten Anweisungen zusammensetzen kann; die Anweisungsfolge endet mit END-READ.

Wenn wir uns nun unserem neuen Beispiel-Programm, dem Auflisten von Adressen-Karten, zuwenden, so stellen wir fest, daß der Datei KARTEN zwei Datensatz-Bereiche zugeordnet sind, nämlich KARTE1 und KARTE2 (vgl. S. 132 f.). Das bedeutet nicht, daß zwei Speicherbereiche als Puffer zur Verfügung stehen, und das System abwechselnd den einen und dann den anderen Bereich füllt. Vielmehr stellen beide Datensätze einen und denselben Arbeitsspeicherbereich dar, der nur auf zwei verschiedene Arten interpretiert wird, nämlich einmal als KARTE1 und das andere Mal als KARTE2. Welche Interpretation die richtige ist, kann man nur an der Kartenart festestellen, d.h. ob in den ersten beiden Spalten "A1" oder "A2" enthalten ist.

Kritisch sind in unserem Beispiel die Spalten 29 bis 32, die einmal als alphanumerische Zeichen, das andere Mal als Ziffern aufgefaßt werden. Wenn wir Daten aus diesem Bereich in den Arbeitsbereich schaffen wollen, müssen wir uns auf die richtige Datensatz-Beschreibung beziehen. Der Compiler prüft zwar, ob sich die Felder, auf die sich das MOVE bezieht, entsprechen, und gibt, wenn das nicht der Fall ist, diesbezügliche Fehlernachrichten aus. Aber zur Objekt-Zeit, d.h. wenn das übersetzte Programm arbeitet, finden derartige Prüfungen nicht mehr statt; es wird dann, wenn die Felder nicht zusammenpassen, Unsinn produziert.

Grundsätzlich gilt nämlich, daß es dem Programm ganz egal ist, wie die Daten aussehen, mit dem es arbeitet: es nimmt die Bitmuster so, wie sie im Arbeitsspeicher vorhanden sind. Was es mit den Bitmustern anfangen soll, sagen die Befehle. Ob mit den Bitmustern etwas Sinnvolles angefangen wird, sagt dagegen die Logik des Programmablaufs; d.h. letztendlich ist der Programmierer dafür verantwortlich.

5.3.3 WRITE

Der Schreib-Befehl lautet:

WRITE Satz-Name [**FROM** Bezeichner]

Der Inhalt des Feldes "Satz-Name" wird ausgegeben, d.h. in die zugehörige Datei eingetragen; eventuell wird vorher noch der Inhalt des Feldes "Bezeichner" nach "Satz-Name" geschafft.

Beispiele:

```
WRITE ZEILE.
WRITE ZEILE FROM ARBEITS-BEREICH.
```

Daß beim WRITE-Verb der Satz-Name, beim READ-Verb dagegen der Datei-Name als Objekt benutzt wird, hat folgenden Grund:

Eingabe: Es wird ein Satz aus der Datei gelesen; im allgemeinen weiß man nicht, um welche der möglichen Satzformate es sich handelt, denn das hängt von der Struktur der Datei ab; erst das Programm kann feststellen, welche der vorgesehenen Satzbeschreibungen zutreffend ist.

Ausgabe: Es wird ein Satz auf die Datei geschrieben; man weiß genau, welcher, denn man bestimmt ja beim Schreiben die Struktur der Datei.

Schematisch kann man das etwa so darstellen:

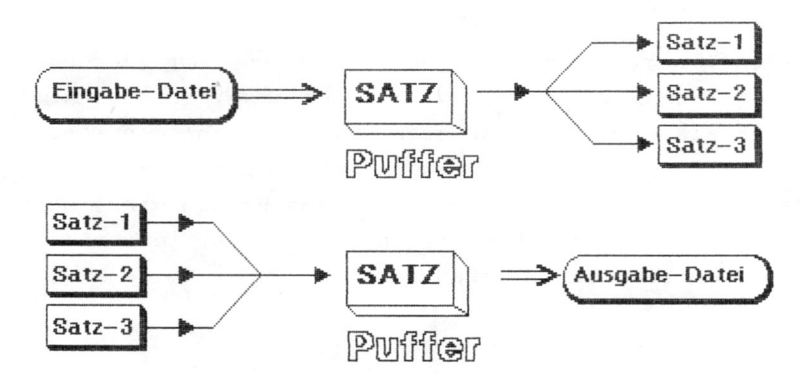

Der Unterschied zwischen WRITE und DISPLAY ist der, daß DISPLAY nur für kleine Datenmengen gedacht und nicht für alle Ausgabegeräte zugelassen ist (für welche, hängt vom Hersteller ab). Mit WRITE bearbeitet man Dateien, d.h. große Datenmengen, und genießt den Komfort, der damit verbunden ist. Analoges gilt für den Unterschied von READ und ACCEPT.

Man muß also für die Benutzung von READ und WRITE Dateien definieren, sie vor der Bearbeitung öffnen und nachher wieder schließen. Bei ACCEPT und DISPLAY ist das nicht nötig.

5.3.4 MOVE CORRESPONDING

Mit dem MOVE-Verb, so wie wir es bisher kennen, können wir Daten-Elemente bewegen; wir können auch größere Daten-Gruppen bewegen, aber diese Gruppen werden als starre Zeichen-Ensembles aufgefaßt und einfach kopiert. Genauso wird vorgegegangen, wenn wir READ ... INTO oder WRITE ... FROM schreiben: auch hier wird einfach kopiert. Mittels der CORRESPONDING-Klausel kann man ein differenzierteres MOVE ausführen. Hier ist zunächst das Format:

MOVE { **CORRESPONDING** | **CORR** } Bezeichner-1 **TO** Bezeichner-2

CORR ist eine Abkürzung für CORRESPONDING. Bezeichner-1 und Bezeichner-2 bezeichnen jeweils Daten-Gruppen, die gleiche Struktur haben und innerhalb dieser Struktur gleiche Daten-Namen. Mit MOVE CORRESPONDING werden dann sozusagen mehrere MOVEs zugleich ausgeführt: es werden jeweils gleichnamige Daten-Elelemente oder Daten-Gruppen aufeinanderzu bewegt. Das folgende kleine Beispiel zeigt, was gemeint ist.

Es soll das Datum, so wie es viele amerikanische Hersteller in ihren Systemen führen, in die deutsche Schreibweise umgewandelt werden. Die Datenbeschreibungen lauten:

```
01  HEUTE.
    02  MONAT          PICTURE IS 99.
    02  FILLER         PICTURE IS X.
    02  TAG            PICTURE IS 99.
    02  FILLER         PICTURE IS X.
    02  JAHR           PICTURE IS 99.

01  DATUM.
    02  TAG            PICTURE IS Z9.
    02  FILLER         PICTURE IS XX     VALUE IS ". ".
    02  MONAT          PICTURE IS Z9.
    02  FILLER         PICTURE IS X(4)   VALUE IS ". 19".
    02  JAHR           PICTURE IS 99.
```

Was in den beiden FILLERn von HEUTE enthalten ist, interessiert nicht (es sind Schrägstriche); die FILLER von DATUM werden von uns gesetzt. Wenn wir nun in der PROCEDURE DIVISION schreiben

MOVE CORRESPONDING HEUTE TO DATUM.

so wird der im nachstehenden Bild beschriebene Vorgang ausgeführt: ist in HEUTE vor dem MOVE die Zeichenfolge

04/17/72

enthalten, so nach dem MOVE in DATUM die Zeichenfolge

17. 4. 1972

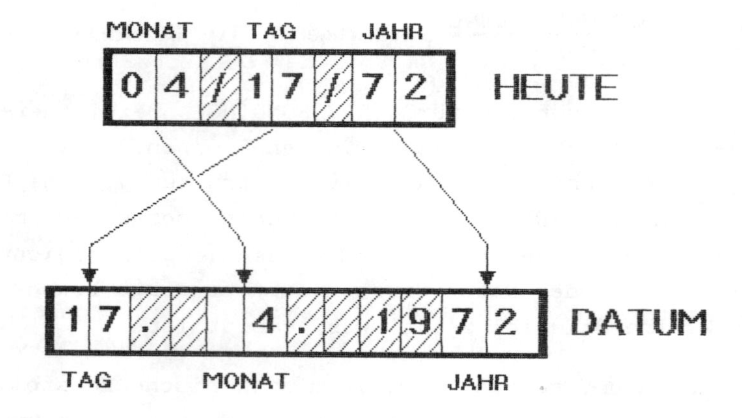

Es werden nur die Daten-Elemente bzw. Daten-Gruppen bewegt, deren Namen sowohl im Sendefeld als auch im Empfangsfeld vorkommen; alle anderen Daten bleiben vom MOVE CORRESPONDING unberührt. Falls Umwandlungen der Daten vorgenommen werden sollen, werden diese auch von MOVE CORRESPONDING ordnungsgemäß ausgeführt. Das obige Beispiel gibt eine Vorstellung davon.

Um MOVE CORRESPONDING in unserem Programm optimal anwenden zu können, müssen wir darauf achten, daß die Struktur der Ausgabezeilen der Struktur der Adressenkarten gleicht. Wir lesen zwei verschiedene Karten ein und wollen dann auch zwei verschiedene Zeilen ausgeben; jedoch sollen in der ersten Zeile nicht nur die Daten der ersten Karte und in der zweiten Zeile nicht nur die Daten aus der zweiten Karte enthalten sein, sondern wir wollen die Informationen aus beiden Karten anders aufteilen. Der einfachste Weg dazu ist, einen einzigen Ausgabebereich zu definieren, sozusagen eine Superzeile, welche die gleiche Struktur hat wie KARTE1 und KARTE2, nämlich einen Oberbegriff und sonst lauter Daten-Elemente. Diesen Ausgabebereich müssen wir nachträglich zum Ausdrucken in zwei Teile aufbrechen. Wie man das macht, soll im folgenden Abschnitt erklärt werden.

5.3.5 RENAMES

Diese Klausel stellt eine neue Form der Datenbeschreibung dar, die eine spezielle Stufennummer hat, nämlich 66, und die es gestattet, Daten-Elemente oder Daten-Gruppen zu neuen Gruppierungen, auch überlappend, zusammenzufassen. Das Format ist:

66 Daten-Name-1 RENAMES Daten-Name-2 [THRU Daten-Name-3]

Formale Regeln sind: Statt der amerikanischen Schreibweise THRU kann man auch die englische Schreibweise THROUGH verwenden, wie überall in COBOL, wo dieses Wort vorkommt. Die RENAMES-Klausel muß der Datenbeschreibung folgen, auf die sie sich bezieht, d.h. die sie neu aufteilt bzw. die sie umbenennt. Die RENAMES-Klausel darf nicht auf Daten-Namen mit der Stufennummer 66, 77, 88 oder 01 angewandt werden.

Was die RENAMES-Klausel bewirkt und wie man sie anwendet, soll der folgende gekürzte Ausschnitt aus unserem Beispiel-Programm zeigen:

```
01  SUPERZEILE.
    02  FILLER-1                  PICTURE IS     X.
    ...
    02  STRASSE                   PICTURE IS     X(24).
    02  FILLER-2                  PICTURE IS     X(10).
    ...
    02  ORT                       PICTURE IS     X(24).
    66  ZEILE-1 RENAMES FILLER-1 THRU STRASSE OF SUPERZEILE.
    66  ZEILE-2 RENAMES FILLER-2 THROUGH ORT  OF SUPERZEILE.
```

Da SUPERZEILE mehr Zeichen enthält als eine Druckzeile, wird sie durch die beiden nachgestellten RENAMES-Klauseln in die beiden Ausgabezeilen ZEILE-1 und ZEILE-2 unterteilt. Für MOVE CORRESPONDING benutzen wir die Datenbeschreibung SUPERZEILE, weil sie die gleiche Struktur hat wie die Datenbeschreibungen KARTE1 und KARTE2, während wir für die Ausgabe jetzt einfach WRITE ZEILE FROM ZEILE-1 bzw. WRITE ZEILE FROM ZEILE-2 schreiben dürfen. Das vollständige Programm wird anschließend vorgeführt.

5.3.6 Programm 2: KULI

Die Aufgabe lautet - wie schon gesagt - , eine Kundenliste (KULI) zu drucken. Die Eingabedaten sind Lochkarten bzw. Lochkarten-Bilder, auf denen die Adressen der Kunden u.a. festgehalten sind, wie auf Seite 133 angegeben.

Betrachten wir zunächst die Eingabedaten. Um sicher zu sein, daß auch wirklich die richtigen Daten verarbeitet werden, müssen wir überprüfen, ob

- die Kartenart formal richtig ist,
- die zweite Karte Folgekarte ist und
- beide Karten die gleiche Kundennummer haben.

Im Fehlerfalle müssen wir die Daten abweisen (sie dürfen nicht weiter verarbeitet werden) und eine Fehlermeldung ausgeben mit Fehlerursache und den fehlerhaften Daten, damit man hinterher die Dinge überprüfen kann.

Die Ausgabedaten (die Liste) sollen folgendermaßen organisiert sein:

Kunden-Nr.	Nachname Vorname	Firma Abteilung	Straße Ort

Nach diesen Betrachtungen schreiben wir erste Überlegungen auf:

Dateien eröffnen.
Verarbeitung durchführen, bis Datei zu Ende.
Abschlußmeldung, Dateien schließen.

Das ist zunächst die übliche Dreiteiligkeit eines ordentlichen Programms: Prolog - Ausführung - Epilog. Wir überlegen uns jetzt detaillierter die Verarbeitung:

KARTE1 lesen und überprüfen, dann
den Inhalt in SUPERZEILE abspeichern.
KARTE2 lesen und überprüfen, dann
den Inhalt in SUPERZEILE abspeichern.
Zwei Zeilen drucken.

Eine Schleife wie diese findet man in fast allen Programmen, die sequentielle Dateien verarbeiten:

Datensatz einlesen und dann
Datensatz verarbeiten.

Und wenn man beim Lesen auf Dateiende stößt, was dann? Dann muß man mitten aus der Schleife herausspringen; das ist nicht nur unschön, sondern ist häufig Ursache von Programmierfehlern. Als Skelett eines COBOL-Programms aufgeschrieben, sieht das dann etwa so aus:

```
          Dateien eröffnen.

      SCHLEIFE.
          Read Daten-Satz
              at end GO TO WEITER.
          Verarbeite ...
          GO TO SCHLEIFE.

      WEITER.
          ...
```

Man sieht an den beiden GO TO's, daß der Programmfluß wie in einer Schnürsenkel-Schleife verschlungen ist, und jedermann weiß: das Aufknüpfen einer solchen Schleife führt häufig zu einem Knoten.

Wie in [SIN 84], Abschnitt "Normierte Programmierung", näher begründet, ist es besser, folgendermaßen vorzugehen:

Man liest einen Datensatz ein und ruft dann die Schleife als Prozedur auf, die aber jetzt etwas anders organisiert ist:

> Anfangs verarbeitet man die gelesenen Informationen, dann erst liest man den (nächsten) Daten-Satz ein.

Wenn das Datei-Ende erreicht ist, wird dies am Ende der Schleife bemerkt, und nicht am Anfang; man setzt dann, nachdem der letzte Satz verarbeitet ist, die Datei-Ende-Markierung und verläßt die Schleife wie gewohnt, also "normal". Da die Datei-Ende-Markierung nunmehr gesetzt ist, weiß das Programm jetzt, daß die Daten zu Ende sind und ruft die Schleife nicht mehr auf:

```
          Dateien eröffnen.
          Read Daten-Satz.

          Perform SCHLEIFE
              bis Datei-Ende gefunden ist.

          Dateien schließen und
          Programm beenden.

      SCHLEIFE.
          Verarbeite ...
          Read Daten-Satz
              at end move ...
```

Dieses Programm enthält kein GO TO mehr; das Aufknüpfen der Schleife führt auf keinen Knoten, weil die Programmpfade nicht mehr ineinander verschlungen sind, insbesondere, wenn die Prozedur SCHLEIFE als "in-line-Prozedur" aufgeschrieben ist. Das Programm ist klar im Aufbau, besser lesbar und verständlicher.

Nach diesen Vorüberlegungen ist das Programm ohne zusätzliche Erklärungen verständlich. Insbesondere kann auf ein Flußdiagramm verzichtet werden (was ja in praxi sowieso erst nach Fertigstellung des Programms aufgemalt wird).

Das eigentliche Programm läßt die oben genannte Dreiteiligkeit erkennen (durch drei Paragraphen gekennzeichnet) und enthält dann die Fehlerroutinen, d.h. die Prozeduren, welche die Fehler kommentiert melden.

Wie bereits gesagt, ist das Programm auf einer Anlage ND-570 gelaufen. Das Betriebssystem, welches UNIX ähnlich ist, kennt als Dateien nur Zeichenfolgen; ein Satzende wird am Satzende-Zeichen erkannt. Bei der Speicherung werden Zwischenräume am Schluß eines Satzes aus Sparsamkeitsgründen weggelassen. Das kann in COBOL-Programmen zu Problemen führen. Um dem vorzubeugen, haben wir die spezielle Klausel RECORDING MODE IS TEXT-FILE bei der Datei-Beschreibung hinzugefügt. Bei vielen kleinen Computern muß man mit ähnlichen Dingen rechnen, die aber der Norm nicht unbedingt widersprechen.

```
 IDENTIFICATION DIVISION.

 PROGRAM-ID.  KULI.

 ENVIRONMENT DIVISION.

 CONFIGURATION SECTION.

 SOURCE-COMPUTER.  ND-570.
 OBJECT-COMPUTER.  ND-570.
 SPECIAL-NAMES.
     TERMINAL IS BILDSCHIRM.

 INPUT-OUTPUT SECTION.

 FILE-CONTROL.
     SELECT ADRESS-KARTEN   ASSIGN TO  "ADRESSEN:DATA".
     SELECT KUNDEN-LISTE    ASSIGN TO  "PETER:LIST".


 DATA DIVISION.

 FILE SECTION.

 FD  ADRESS-KARTEN
     RECORDING MODE IS TEXT-FILE
     LABEL RECORD IS STANDARD
     DATA RECORDS ARE KARTE1, KARTE2.

 01  KARTE1.
     02  KA-1                    PICTURE IS     XX.
     02  KUNDEN-NR               PICTURE IS     9(6).
     02  NACHNAME                PICTURE IS     X(24).
     02  VORNAME                 PICTURE IS     X(24).
     02  FIRMA                   PICTURE IS     X(24).
```

```
01  KARTE2.
    02  KA-2                        PICTURE IS     XX.
    02  KUNDEN-NR-2                 PICTURE IS     9(6).
    02  ABTEILUNG                   PICTURE IS     X(20).
    02  POSTLEITZAHL                PICTURE IS     9(4).
    02  ORT                         PICTURE IS     X(24).
    02  STRASSE                     PICTURE IS     X(24).

FD  KUNDEN-LISTE
    RECORDING MODE IS TEXT-FILE
    LABEL RECORD IS STANDARD
    DATA RECORD IS ZEILE.

01  ZEILE                           PICTURE IS     X(91).


WORKING-STORAGE SECTION.

01  LEER                            PIC X          VALUE SPACE.
01  STATUS-KARTEN                   PIC X(3)       VALUE SPACE.
01  FEHLER-MELDUNG-NR               PIC X(58)      VALUE IS
    "*** Falsche Fortsetzungs-Karte. Die gelesene Karte lautet:".
01  FEHLER-MELDUNG-NR-2.
    02  FILLER                      PIC X(38)      VALUE IS
    "     Die richtige Kunden-Nummer lautet:".
    02  NR                          PICTURE IS     9(6).
01  FEHLER-MELDUNG-KA               PIC X(50)      VALUE IS
    "*** Falsche Karten-Art.  Die falsche Karte lautet:".
01  ENDE-TEXT                       PIC X(56)      VALUE IS
    "=== Allwissend bin ich nicht, doch viel ist mir bewusst.".

01  SUPERZEILE.
    02  FILLER-1                    PICTURE IS     X.
    02  KUNDEN-NR                   PICTURE IS     X(6).
    02  FILLER                      PICTURE IS     XXX.
    02  NACHNAME                    PICTURE IS     X(24).
    02  FILLER                      PICTURE IS     XX.
    02  FIRMA                       PICTURE IS     X(24).
    02  FILLER                      PICTURE IS     X(7).
    02  STRASSE                     PICTURE IS     X(24).

    02  FILLER-2                    PICTURE IS     X(10).
    02  VORNAME                     PICTURE IS     X(24).
    02  FILLER                      PICTURE IS     XX.
    02  ABTEILUNG                   PICTURE IS     X(20).
    02  FILLER                      PICTURE IS     X(5).
    02  POSTLEITZAHL                PICTURE IS     X(4).
    02  FILLER                      PICTURE IS     XX.
    02  ORT                         PICTURE IS     X(24).

    66  ZEILE-1 RENAMES FILLER-1 THRU STRASSE OF SUPERZEILE.
    66  ZEILE-2 RENAMES FILLER-2 THROUGH ORT  OF SUPERZEILE.
```

```
01   FALSCHE-KARTE.
     02  FILLER                        PIC X(4)          VALUE SPACES.
     02  KARTEN-BILD                   PICTURE IS        X(80).


PROCEDURE DIVISION.

PROGRAMM-EROEFFNUNG.
     OPEN INPUT  ADRESS-KARTEN,
          OUTPUT KUNDEN-LISTE.
     MOVE SPACES TO SUPERZEILE.
     READ ADRESS-KARTEN RECORD
         AT END MOVE "EOF" TO STATUS-KARTEN
     END-READ.

VERARBEITUNG
     PERFORM    UNTIL STATUS-KARTEN = "EOF"
         IF KA-1 IS EQUAL TO "A1"
             THEN
                MOVE CORRESPONDING KARTE1 TO SUPERZEILE
             ELSE
                PERFORM FEHLER-KA
         END-IF
         READ ADRESS-KARTEN RECORD
             AT END MOVE "EOF" TO STATUS-KARTEN
         END-READ
         IF KA-2 IS NOT EQUAL TO "A2"
             THEN
                PERFORM FEHLER-KA
             ELSE
                IF KUNDEN-NR OF SUPERZEILE IS EQUAL TO
                                      KUNDEN-NR-2 OF KARTE2
                    THEN
                        MOVE CORR KARTE2 TO SUPERZEILE
                        WRITE ZEILE FROM ZEILE-1
                        WRITE ZEILE FROM ZEILE-2
                        WRITE ZEILE FROM LEER
                    ELSE
                        PERFORM FEHLER-NR
                 END-IF
         END-IF
         READ ADRESS-KARTEN RECORD
             AT END MOVE "EOF" TO STATUS-KARTEN
         END-READ
     END-PERFORM.

PROGRAMM-ABSCHLUSS.
     WRITE ZEILE FROM ENDE-TEXT.
     DISPLAY  ENDE-TEXT UPON BILDSCHIRM.
     CLOSE ADRESS-KARTEN, KUNDEN-LISTE.
     STOP RUN.
```

```
* - - - Fehler-Routinen - - - *

 FEHLER-KA.
     WRITE ZEILE FROM FEHLER-MELDUNG-KA.
     MOVE KARTE1 TO KARTEN-BILD OF FALSCHE-KARTE.
     WRITE ZEILE FROM FALSCHE-KARTE.
     WRITE ZEILE FROM LEER.

 FEHLER-NR.
     WRITE ZEILE FROM FEHLER-MELDUNG-NR.
     MOVE KARTE1 TO KARTEN-BILD OF FALSCHE-KARTE.
     MOVE KUNDEN-NR OF SUPERZEILE
          TO NR OF FEHLER-MELDUNG-NR-2.
     WRITE ZEILE FROM FALSCHE-KARTE.
     WRITE ZEILE FROM FEHLER-MELDUNG-NR-2.
     WRITE ZEILE FROM LEER.
```

Dies sind die eingelesenen Datenkarten bzw. Karten-Bilder:

```
A1112233Karpfenteich            Anastasius                HECHT AG.
A2112233Abt. f. Fischzucht  1234Karpfendorf               Teichstrasse 123
A1223344v. Traumland-HimmelreichDr. Emmalinde             WEICHER WOHNEN KG
A2223344Bettenabteilung     2000Hamburg-Tempelhof         Kurfuerstendamm 234
A1654321Aufdemsattel            Christfried               SCHARFE SACHEN GMbH.
A2654321Whisky und Wodka    8000Muenchen-Blankenese       Zeil 99
B1112233Karpfenteich            Anastasius                HECHT AG.
B2112233Abt. f. Fischzucht  1234Karpfendorf               Teichstrasse 123
A1112233Karpfenteich            Anastasius                HECHT AG.
A2112233Abt. f. Fischzucht  1234Karpfendorf               Teichstrasse 123
A1223344v. Traumland-HimmelreichDr. Emmalinde             WEICHER WOHNEN KG
A2223344Bettenabteilung     2000Hamburg-Tempelhof         Kurfuerstendamm 234
A1112233Karpfenteich            Anastasius                HECHT AG.
A2442233Abt. f. Fischzucht  1234Karpfendorf               Teichstrasse 123
A1223344v. Traumland-HimmelreichDr. Emmalinde             WEICHER WOHNEN KG
A2223344Bettenabteilung     2000Hamburg-Tempelhof         Kurfuerstendamm 234
A1654321Aufdemsattel            Christfried               SCHARFE SACHEN GMbH.
A2654321Whisky und Wodka    8000Muenchen-Blankenese       Zeil 99
```

In diesen Datenbestand sind bewußt einige Fehler eingebaut um zu testen, ob das Programm die Fehler richtig erkennt und meldet, und um zu sehen, ob es dann wieder Tritt faßt.

Die ersten drei Kartenpaare sind korrekt, das vierte enthält eine falsche Kartenart, dann kommen wieder zwei korrekte Paare, sodann ein Paar mit einer falschen Folgekarte und schließlich wieder korrekte Paare. Anhand der ausgedruckten Liste können Sie sehen, daß alles richtig abgelaufen ist.

Angemerkt sei nur noch, daß in diesem Beispielprogramm nicht alle denkbaren Fehlermöglichkeiten abgefangen sind.

```
112233   Karpfenteich                 HECHT AG.                  Teichstrasse 123
         Anastasius                   Abt. f. Fischzucht   1234  Karpfendorf

223344   v. Traumland-Himmelreich     WEICHER WOHNEN KG          Kurfuerstendamm 234
         Dr. Emmalinde                Bettenabteilung      2000  Hamburg-Tempelhof

654321   Aufdemsattel                 SCHARFE SACHEN GMbH.       Zeil 99
         Christfried                  Whisky und Wodka     8000  Muenchen-Blankenese

*** Falsche Karten-Art.  Die falsche Karte lautet:
    B1112233Karpfenteich              Anastasius           HECHT AG.

*** Falsche Karten-Art.  Die falsche Karte lautet:
    B2112233Abt. f. Fischzucht  1234Karpfendorf            Teichstrasse 123

112233   Karpfenteich                 HECHT AG.                  Teichstrasse 123
         Anastasius                   Abt. f. Fischzucht   1234  Karpfendorf

223344   v. Traumland-Himmelreich     WEICHER WOHNEN KG          Kurfuerstendamm 234
         Dr. Emmalinde                Bettenabteilung      2000  Hamburg-Tempelhof

*** Falsche Fortsetzungs-Karte. Die gelesene Karte lautet:
    A2442233Abt. f. Fischzucht  1234Karpfendorf            Teichstrasse 123
    Die richtige Kunden-Nummer lautet:112233

223344   v. Traumland-Himmelreich     WEICHER WOHNEN KG          Kurfuerstendamm 234
         Dr. Emmalinde                Bettenabteilung      2000  Hamburg-Tempelhof

654321   Aufdemsattel                 SCHARFE SACHEN GMbH.       Zeil 99
         Christfried                  Whisky und Wodka     8000  Muenchen-Blankenese

=== Allwissend bin ich nicht, doch viel ist mir bewusst.
```

5.3.7 WRITE ... ADVANCING

Speziell für den Drucker gibt es eine Variante des WRITE-Verbs, die das Einfügen von Leerzeilen u.ä. erleichtert:

```
WRITE  Satz-Name-1  [ FROM Bezeichner-1 ]

                              { { Bezeichner-2 }  { LINES } }
{ BEFORE }                    { { Ganzzahl-1   }  { LINE  } }
{ AFTER  }  ADVANCING         {                             }
                              { { Merkname }                }
                              { { PAGE     }                }
```

Bezeichner-2 gibt ein Feld an, das eine Ganzzahl enthält, die nicht negativ sein darf; das gilt auch für Ganzzahl-1. Die Bedeutung von Merkname wird weiter unten erklärt. PAGE bedeutet soviel wie "Vorschub auf die nächste Seite".

Der Zusatz ADVANCING bewirkt, daß um die angegebene Anzahl Zeilen vorgeschoben wird. Ein Drucker kann <u>nur vor</u>schieben, aber <u>nicht zurück</u>schieben; d.h. was gedruckt ist, ist gedruckt. Es bedeuten:

<u>BEFORE</u> ADVANCING	=	Drucken <u>vor</u> dem Vorschub, d.h. erst drucken, dann vorschieben.
<u>AFTER</u> ADVANCING	=	Drucken <u>nach</u> dem Vorschub, d.h. erst vorschieben, dann drucken.

Beispiele:

```
WRITE ZEILE BEFORE ADVANCING 1 LINE.
```

Erst wird in der Position, wo der Drucker gerade steht, gedruckt, dann wird auf die nächste Zeile vorgeschoben; der Drucker ist für die Ausgabe der nächsten Zeile bereit. Beachten Sie: Auch wenn nur um 1 Zeile vorgeschoben werden soll, muß in COBOL 74 der Plural LINES benutzt werden (sofern man LINES nicht überhaupt wegläßt).

```
WRITE ZEILE FROM SUMMEN-ZEILE AFTER ADVANCING 2.
```

Erst wird um zwei Zeilen vorgeschoben, dann wird gedruckt; nach dem Drucken bleibt der Drucker auf der Position, die er zum Drucken inne hatte, stehen. M.a.W.: Die Ausgabe von SUMMEN-ZEILE wird vom zuvor Gedruckten um eine Leerzeile abgesetzt.

```
          MOVE 3 TO N.
          PERFORM AUSGABE.
          ...

      AUSGABE.
          WRITE ZEILE AFTER N LINES.
```

Vor dem Drucken wird um drei Zeilen vorgeschoben, d.h. die Ausgabe von ZEILE wird von dem zuvor Gedruckten um zwei Leerzeilen abgesetzt. Auf diese Weise kann man die Ausgabe-Prozedur von außen steuern: man ändert nur den Wert von N und ändert damit das Druckbild.

Vor der gemischten Anwendung von AFTER und BEFORE sei ausdrücklich gewarnt, denn bei Programmänderungen (wenn z.B. Schreibbefehle in das Programm zusätzlich eingefügt werden sollen) kann man Ärger haben, wie die folgenden Anweisungen zeigen:

```
          WRITE ZEILE-1  AFTER ADVANCING 2 LINES.
          WRITE ZEILE-2 BEFORE ADVANCING 2 LINES.
```

Beide Zeilen, ZEILE-1 und ZEILE-2, werden übereinandergedruckt.

Der Vorschub bei einem Schnelldrucker wird - heutzutage meist elektronisch simuliert - durch einen sog. Vorschubstreifen gesteuert, d.i. ein zu einer Schleife zusammengeklebter Lochstreifen. Ein Loch in Kanal 1 (channel 1) bewirkt einen Vorschub auf die nächste Seite. Die Bedeutung der anderen Kanäle ist systemabhängig. Ein Vorschubstreifen hat in der Regel 8 oder 12 Kanäle.

Im Paragraphen SPECIAL-NAMES der ENVIRONMENT DIVISION kann man in der Klausel

Hersteller-Name IS Merkname

einem bestimmten Kanal des Vorschubsteuerstreifens einen Namen geben, den oben genannten Merknamen.

Beispiel:

```
ENVIRONMENT DIVISION.
...
SPECIAL-NAMES.
    CHANNEL 1 IS NEUE-SEITE.
...
PROCEDURE DIVISION.
...
    WRITE ZEILE FROM INFORMATION AFTER NEUE-SEITE.
```

Erst nachdem auf die nächste Seite vorgeschoben ist, wird der Inhalt von INFORMATION gedruckt.

```
    WRITE ZEILE FROM FUSSNOTE BEFORE NEUE-SEITE.
```

Nach dem Drucken der Fußnote wird auf den Beginn der neuen Seite vorgeschoben.

Benutzt man WRITE ohne ADVANCING, wird immer WRITE AFTER ADVANCING 1 LINES ausgeführt, so schreibt es der Standard vor. Manche Hersteller erlauben das allerdings nicht: Hat man einmal ADVANCING verwendet, muß man diese Klausel auch bei jeder anderen WRITE-Anweisung für den Drucker benutzen.

5.3.8 Programm 3: MINREP

Die Aufgabe sei, einen Mini-Report-Writer zu schreiben: Zur Ausgabe von größeren Datenmengen auf dem Drucker soll eine Prozedur AUSGABE benutzt werden, die folgende Arbeiten übernimmt:

Jede Seite (hier: DIN A 4 quer) soll mit einer Seitenüberschrift und - von ihr abgesetzt - mit einer zweizeiligen Tabellenüberschrift versehen sein. Auf jeder Seite sollen 28 Zeilen gedruckt werden. Jede Seite soll mit einer Fußnote abgeschlossen werden. Der Inhalt soll vom Anwender der Prozedur in dem Bereich DATEN bereitgestellt werden, der 90 alphanumerische Zeichen lang ist. Mit jedem Aufruf der Prozedur AUSGABE soll genau eine Zeile erzeugt werden; ist die Seite voll, sollen Ausgabe der Fußnote, Vorschub auf die neue Seite, Wiederholung der Überschriften mit Seitennumerierung automatisch ausgeführt werden.

Vor dem ersten Aufruf von AUSGABE muß der Anwender dafür sorgen, daß die Überschriften und die Fußnote, d.h. die Datenfelder SEITEN-KOPF, TABELLEN-KOPF-1, TABELLEN-KOPF-2 und SEITEN-FUSS mit entsprechenden Informationen (Texten) gefüllt sind.

Das Programm ist auf einem Computer NCR TOWER unter dem Betriebssystem UNIX (Compiler RM/COBOL85) gelaufen:

```
 IDENTIFICATION DIVISION.

 PROGRAM-ID.   MINREP.
*    Dieses Programm simuliert einen Mini-Report-Writer

 ENVIRONMENT DIVISION.

 CONFIGURATION SECTION.

 SOURCE-COMPUTER.  NCR-TOWER.
 OBJECT-COMPUTER.  NCR-TOWER.

 SPECIAL-NAMES.
     CONSOLE   IS BILDSCHIRM
     C01       IS NEUE-SEITE.

 INPUT-OUTPUT SECTION.

 FILE-CONTROL.
     SELECT LISTE ASSIGN TO PRINTER.

 DATA DIVISION.

 FILE SECTION.

 FD  LISTE
     LABEL RECORD OMITTED
     DATA RECORD IS ZEILE.

 01  ZEILE                          PIC X(91).
```

```
WORKING-STORAGE SECTION.

 01   UEBERSCHRIFT                      PIC X(76)      VALUE IS
      " Seiten-Ueberschrift   ...   Seiten-Ueberschrift   ...   Sei
-         "ten-Ueberschrift".
 01   TABELLE-1                         PIC X(91)      VALUE IS
      " Tabellen-Ueberschrift-1   . . .  Tabellen-Ueberschrift-1
-         ". . .   Tabellen-Ueberschrift-1".
 01   TABELLE-2                         PIC X(91)      VALUE IS
      " Tabellen-Ueberschrift-2   . . .  Tabellen-Ueberschrift-2
-         ". . .   Tabellen-Ueberschrift-2".
 01   FUSSNOTE                          PIC X(91)      VALUE IS
      " Fuss-Note   . . .   Fuss-Note   . . .   Fuss-Note   . . .
-         " Fuss-Note   . . .   Fuss-Note".
 01   ZEILENZAHL                        PICTURE IS     999.

 01   INFORMATION.
      02  FILLER                        PIC X(20)     VALUE IS SPACES.
      02  FILLER      PIC X(19)      VALUE IS "Dies ist Zeile Nr. ".
      02  ZAHL                          PIC ZZ9.


 01   FUER-AUSGABE-PROZEDUR.
     02  ZEILENZAEHLER                 PICTURE IS     99.
     02  SEITENZAEHLER                 PICTURE IS     999.
     02  LEER                          PIC X          VALUE IS SPACE.

     02  SEITEN-UEBERSCHRIFT.
         05  SEITEN-KOPF               PIC X(76).
         05  FILLER                    PIC X(4)       VALUE SPACES.
         05  FILLER                    PIC X(6)       VALUE "Seite ".
         05  SEITE                     PIC ZZ9.
         05  FILLER                    PIC X          VALUE SPACES.
     02  TABELLEN-KOPF-1               PIC X(91).
     02  TABELLEN-KOPF-2               PIC X(91).
     02  DATEN                         PIC X(91).
     02  SEITEN-FUSS                   PIC X(91).

 PROCEDURE DIVISION.


 HAUPTPROGRAMM SECTION.
*************************

 VORBEREITUNG.
     OPEN OUTPUT LISTE.
     MOVE ZEROS TO ZEILENZAEHLER, SEITENZAEHLER, SEITE, ZAHL,
                   ZEILENZAHL.
     MOVE UEBERSCHRIFT TO SEITEN-KOPF.
     MOVE TABELLE-1 TO TABELLEN-KOPF-1.
     MOVE TABELLE-2 TO TABELLEN-KOPF-2.
     MOVE FUSSNOTE TO SEITEN-FUSS.
```

```
 RECHNUNG.
     PERFORM     WITH TEST BEFORE
          UNTIL ZEILENZAHL = 100
               ADD 1 TO ZEILENZAHL
               MOVE ZEILENZAHL TO ZAHL
               MOVE INFORMATION TO DATEN
               PERFORM AUSGABE
     END-PERFORM.

 ABSCHLUSS.
     MOVE "+++ SIC TRANSIT GLORIA MUNDI +++" TO DATEN.
     PERFORM AUSGABE.
     DISPLAY " Ausgegeben wurden ", ZAHL, " Zeilen."
                    UPON BILDSCHIRM.
     DISPLAY DATEN UPON BILDSCHIRM.
     CLOSE LISTE.
     STOP RUN.

 UNTERPROGRAMM SECTION.
************************

 AUSGABE.
     IF ZEILENZAEHLER = 0
          THEN
               PERFORM SEITEN-VORSCHUB
     END-IF.
     ADD 1 TO ZEILENZAEHLER.
     WRITE ZEILE FROM DATEN.
     IF ZEILENZAEHLER = 28
          THEN
               MOVE ZEROES TO ZEILENZAEHLER
     END-IF.

 SEITEN-VORSCHUB.
     IF SEITENZAEHLER NOT = 0
         THEN
            WRITE ZEILE FROM SEITEN-FUSS AFTER 2 LINES.
     END-IF.
     ADD 1 TO SEITENZAEHLER.
     MOVE SEITENZAEHLER TO SEITE.
     WRITE ZEILE FROM SEITEN-UEBERSCHRIFT AFTER NEUE-SEITE.
     WRITE ZEILE FROM TABELLEN-KOPF-1 AFTER 3 LINES.
     WRITE ZEILE FROM TABELLEN-KOPF-2 AFTER 1 LINE.
     WRITE ZEILE FROM LEER            AFTER 2 LINES.
```

Von den Ergebnissen sind nur die erste und letzte Seite wiedergegeben.

```
Seiten-Ueberschrift   ...   Seiten-Ueberschrift   ...   Seiten-Ueberschrift   Seite  1

Tabellen-Ueberschrift-1  . . .  Tabellen-Ueberschrift-1  . . .  Tabellen-Ueberschrift-1
Tabellen-Ueberschrift-2  . . .  Tabellen-Ueberschrift-2  . . .  Tabellen-Ueberschrift-2

             Dies ist Zeile Nr.  1
             Dies ist Zeile Nr.  2
             Dies ist Zeile Nr.  3
             Dies ist Zeile Nr.  4
             Dies ist Zeile Nr.  5
             Dies ist Zeile Nr.  6
             Dies ist Zeile Nr.  7
             Dies ist Zeile Nr.  8
             Dies ist Zeile Nr.  9
             Dies ist Zeile Nr. 10
             Dies ist Zeile Nr. 11
             Dies ist Zeile Nr. 12
             Dies ist Zeile Nr. 13
             Dies ist Zeile Nr. 14
             Dies ist Zeile Nr. 15
             Dies ist Zeile Nr. 16
             Dies ist Zeile Nr. 17
             Dies ist Zeile Nr. 18
             Dies ist Zeile Nr. 19
             Dies ist Zeile Nr. 20
             Dies ist Zeile Nr. 21
             Dies ist Zeile Nr. 22
             Dies ist Zeile Nr. 23
             Dies ist Zeile Nr. 24
             Dies ist Zeile Nr. 25
             Dies ist Zeile Nr. 26
             Dies ist Zeile Nr. 27
             Dies ist Zeile Nr. 28

Fuss-Note  . . .  Fuss-Note  . . .  Fuss-Note  . . .  Fuss-Note  . . .  Fuss-Note
```

```
Seiten-Ueberschrift   ...   Seiten-Ueberschrift   ...   Seiten-Ueberschrift   Seite  4

Tabellen-Ueberschrift-1   . . .  Tabellen-Ueberschrift-1   . . .  Tabellen-Ueberschrift-1
Tabellen-Ueberschrift-2   . . .  Tabellen-Ueberschrift-2   . . .  Tabellen-Ueberschrift-2

               Dies ist Zeile Nr.  85
               Dies ist Zeile Nr.  86
               Dies ist Zeile Nr.  87
               Dies ist Zeile Nr.  88
               Dies ist Zeile Nr.  89
               Dies ist Zeile Nr.  90
               Dies ist Zeile Nr.  91
               Dies ist Zeile Nr.  92
               Dies ist Zeile Nr.  93
               Dies ist Zeile Nr.  94
               Dies ist Zeile Nr.  95
               Dies ist Zeile Nr.  96
               Dies ist Zeile Nr.  97
               Dies ist Zeile Nr.  98
               Dies ist Zeile Nr.  99
               Dies ist Zeile Nr. 100
+++ SIC TRANSIT GLORIA MUNDI +++
```

Auf dem Bildschirm wurde ausgegeben:

```
Ausgegeben wurden 100 Zeilen.
+++ SIC TRANSIT GLORIA MUNDI +++
```

5.3.9 Übungsaufgabe 2

Fassen Sie die beiden Beispielprogramme dieses Kapitels (KULI und MINREP) zu einem einzigen Programm zusammen: das Auflisten der Adressen soll mit der Prozedur AUSGABE erfolgen. Als Vorschläge für die Rahmentexte seien "Adressen-Liste" für die Seitenüberschrift und "Fortsetzung nächste Seite" für die Fußnote genannt. Die Tabellenüberschriften ergeben sich von selbst.

Bei dieser Aufgabe taucht das Hauptproblem für COBOL-Übungen auf: Woher soll man die großen Datenmengen nehmen? Hier: Woher soll man die vielen Adressen nehmen? Zwei Antworten sind denkbar: Entweder besorgt man sich echte Adressen, oder man simuliert, indem man die Daten von KULI kopiert und so oft doppelt, bis man eine Datei erhält, die groß genug ist, um zu sehen, wie der Seitenwechsel funktioniert. Echte Adressen werden ein anderes Format haben. Daraus folgt, daß entsprechende Änderungen in der DATA DIVISION nötig sein werden.

5.3.10 Übungsaufgabe 3

Gegeben ist eine Adressen-Datei, wie in Übungsaufgabe 2. Aus diesen Adressen sind Aufkleber herzustellen, wie sie etwa zum Versand von Werbeschriften verwendet werden. Diese selbstklebenden Etiketten sind auf geöltem Papier angebracht, das sonst alle Eigenschaften des normalen Druckerpapiers hat, wie Randlochung, Perforation.

Beispiel für ein Aufkleber-Papier: Die Seite enthält, wie das normale Computerpapier, 72 Zeilen, ist aber nur 72 Zeichen breit. Auf einer Seite sind zwei Kolonnen von Aufklebern zu je acht Stück untergebracht. Zwischen den Aufklebern befindet sich ein Zwischenraum, der etwa eine Zeilenbreite bzw. zwei Zeichenbreiten beträgt. Damit ergibt sich als Aufkleberformat: Höhe 7 Zeilen, Breite 34 Zeichen. Die Aufgabe ist auf normalem Computerpapier zu simulieren.

6. Komplexere COBOL-Anweisungen

6.1 Berechnung von Formeln

6.1.1 COMPUTE

Um komplizierte Berechnungen leichter ausführen zu können, vor allem, wenn es sich um die Auswertung von Formeln handelt, benutzt man das Verbum COMPUTE:

```
COMPUTE Bezeichner-1 [ ROUNDED ] = Arithmetischer-Ausdruck
   [ ON SIZE ERROR unbedingter-Befehl ]
[ END-COMPUTE ]
```

Was ein arithmetischer Ausdruck ist, wird im folgenden Abschnitt erklärt. Rechts vom Gleichheitszeichen darf aber auch ein Literal oder ein einziger Bezeichner stehen. Diese einfache Anwendung des COMPUTE-Verbs wollen wir uns zunächst an Beispielen anschauen:

```
01  ERGEBNIS        PICTURE IS 9(4)V9(2).
01  TOTAL           PICTURE IS 9(6)V9(4).
    ...
    COMPUTE ERGEBNIS ROUNDED = TOTAL.
```

TOTAL hat nach dem Dezimalpunkt vier, ERGEBNIS nur zwei Stellen. Wenn man mit einem MOVE-Befehl den Inhalt von TOTAL nach ERGEBNIS schaffen will, werden die beiden letzten Stellen von TOTAL abgeschnitten. Benutzt man statt dessen das Verb COMPUTE, so wird neben dem Transport auch eine Rundung vorgenommen.

Mit dem COMPUTE-Verb kann man auch einen Überlauf abfangen:

```
COMPUTE ERGEBNIS = TOTAL
    ON SIZE ERROR PERFORM FEHLER
END-COMPUTE.
```

Wenn wir MOVE TOTAL TO ERGEBNIS schreiben, so findet die Bewegung sozusagen von links nach rechts statt. Schreiben wir dagegen COMPUTE ERGEBNIS = TOTAL, so wird in der umgekehrten Richtung bewegt, also von rechts nach links, d.h. entgegen der üblichen europäischen Leserichtung.

Das folgende Beispiel leitet zum nächsten Abschnitt über:

COMPUTE SUMME = A + B + C.

Die Inhalte der drei Felder A, B und C werden aufsummiert und das Ergebnis nach SUMME geschafft. Das, was auf der rechten Seite des Gleichheitszeichens steht, ist ein arithmetischer Ausdruck. Voraussetzung ist natürlich, daß die vier Felder A, B, C und SUMME zusammenpassen.

6.1.2 Arithmetische Ausdrücke

Ein arithmetischer Ausdruck ist eine Formel. Exakt kann man ihn folgendermaßen definieren, wobei die Definitionen 2 und 3 einen arithmetischen Ausdruck im eigentlichen Sinne ergeben:

Ein arithmetischer Ausdruck besteht

1.) aus einem Bezeichner, der ein numerisches Daten-Wort bezeichnet, oder aus einem numerischen Literal; oder

2.) aus mehreren arithmetischen Ausdrücken nach Definition 1, die durch arithmetische Operatoren verknüpft sind; oder

3.) aus einem oder mehreren, durch arithmetische Operatoren verknüpfte, in runde Klammern eingeschlossene arithmetische Ausdrücke nach Definition 1 und/oder Definition 2.

Definition 1 ist trivial; wir haben sie im vorigen Abschnitt bereits benutzt. Zu Definition 2 müssen wir wissen, was man in COBOL unter arithmetischen Operatoren versteht: Rechenzeichen. Im einzelnen werden in COBOL die üblichen arithmetischen Operationen durch folgende Zeichen dargestellt:

+	Addition	(plus)
-	Subtraktion	(minus)
*	Multiplikation	(mal)
/	Division	(durch)
**	Potenzierung	(hoch)

Die arithmetischen Operatoren werden immer in Zwischenräume eingeschlossen. Bezüglich der Hierarchie gelten die üblichen arithmetischen Regeln: Die Potenzierung "**" bindet am stärksten; dann kommen Multiplikation "*" und Division "/"; und schließlich Addition "+" und Subtraktion "-".

Will man diese Hierarchie durchbrechen, muß man Klammern setzen, wie auch sonst in der Arithmetik üblich; in COBOL stehen uns aber nur runde Klammern zur Verfügung. Daraus folgt, daß man beim Klammersetzen besonders aufpassen muß: jeder öffnenden Klammer "(" muß eine schließende Klammer ")" entsprechen. Vor "(" muß ein Zwischenraum stehen, nach ")" ein Zwischenraum oder ein Punkt. Um arithmetische Ausdrücke in COBOL besser lesbar zu machen, kann man zusätzlich Klammern setzen, ohne daß damit auf den Programmablauf ein verzögernder Einfluß ausgeübt wird.

Die folgenden <u>Beispiele</u> zeigen, wie das funktioniert

Nr.	Formel	COBOL-Ausdruck
1.	$2a + 2b$	2 * A + 2 * B
2.	$a^2 + b^2$	A ** 2 + B ** 2 oder A * A + B * B
3.	$\frac{4x^2}{y}$	4 * X ** 2 / Y oder (4 * X ** 2) / Y
4.	$2(a + b)$	2 * (A + B)

Nr.	Formel	COBOL-Ausdruck
5.	$\frac{a + b}{c + d}$	(A + B) / (C + D) aber
6.	a + b/c + d	A + B / C + D
7.	$\sqrt{x}$	X ** 0.5
8.	$\sqrt[n]{x}$	X ** (1. / N)
9.	$\frac{abx}{a^2 + b^2}$	A * B * X / (A ** 2 + B ** 2) (A * B * X) / (A ** 2 + B ** 2) (A * B * X) / (A * A + B * B)

Man erkennt am fünften und sechsten Beispiel deutlich, was das Setzen oder Nicht-Setzen von Klammern bewirkt. Am vierten und neunten Beispiel sieht man, daß das Zeichen für die Multiplikation nicht weggelassen werden darf - wie sonst vielfach in der Arithmetik üblich: ABX ist in COBOL nämlich verschieden von A * B * X, weil ABX ein Daten-Name ist, hingegen A * B * X ein arithmetischer Ausdruck. Im siebenten und achten Beispiel wird gezeigt, wie man Wurzeln ausrechnen kann, sowohl Quadratwurzeln als auch beliebig "krumme" (Analoges gilt für "krumme" Exponenten). Schließlich wird an einigen Beispielen deutlich, daß eine Formel auf verschiedene Weisen in die Programmiersprache COBOL "übersetzt" werden kann.

Es folgen weitere Beispiele: Die Berechnung der Kreisfläche

$$F = r^2 \pi$$

sieht in COBOL folgendermaßen aus:

```
COMPUTE KREIS-FLAECHE = R ** 2 * PI.
```

oder die Berechnung aus Abschnitt 4.7.4:

```
COMPUTE BRUTTO-LOHN ROUNDED = STD-LOHN * (STUNDEN +
    .5 * (STUNDEN - 38)
    ON SIZE ERROR PERFORM STUNDEN-FEHLER
END-COMPUTE.
```

6.1.3 Zahlendarstellung intern

Im Zusammenhang mit dem COMPUTE-Verb müssen wir nochmals auf die Zahlendarstellung intern, d.h. in der Maschine, zurückkommen. Wie bekannt, unterscheidet man drei Zahlendarstellungen, von denen wir bisher aber nur die erste benutzt haben:

1.) Dezimalzahlen, d.h. Darstellung der Zahlen in Zeichen zu - im allgemeinen - 8 Bit (Je Ziffer wird ein Byte benötigt).

2.) Duale Festpunktzahlen (Ganzzahlen), die in anderen Programmiersprachen auch INTEGER-Zahlen heißen.

3.) Duale Gleitpunktzahlen, die in anderen Programmiersprachen auch REAL-Zahlen heißen.

Während die Dezimalzahlen variable Länge haben, nämlich 1 bis 18 Ziffern (Zeichen), nehmen die Dualzahlen (Festpunkt oder Gleitpunkt) meist genau ein oder zwei Maschinenworte ein. Ergänzend zur Darstellung 3 gibt es vielfach noch

4.) Duale Gleitpunktzahlen doppelt genau, die in anderen Programmiersprachen auch DOUBLE-PERCISION-Zahlen (REAL*8) heißen.

Da zur binären Darstellung einer dezimalen Ziffer nur vier Bits gebraucht werden, ist die erste Zahlendarstellung sehr platzaufwendig, denn man verbraucht genau doppelt so viel Bits wie eigentlich nötig wäre. Deshalb hat man noch eine Variante zur Darstellung der Dezimalzahlen geschaffen:

5.) <u>Dezimalzahlen in gepackter Darstellung</u>, d.h. in komprimierter Form.

Was das bedeutet, soll an der binären Darstellung der Zahl 89, genauer der zwei Ziffern 8 und 9, gezeigt werden:

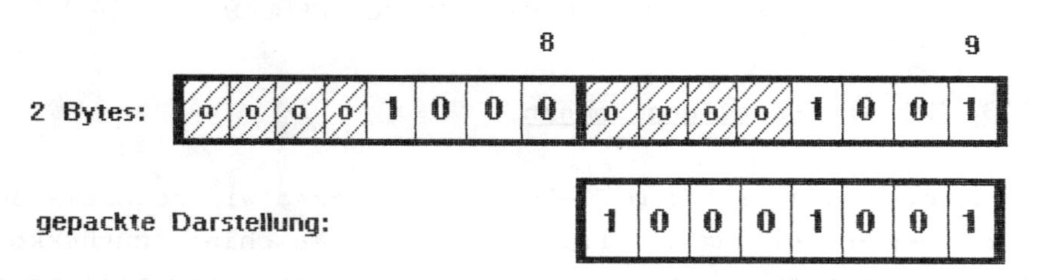

Die kleinen Nullen stellen zur Zahlendarstellung überflüssige Nullen bzw. Bits dar, während die großen Nullen notwendig sind.

Daß die gepackte Darstellung sinnvoll ist, braucht nun nicht weiter begründet zu werden. Viele Computer haben überdies für die Bearbeitung von Zahlen in gepackter Darstellung spezielle Maschinenbefehle. Nur eines sei noch gesagt: Die obige Beschreibung muß insofern korrigiert werden, als die letzte Ziffer einer Zahl in gepackter Darstellung trotzdem ein ganzes Byte beansprucht, weil das Vorzeichen noch darin untergebracht werden muß.

Bei vielen Maschinen wird die Darstellung 1 (also in Bytes) nur für Ein- und Ausgaben benutzt. Zum Rechnen müssen die Zahlen "gepackt" werden, und nach dem Rechnen müssen sie zur Ausgabe wieder "entpackt" werden. Das macht man mit dem MOVE-Befehl (vgl. Seite 88).

6.1.4 <u>USAGE</u>

Diese vielen verschiedenen Zahlendarstellungen müssen natürlich in einem COBOL-Programm irgendwie zum Ausdruck gebracht werden. Das geschieht mit einem Zusatz bei der Datenbeschreibung in der DATA DIVISION; und zwar mit der USAGE-Klausel:

USAGE IS { BINARY | COMPUTATIONAL | COMP | COMPUTATIONAL-n | COMP-n | DISPLAY | PACKED-DECIMAL }

USAGE IS BINARY bezeichnet die Zahlendarstellung 2, also duale Festpunktzahl (zur Basis 2, wie die Vorschrift [ANSI 85] explizit angibt).

USAGE IS COMPUTATIONAL bezeichnet eine (nicht näher festgelegte) Darstellung zum Rechnen; meist ist COMPUTATIONAL gleichbedeutend mit BINARY.

COMP ist eine Abkürzung für COMPUTATIONAL; "n" in COMP-n bzw. COMPUTATIONAL-n bezeichnet eine Ziffer zwischen 1 und 9. COMPUTATIONAL-n und COMP-n sind Angaben, die in ANS-COBOL (sowohl COBOL 68 als auch COBOL 74 und COBOL 85!) nicht erlaubt sind, jedoch bei den meisten Compilern verwendet werden für die eine oder andere der oben genannten oder auch weitere Zahlendarstellungen. Leider ist die Bedeutung dieser COBOL-Wörter nicht einheitlich. Durch die Erweiterungen in COBOL 85 sind aber die meisten COMP-n-Angaben der gängigen Compiler überflüssig geworden. Bei den meisten Compilern bezeichnet

- COMP-1 Zahlendarstellung 3, also Gleitpunktzahlen,
- COMP-2 Zahlendarstellung 4 und
- COMP-3 Zahlendarstellung 5, also PACKED-DECIMAL.

USAGE IS DISPLAY bezeichnet die Datendarstellung in Zeichen bzw. Bytes, d.h. bei Zahlen die Darstellung 1. Fehlt die USAGE-Klausel, wird USAGE IS DISPLAY angenommen.

USAGE IS PACKED-DECIMAL bezeichnet Zahlendarstellung 5.

Bei vielen Systemen ist USAGE IS DISPLAY und USAGE IS COMPUTATIONAL äquivalent; man kann also in dieser Daten- bzw. Zahlendarstellung rechnen.

Aus Gründen der Kompatibilität mit anderen COBOL-Compilern sollte man sich gesonderte Rechenbereiche schaffen (USAGE IS COMP usf.), in die man die Eingabedaten (USAGE IS DISPLAY) mittels MOVE hineinschafft, wodurch die nötigen Umwandlungen ausgeführt werden. Entsprechend schafft man die fertigen Daten aus dem Rechenbereich in den Ausgabebereich (USAGE IS DISPLAY). (Vgl. Seite 88).

Es gibt auch Maschinen,die verschiedene Zeichendarstellungen kennen (Byte-Größen ≠ 8 Bit!). Bei ihnen unterscheidet man mit DISPLAY-n diese verschiedenen Darstellungsweisen.

Schließlich bieten manche Compiler für Gleitpunktzahlen noch eine besondere Maske zur PICTURE-Klausel an, die es gestattet, den gesamten Bereich, den die Gleitpunktzahlen erfassen, im Druck darzustellen (vgl. Seite 52).

6.1.5 Programm 4: KUGEL

Mit diesem Beispiel-Programm soll gezeigt werden, was das COMPUTE-Verb leistet. Die Aufgabe lautet: zu einem gegebenen Volumen soll der Radius der Kugel ausgerechnet werden.

Die Formel für das Kugelvolumen ist bekanntlich

$$V = \frac{4}{3} r^3 \pi$$

Daraus errechnet sich der Radius zu:

$$r = \sqrt[3]{\frac{3V}{4\pi}}$$

Das nachfolgende Beispielprogramm KUGEL ist mit dem COBOL-85-Compiler des Software-Hauses "mbp" in Dortmund auf dem Computer CADMUS 9000 der Firma PCS in München unter dem Betriebssystem MUNIX, einer UNIX-Variante, übersetzt, ausgetestet und gelaufen:

```
 IDENTIFICATION DIVISION.

 PROGRAM-ID.    KUGEL.
*   Berechnung des Kugelradius  R  aus dem Kugelvolumen  V .
*       Die Volumen-Werte laufen von 10 bis 1000,
*       die Schrittweite ist 10.

*   Gerechnet wird mit Zahlen in gepackter Darstellung, d.h.
*       mit  USAGE IS PACKED-DECIMAL.

 ENVIRONMENT DIVISION.

 CONFIGURATION SECTION.

 SOURCE-COMPUTER.  CADMUS-9000.
 OBJECT-COMPUTER.  CADMUS-9000.

 SPECIAL-NAMES.
     CONSOLE IS BILDSCHIRM.

 INPUT-OUTPUT SECTION.

 FILE-CONTROL.
     SELECT ERGEBNIS   ASSIGN TO "LISTE".


 DATA DIVISION.


 FILE SECTION.

 FD  ERGEBNIS.

 01  AUSGABE-ZEILE       PICTURE IS X(43).
```

```
WORKING-STORAGE SECTION.

01  KONSTANTE.
    02  PI           USAGE IS PACKED-DECIMAL
                     PICTURE IS S9V9(8)
                     VALUE IS 3.14159265.

01  VARIABLE.
    02  R            USAGE IS PACKED-DECIMAL.
                     PICTURE IS S9(4)V9(8)
    02  V            USAGE IS PACKED-DECIMAL.
                     PICTURE IS S9(4)V9(8)
01  TEXTE.
    02  UEBERSCHRIFT        PIC X(33)  VALUE IS
                " Der Kugel  Volumen  und  Radius".
    02  ENDEMELDUNG      PIC X(40)  VALUE IS
                " *** Ach, ich bin des Treibens muede ***".
*               Goethe am 12. Februar 1776 an Frau vom Stein.

01  ZEILE.
    02  FILLER           PIC X(13) VALUE SPACES.
    02  VOLUMEN          PIC Z(3)9.9.
    02  FILLER           PIC X(4)  VALUE SPACES.
    02  RADIUS           PIC Z(3)9.9(4).

PROCEDURE DIVISION.

PROLOG.
    OPEN OUTPUT ERGEBNIS.
    MOVE ZEROES TO V.
    MOVE SPACES TO AUSGABE-ZEILE.
    WRITE AUSGABE-ZEILE FROM UEBERSCHRIFT
              BEFORE ADVANCING 2 LINES.

SCHLEIFE.
    PERFORM    WITH TEST BEFORE   UNTIL V >= 1000
        COMPUTE  V = V + 10
        COMPUTE  R = (( 3 * V) / (4 * PI)) ** (1 / 3)
        MOVE V TO VOLUMEN
        MOVE R TO RADIUS
        WRITE AUSGABE-ZEILE FROM ZEILE
              BEFORE ADVANCING 1 LINE
    END-PERFORM.

EPILOG.
    WRITE AUSGABE-ZEILE FROM ENDEMELDUNG
              BEFORE ADVANCING 1 LINE.
    DISPLAY ENDEMELDUNG UPON BILDSCHIRM.
    CLOSE ERGEBNIS.
    STOP RUN.
```

Und dies sind die Ergebnisse (Anfang und Ende der Liste):

```
Der Kugel  Volumen  und  Radius
               10.0        1.3365
               20.0        1.6839
               30.0        1.9276
               40.0        2.1216
               50.0        2.2854
               60.0        2.4286
               70.0        2.5566
               80.0        2.6730
               90.0        2.7800
              100.0        2.8794
              110.0        2.9724

              .....        ......

              920.0        6.0335
              930.0        6.0552
              940.0        6.0769
              950.0        6.0983
              960.0        6.1197
              970.0        6.1408
              980.0        6.1619
              990.0        6.1828
             1000.0        6.2035
*** Ach, ich bin des Treibens muede ***
```

<u>Anmerkung:</u> Dieses Programm ist auf Computern verschiedener Hersteller und mit verschiedenen Zahlendarstellungen gelaufen. Die Ergebnisse sind - wie nicht anders zu erwarten - überall die gleichen.

Vor COMPUTE ROUNDED mit Gleitpunktzahlen muß jedoch gewarnt werden (ROUNDED ist bei Gleitpunktzahlen überflüssig, weil immer gerundet wird): einige Compiler ignorieren ROUNDED, andere geben Warnungen aus, und wieder andere liefern einfach falsche Zahlen ab!

6.2 INSPECT

INSPECT ist eine besonders interessante COBOL-Anweisung. Mit Hilfe des INSPECT-Verbs kann man zählen, wie oft ein bestimmtes Literal in einem Datenfeld vorkommt, man kann auch bestimmte Literale durch andere Literale ersetzen, etc..

Es gibt vier Formate des INSPECT-Verbs. Hier werden nur zwei vorgestellt, und dies in vereinfachter Form.

Format 1:

```
INSPECT  Bezeichner-1  TALLYING  Bezeichner-2  FOR

{         CHARACTERS                     [{BEFORE} INITIAL {Bezeichner-4}] }
{                                        [{AFTER }         {Literal-2   }] }
{ {ALL    } {Bezeichner-3}               [{BEFORE} INITIAL {Bezeichner-4}] }
{ {LEADING} {Literal-1   }               [{AFTER }         {Literal-2   }] }
```

Format 2:

```
INSPECT  Bezeichner-1  REPLACING

{         CHARACTERS              BY {Bezeichner-5} }
{                                    {Literal-3   } }
{ {ALL    }                                          }
{ {LEADING} {Bezeichner-3}        BY {Bezeichner-5} }
{ {FIRST  } {Literal-1   }           {Literal-3   } }

                       [{BEFORE} INITIAL {Bezeichner-4}] }
                       [{AFTER }         {Literal-2   }] }
                       [{BEFORE} INITIAL {Bezeichner-4}] }
                       [{AFTER }         {Literal-2   }] }
```

Das ist natürlich auf den ersten Blick eine etwas verwirrende Angelegenheit. Wir betrachten zunächst <u>Format 1</u>. Bezeichner-1 ist das zu inspizierende (zu untersuchende) Datenfeld, das stets vom Typ DISPLAY sein muß, also PIC X(..). Bezeichner-2 ist ein Zähler, in dem das Ergebnis des Zählens (TALLYING) abgelegt wird, also eine Anzahl; dieses Feld muß demnach numerisch sein. Die Zähler kann man etwa folgendermaßen definieren:

```
    01  ZAEHLER.
        02  TALLY-1    PIC 9(5)    USAGE IS COMPUTATIONAL.
        02  TALLY-2    PIC 9(5)    USAGE IS COMPUTATIONAL.
            ...
```

Das durch Bezeichner-3 bzw. Literal-1 angegebene Literal darf auch aus mehreren Zeichen bestehen.

Wir betrachten zuerst die untere Variante von Format 1 des INSPECT-Verbs, d.h. wir wollen alle oder führende Literale zählen. Wie das funktioniert wird am besten an Beispielen klar:

Nehmen wir an, wir hätten ein Datenfeld

```
02  SUMME     PIC X(8)   VALUE IS "00008044".
```

bzw. grafisch dargestellt

SUMME:

0	0	0	0	8	0	4	4

Wenn wir nun schreiben

```
INSPECT SUMME  TALLYING TALLY-1  FOR ALL ZEROES
```

so erhalten wir in TALLY-1 den Wert 5, denn in SUMME sind genau fünf Nullen enthalten. Schreiben wir dagegen

```
INSPECT SUMME  TALLYING TALLY-2  FOR ALL "4"
```

so finden wir in TALLY-2 den Wert 2, denn in SUMME sind 2 Vieren enthalten. Und schreiben wir schließlich

```
INSPECT SUMME  TALLYING TALLY-3  FOR LEADING ZEROES
```

so erhalten wir in TALLY-3 den Wert 4, denn im Gegensatz zum ersten Beispiel haben wir jetzt nur die "führenden" Nullen gezählt.

Jetzt betrachten wir die obere Variante von Format 1: Wir zählen Literale überhaupt. Wenn wir wissen wollen, wieviel Zeichen vor der ersten Vier stehen, so schreiben wir

```
INSPECT SUMME  TALLYING TALLY-4  FOR CHARACTERS
                    BEFORE INITIAL "4"
```

In TALLY-4 finden wir den Wert 6, denn vor der ersten Vier stehen fünf Nullen und eine Acht.

Fassen wir zusammen: INSPECT ... TALLYING ... zählt.

FOR CHARACTERS: INSPECT zählt die Anzahl der Zeichen überhaupt, bzw. vor oder nach dem ersten Auftreten eines bestimmten Literals.

FOR ALL bzw. LEADING: INSPECT zählt wie oft das angegebene Literal überhaupt vorkommt, wie oft als führendes Literal, bzw. vor oder nach dem ersten Auftreten eines bestimmten Literals.

Jetzt betrachten wir das Format 2 des INSPECT-Verbs: Wir zählen jetzt nicht, sondern wir ersetzen ein Literal durch ein anderes nach den angegebenen Bedingungen.

Wir wollen das an Beispielen erläutern. Dabei gehen wir wieder von dem gleichen Datenfeld SUMME aus wie oben.

Wenn wir nun schreiben

```
INSPECT SUMME  REPLACING ALL ZEROES BY "9"
```

so werden alle Nullen durch Neunen ersetzt:

SUMME vorher :	0	0	0	0	8	0	4	4
SUMME nachher :	9	9	9	9	8	9	4	4

Schreiben wir dagegen

```
INSPECT SUMME  REPLACING LEADING "9" BY ZERO
```

so werden die führenden Neunen durch Nullen ersetzt:

SUMME vorher :	9	9	9	9	8	9	4	4
SUMME nachher :	0	0	0	0	8	9	4	4

Schreiben wir weiter

```
INSPECT SUMME  REPLACING CHARACTERS BY "5"
                         BEFORE INITIAL "9"
```

so werden alle Zeichen durch Fünfen ersetzt, die vor der ersten Neun stehen:

SUMME vorher :	0	0	0	0	8	9	4	4
SUMME nachher :	5	5	5	5	5	9	4	4

Schreiben wir schließlich

```
INSPECT SUMME  REPLACING FIRST "4" BY "6"
```

so wird die erste Vier durch eine Sechs ersetzt:

SUMME vorher :	5	5	5	5	5	9	4	4
SUMME nachher :	5	5	5	5	5	9	6	4

Fassen wir zusammen: INSPECT ... REPLACING ... ersetzt.

CHARACTERS BY: INSPECT ersetzt alle Zeichen überhaupt durch ein anderes Zeichen (Literal-3 darf natürlich hier nur ein Zeichen lang sein), bzw. vor oder nach dem ersten Auftreten eines bestimmten Literals.

ALL bzw. LEADING bzw. FIRST ... BY: INSPECT ersetzt alle bzw. führende Literale bzw. das erste Literal durch ein anderes, gegebenenfalls vor oder nach dem ersten Auftreten eines bestimmten Literals.

Ergänzend sei noch angemerkt, daß die TALLYING- bzw. REPLACING-Klauseln mehrmals in einer INSPECT-Anweisung vorkommen dürfen. Schließlich dürfen beide gemeinsam in einer Anweisung vorkommen. Bitte schauen Sie deswegen in Ihr Handbuch!

In COBOL 68 hieß das dem INSPECT entsprechende Verb EXAMINE. Es gibt heute noch Compiler, welche EXAMINE aus Kompatibilitätsgründen unterstützen. EXAMINE benutzt ein Software-Register TALLY anstelle Bezeichner-2 in Format-1 von INSPECT.

6.3 Tabellenverarbeitung

6.3.1 OCCURS

Bei vielen Problemen ist es notwendig, die Daten in Tabellenform abzuspeichern. Das bedeutet, daß Datenfelder mit gleichen Daten-Namen und gleichem Format vorkommen, die man nur durch eine laufende Nummer unterscheiden kann. Allen diesen Datenfeldern individuelle Namen zu geben und sie einzeln in der DATA DIVISION aufzuführen, ist sehr lästig. Man umgeht das, in dem man die OCCURS-Klausel verwendet, die angibt, wie oft dieser betreffende Daten-Name vorkommt:

OCCURS Ganzzahl TIMES

Beispiel:

```
01  TABELLE.
    02  ELEMENT         PIC X(4)      OCCURS 12 TIMES.
```

Das Datenfeld TABELLE wird in 12 gleichgroße Datenfelder unterteilt, die alle ELEMENT heißen, also:

```
TABELLE:  1-tes ELEMENT    PIC X(4).
          2-tes ELEMENT    PIC X(4).
          ...
         12-tes ELEMENT    PIC X(4).
```

Kommt bei einer Datenbeschreibung die OCCURS-Klausel vor, darf die VALUE-Klausel nicht verwendet werden.

6.3.2 Subskript

Die Elemente der Tabelle spricht man dadurch an, daß man hinter den betreffenden Daten-Namen bzw. den Bezeichnern die in Klammern eingeschlossene Nummer anfügt. Diese Nummer heißt Subskript (subscript). Als Subskripte sind nur natürliche Zahlen zugelassen, d.h. 1, 2, 3, ...; also weder negative ganze Zahlen noch die Null, ganz zu schweigen von Zahlen mit Dezimalpunkt oder gar arithmetischen Ausdrücken.

Subskripte werden in Klammern eingeschlossen. Achten Sie darauf, daß vor "(" und nach ")" mindestens ein Zwischenraum stehen muß, und daß nach "(" und vor ")" kein Zwischenraum stehen darf.

Beispiel:

```
MOVE ELEMENT OF TABELLE (5) TO ...
```

Das 5-te Tabellen-Element wird umgespeichert. Diese Art zu subskribieren nennt man direkt.

Anstelle der Nummer, d.h. des ganzzahligen Literals, kann man auch einen Daten-Namen angeben, der eine natürliche Zahl bezeichnen muß. Dann wird der Wert, der in dem betreffenden Datenfeld abgelegt ist, als Subskript verwendet.

Beispiel:

```
01  ZEIGER              PIC 9(2).
    ...
    MOVE 11 TO ZEIGER.
    ...
    IF ELEMENT (ZEIGER) = SPACES
       PERFORM DATEN-FEHLER
    END-IF.
```

Es wird das 11-te Element (der Tabelle) untersucht. Diese Art zu subskribieren nennt man indirekt, weil man auf dem Umweg über ZEIGER die Subskribierung vornimmt.

6.3.3 REDEFINES

Indem man einer Datei-Beschreibung (FD-Anweisung) mehrere Datensatz-Beschreibungen beifügt, kann man ein und denselben Arbeitsspeicherbereich (Puffer) in der FILE SECTION verschieden interpretieren. Mit der REDEFINES-Klausel ist auch in der WORKING-STORAGE SECTION diese Möglichkeit gegeben, d.h. man kann einen Arbeitsbereich umdefinieren:

Stufen-Nummer Daten-Name-1 REDEFINES Daten-Name-2

Die REDEFINES-Klausel muß unmittelbar auf Daten-Name-1 folgen. Als Stufen-Nummer sind alle Stufen-Nummern zugelassen (außer 66 und 88), d.h. man kann auch Teile eines Datenfeldes umdefinieren.

Beispiel:

```
FILE SECTION.

FD  ...
    DATA RECORES ARE A, B.
01  A.
    ...
01  B.
    ...

WORKING-STORAGE SECTION.

01  Y.
    ...
01  Z.
    ...
```

Während A und B den gleichen Arbeitsspeicherbereich bezeichnen, nur verschieden interpretiert, bezeichnen Y und X verschiedene Arbeitsspeicherbereiche. Schreibt man aber

```
01  Z; REDEFINES Y.
```

so hat man den gleichen Effekt erzielt wie in der FILE SECTION mit den Datensatz-Beschreibungen A und B : Y und Z bezeichnen jetzt den gleichen Arbeitsspeicherbereich, den man nun je nach Bedarf verschieden interpretieren kann. Insbesondere ist auch erlaubt, daß ein und dasselbe Zeichen z.B. in Y numerisch und in Z alphabetisch sein kann. Beispiele dazu folgen in den nächsten Abschnitten.

Zwei oder mehr Datenbeschreibungen, die mittels der REDEFINES-Klausel umdefiniert worden sind, die sich also überlappen, dürfen nicht durch andere Eintragungen getrennt werden, d.h. sie müssen im Programm aufeinander folgen.

Mit der REDEFINES-Klausel hat man nun die Möglichkeit, auch in Datenfeldern, die mittels der OCCURS-Klausel als Tabellen definiert wurden, Werte durch die VALUE-Klausel einzutragen;

denn, wie bereits gesagt, schließen sich die VALUE-Klausel und die OCCURS-Klausel gegenseitig aus. Wie man eine Tabelle mit (konstanten) Werten füllt, zeigt das nachfolgende Beispiel-Programm WOCHE.

<u>Anmerkung:</u> Anfänger verwechseln gern RENAMES und REDEFINES. Die RENAMES-Klausel "nennt um", d.h. faßt bestehende Datenfelder anders zusammen und vergibt ihnen neue Namen. REDEFINES "definiert um", d.h. interpretiert neu, legt eine neue Struktur über die alte.

6.3.4 Programm 5: WOCHE

Das folgende Beispiel-Programm soll das Arbeiten mit einem Subskript vorführen sowie die Anwendung der REDEFINES-Klausel. Es ist auf einem System PCS CADMUS 9000 gelaufen (COBOL-85-Compiler von "mbp").

In der WORKING-STORAGE SECTION ist ein Daten-Element ZEIGER definiert, das als Subskript dient. Weiter finden Sie ein Datenfeld WOCHENTAGE, das 70 Zeichen lang ist und die Namen der sieben Wochentage enthält. Um nun die Wochentage einzeln ansprechen zu können, muß man dieses Feld so umdefnieren, daß es in sieben Teilfelder unterteilt werden kann, die je zehn Zeichen lang sind. Das ist mit der Datenbeschreibung WOCHE geschehen.

In der WOCHEN-PROZEDUR wird nun jeweils auf ZEIGER eine Eins, addiert, um so den nächsten Wochentag ausgeben zu können: *0 + 1 = 1* weist auf Montag, *1 + 1 = 2* weist auf Dienstag, *2 + 1 = 3* weist auf Mittwoch, usw.

Nachstehend finden Sie die Auflistung des Programms und anschließend die Ergebnisse.

```
 IDENTIFICATION DIVISION.

 PROGRAM-ID.    WOCHE.
*   Dieses Programm druckt tabulierte Wochentage aus.

 ENVIRONMENT DIVISION.

 CONFIGURATION SECTION.

 SOURCE-COMPUTER.  CADMUS-9000.
 OBJECT-COMPUTER.  CADMUS-9000.

 SPECIAL-NAMES.
     CONSOLE IS BILDSCHIRM.

 DATA DIVISION.

 WORKING-STORAGE SECTION.

 01   ZEIGER            PICTURE IS 9    VALUE IS ZERO.

 01   WOCHENTAGE.
      02  FILLER                   PIC X(70)  VALUE IS
          "Montag    Dienstag  Mittwoch  DonnerstagFreitag   Sonnab
-         "end Sonntag".

 01   WOCHE        REDEFINES WOCHENTAGE.
      02  TAG      OCCURS 7 TIMES   PICTURE IS X(10).


 PROCEDURE DIVISION.

 HAUPTPROGRAMM.
     PERFORM  3 TIMES
         DISPLAY SPACE UPON BILDSCHIRM
     END-PERFORM.
     MOVE ZERO TO ZEIGER.

     PERFORM WOCHEN-PROZEDUR 7 TIMES.

     PERFORM  2 TIMES
         DISPLAY SPACE UPON BILDSCHIRM
     END-PERFORM.
     DISPLAY "*** So schaff ich am sausenden Webstuhl der Zeit. **
-           "*"  UPON BILDSCHIRM.
     STOP RUN.

* . . . . . Unterprogramm . . . . . *

 WOCHEN-PROZEDUR.
     ADD 1 TO ZEIGER.
     DISPLAY "    ", TAG (ZEIGER) UPON BILDSCHIRM.
```

Ergebnisauflistung:

```
Montag
Dienstag
Mittwoch
Donnerstag
Freitag
Sonnabend
Sonntag

*** So schaff ich am sausenden Webstuhl der Zeit. ***
```

6.3.5 Mehrdimensionale Tabellen

Es sind nicht nur einfache Tabellen in COBOL zugelassen. Will man z.B. die monatlichen Verkäufe von 10 Jahren in einer Tabelle zusammenfassen, so kann man diese Tabelle etwa folgendermaßen definieren:

```
01  VERKAEUFE.
    02  JAHR          OCCURS 10 TIMES.
        03  MONAT     OCCURS 12;    PIC 9(7)V9(2).
```

Das liefert eine Tabelle mit 120 Eintragungen zu je 9 Zeichen, die etwa so aussieht:

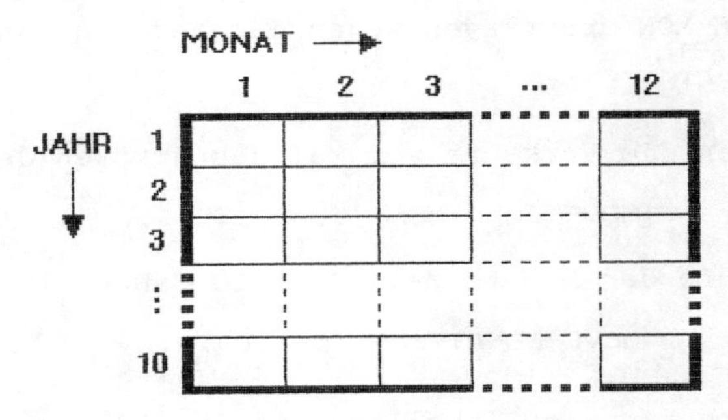

Will man die Verkäufe vom Mai des dritten Jahres haben, so schreibt man

```
MOVE MONAT (3, 5) TO ...
```

d.h. man setzt die beiden Subskripte, durch ein Komma mit nachfolgendem Zwischenraum getrennt, nebeneinander. Das erste Subskript weist auf den übergeordneten Begriff, also das Jahr, und das zweite auf den untergeordneten, also den Monat.

Will man alle 12 Monats-Verkäufe des siebenten Jahres haben, so schreibt man

```
MOVE JAHR (7) TO ...
```

Es werden dann alle 12 Eintragungen des 7-ten Jahres als ein Datenfeld von 12 . 9 = 108 Zeichen Länge aufgefaßt und umgespeichert. Dieses Umspeichern ist ein einfaches Kopieren, im Gegensatz zu MOVE CORRESPONDING, welches bei Tabellen, also bei subskribierten Datenfeldern, nicht erlaubt ist.

Alle Verkäufe eines Monats über alle 10 Jahre analog mit einem MOVE anzusprechen, ist nicht möglich, weil MONAT dem JAHR untergeordnet ist. Will man das dennoch tun, muß man ein zweites Datenfeld einrichten, etwa so:

```
01  VERKAEUFE-MON.
    02  MONAT-MON     OCCURS 12 TIMES.
        03  JAHR-MON  OCCURS 10;    PIC 9(7)V9(2).
```

Außerdem muß man den Inhalt von VERKAEUFE elementweise (!) nach VERKAEUFE-MON übertragen wegen der anderen Anordnung im Arbeitsspeicher.

Dann erhält man die Verkäufe vom Mai des dritten Jahres mit

```
MOVE JAHR-MON (5, 3) TO ...
```

und die Verkäufe des Monats Mai aller 10 Jahre mit

```
MOVE MONAT-MON (5) TO ...
```

Neben <u>zwei</u>dimensionalen Tabellen sind in COBOL auch <u>drei</u>- und (neu in COBOL 85) <u>mehrdimensionale Tabellen</u> zugelassen, die im Prinzip wie zweidimensionale Tabellen aufgebaut sind. Weil die Verarbeitung drei- und mehrdimensionaler Tabellen gegenüber zweidimensionaler Tabellen nichts wesentlich Neues bringt (die OCCURS-Klausel kommt nur drei- und mehrmals hintereinandergeschachtelt vor), brauchen wir hier nicht weiter darauf einzugehen.

6.3.6 EXIT.

Bei der Verarbeitung von Tabellen - aber nicht nur da - kann es vorkommen, daß mehrere Paragraphen zu einer Prozedur zusammengefaßt werden müssen. Wenn nun inmitten einer solchen zusammengesetzten Prozedur eine Bedingung auftritt, die zu einem vorfristigen Rücksprung in das rufende Programm führt, stößt man auf Schwierigkeiten; denn wenn die Prozedur mit dem PERFORM-Verb aufgerufen worden ist, erfolgt der Rücksprung bekanntlich vom Ende der Prozedur aus (vgl. dazu Abschnitte 4.8.2 bis 4.8.4).

Um diesen Schwierigkeiten zu entgehen, richtet man einen besonderen Paragraphen ein (meist als letzten Paragraphen der Prozedur), der eine einzige Anweisung enthält:

EXIT.

Dieses EXIT führt zu keiner Aktion des Computers, sondern hat nur eine Funktion in der Programmlogik, nimmt also weder Arbeitsspeicherplatz noch Ausführungszeit in Anspruch. Außer EXIT darf der Paragraph keine weiteren Anweisungen enthalten.

Das folgende Beispiel zeigt die Anwendung von EXIT:

```
EINGANG-DER-RECHNUNG.
    MOVE ZEROES TO ...
    ...

RECHNUNG.
    ...
    IF ...  GO TO ENDE-DER-RECHNUNG.
    ...

ENDE-DER RECHNUNG.
    EXIT.
```

Ruft man diese Prozedur mit

```
PERFORM EINGANG-DER-RECHNUNG THROUGH ENDE-DER-RECHNUNG
```

auf, so erfolgt die Abarbeitung wie beabsichtigt; die Kontrolle wird nicht nur vom Ende des Paragraphen RECHNUNG sondern auch von der IF-Anweisung an das Ende der Prozedur weitergeleitet, von wo aus der Rücksprung in das rufende Programm erfolgt.

Das obige Beispiel ist ein "Schnürsenkel"-Programm, wie auf Seite 145 f. geschildert. Die dort genannte Umstrukturierung der Schleifenbildung, oder allgemeiner: die konsequente Anwendung der Strukturierten Programmierung (COBOL 85 stellt die Hilfsmittel ja zur Verfügung!) macht den "EXIT-Paragraphen" überflüssig.

6.3.7 <u>Übungsaufgabe 4</u>

Versuchen Sie die im Abschnitt 6.3.5 angegebene Tabelle der Verkäufe auf geeignete Weise auszudrucken.

Weil MOVE CORRESPONDING bei Tabellen nicht erlaubt ist, müssen Sie zur Lösung dieser Aufgabe zwei Programmschleifen ineinanderschachteln: eine innere Schleife zur Verarbeitung der Elemente einer Zeile, und eine äußere Schleife zur Abarbeitung der Zeilen nacheinander. Versäumen Sie nicht, die Tabelle mit entsprechenden Überschriften etc. zu versehen; auch eine gute Druckaufbereitung (vgl. Abschnitt 4.7.2) ist wichtig.

Damit Sie die Aufgabe besser kontrollieren können, füllen Sie die Tabelle vorher mit eindeutigen Zahlen, etwa

Nummer-des-Jahres mal 1000 + Nummer-des-Monats,

so daß der Mai des 3-ten Jahres den Wert 3005,00 bekommt.

Die Aufgabe besteht also aus drei Teilen:

1.) Füllen der Tabelle mit geeigneten Werten.
2.) Umspeichern der Tabellenwerte zum Ausdrucken.
3.) Ausdrucken der Tabelle.

6.3.8 PERFORM ... VARYING

Die jetzt zu besprechende Erweiterung der PERFORM-Anweisung ist vor allem dafür gedacht, das Verarbeiten von Tabellen zu vereinfachen, also die Schwierigkeiten zu umgehen, die in der Übungsaufgabe 4 aufgetreten sind. Die Subskripte, oder allgemeiner: Laufvariable, werden in der vorgeschriebenen Anordnung auf gegebene Anfangswerte gesetzt, nach jedem Durchlaufen der Prozedur um einen wohldefinierten Wert erhöht (weitergesetzt), bis eine Ende-Bedingung erfüllt ist; dann bricht die Verarbeitung der Schleife ab. Dieser Prozeß kann mehrmals ineinander bzw. hintereinandergerschachtelt werden, da Tabellen mehrere Dimensionen haben dürfen.

```
PERFORM [ Prozedur-Name-1 [ { THROUGH } Prozedur-Name-2 ] ]
                            { THRU    }
[ WITH TEST { BEFORE } ]
            { AFTER  }
VARYING Bezeichner-1 FROM { Bezeichner-2 }
                          { Literal-2    }
        BY { Bezeichner-3 } UNTIL Bedingung
           { Literal-3    }
[ AFTER Bezeichner-4 FROM { Bezeichner-5 }
                          { Literal-5    }
        BY { Bezeichner-6 } UNTIL Bedingung ] ...
           { Literal-6    }
[ Unbedingter-Befehl END-PERFORM ]
```

Beispiel für eine eindimensionale Tabelle:

```
PERFORM PROC WITH TEST BEFORE
     VARYING K FROM 1 BY 3 UNTIL K > 10.
```

Die Prozedur PROC soll solange bzw. sooft durchlaufen werden, bis das Datenwort K (die Laufvariable) einen Wert enthält, der > 10 ist, also z.B. 11. Welchen Wert K hatte, bevor wir PROC aufgerufen haben, ist dabei gleichgültig, denn zu Beginn bekommt K den Wert 1 und PROC wird durchlaufen. Dann wird K um 3 erhöht, bekommt also den Wert 4 und mit diesem Wert wird PROC erneut durchlaufen. Dieser Prozeß wird solange fortgesetzt, bis K den Wert 13 annimmt. Dann ist die Ende-Bedingung erfüllt, die Prozedur PROC wird nun nicht mehr durchlaufen, statt dessen wird die nächste Anweisung ausgeführt. Der Vorgang als Flußdiagramm dargestellt sieht folgendermaßen aus:

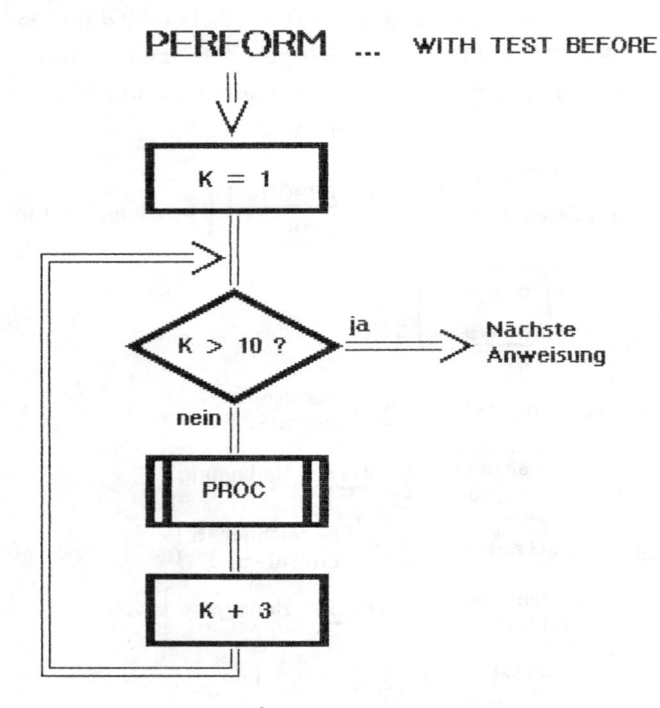

Die Abfrage v o r Eintritt in die Prozedur PROC hat zur Folge, daß PROC mit dem Wert K = 13 nicht mehr durchlaufen wird. Es werden also insgesamt vier Durchläufe mit den Werten K = 1, 4, 7 und 10 gezählt.

Die Abfrage n a c h Durchlaufen der Prozedur (WITH TEST AFTER) hat zur Folge, daß PROC auch mit dem Wert K = 13 durchlaufen wird, bevor das Ganze abbricht. Jetzt, also in dieser Version der PERFORM-Anweisung, wird die Prozedur PROC einmal mehr durchlaufen, nämlich mit den Werten K = 1, 4, 7, 10 und 13. Das zugehörige Flußdiagramm finden Sie anschließend.

<u>Anmerkung:</u> In-Line-Prozeduren (vgl. Abschnitt 4.8.8) sind bei PERFORM ... VARYING nur für eindimensionale Anwendungen erlaubt, d.h. es darf nur eine Laufvariable verwendet werden.

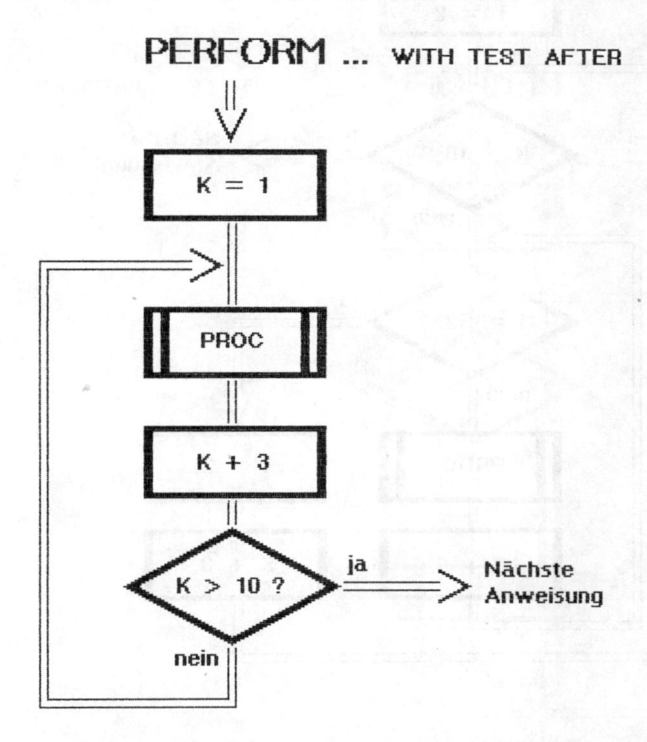

Soll mit der Prozedur PROC eine zweidimensionale Tabelle bearbeitet werden, könnte das Beispiel lauten:

```
PERFORM PROC WITH TEST BEFORE
     VARYING K FROM 1 BY 3 UNTIL K > 10
     AFTER   I FROM 2 BY 5 UNTIL I = 52.
```

Bei diesem Aufruf werden zwei Laufvariable verändert: die beiden Subsksripte K (das ist die äußere Schleife) und I (das ist die innere Schleife). Die Endebedingung wird vor Eintritt in die eigentliche Schleife abgefragt. Das zugehörige Flußdiagramm finden Sie anschließend.

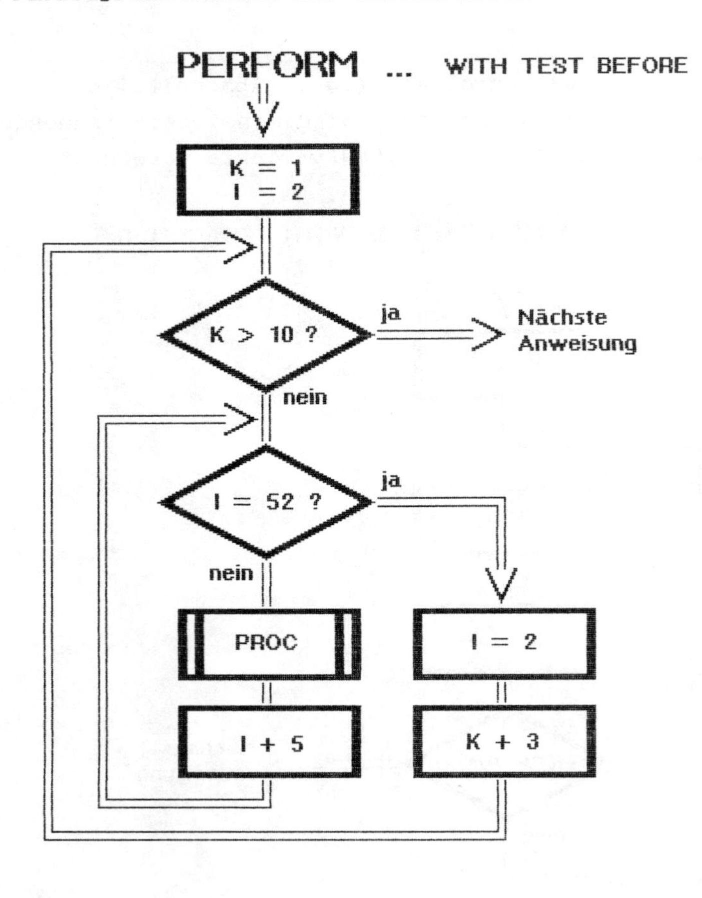

Eingangs werden beide Laufvariable auf die Anfangswerte gesetzt. Anschließend wird die Laufvariable der äußeren Schleife abgefragt; ist die Endebedingung erfüllt, wird die nächste Anweisung ausgeführt. Danach wird die Laufvariable der inneren Schleife abgefragt. Wenn die Endebedingung noch nicht erfüllt ist (was anfangs der Fall ist), wird PROC mit (zunächst) K = 1 und I = 2 durchlaufen. Darauf wird I erhöht und für I wieder die Endebedingung abgefragt. Das Abarbeiten der inneren Schleife wird solange fortgesetzt, bis die Endebedingung für I erfüllt ist. Dann wird I wieder auf den Anfangswert gesetzt, K wird erhöht, die Endebedingung für K abgefragt und die innere Schleife erneut sooft durchlaufen, bis die Endebedingung für I wieder das Ende der inneren Schleife anzeigt. K wird erhöht, und so geht es weiter, bis die Endebedingung für K auch das Ende der äußeren Schleife anzeigt.

Da als Anfangswerte nicht nur Literale zugelassen sind, könnte unser Beispiel auch folgendermaßen lauten:

```
PERFORM PROC
    VARYING K FROM KK BY 3 UNTIL K > 10
    AFTER   I FROM II BY 5 UNTIL I = 52.
```

Hier lauern jedoch Gefahren. Wenn wir z.B. KK den Wert 12 zuweisen, wird vor Betreten der inneren Schleife bereits erkannt, daß die Endebedingung der äußeren Schleife erfüllt ist, und die Prozedur wird überhaupt nicht ausgeführt, ein Unglück wird also abgewiesen.

Gefährlicher ist es, wenn wir etwa KK einen "vernünftigen" Wert zuweisen, z.B. KK = 4, aber II einen "unvernünftigen" Wert, z.B. II = 3. Wie man leicht nachrechnen kann, wird nämlich der Wert I = 52 nie erreicht, d.h. das Programm kann aus dieser Schleife nicht mehr heraus. Es können dann schreckliche Dinge passieren, z.B. kann beim Ausfüllen (Beschreiben) einer Tabelle immer weiter geschrieben werden, weit über das Ende der Tabelle hinaus, u.U. bis hinein in unser Programm, d.h. Maschinenbefehle können überschrieben werden. Derartige Ereignisse führen zum Abbruch des Programms durch das Betriebssystem. Treten in einem Programm Fehler auf, die zunächst unerklärlich sind, so denken Sie an das soeben Gesagte.

Wie aus der Beschreibung der Anweisung PERFORM ... VARYING hervorgeht, dürfen nicht nur Subskripte als Laufvariable verwendet werden, sondern auch beliebige andere Größen. Damit können wir unser Beispielprogramm FAKULT auf eine noch kürzere Form bringen (Variante 6). Auf der nächsten Seite ist nur die PROCEDURE DIVISION angegeben.

Versuchen Sie auch die Variante 5 (Abschnitt 4.8.8) dementsprechend umzuschreiben.

```
PROCEDURE DIVISION.

ANFANG.
    MOVE 1 TO FAKULTAET.
    DISPLAY "Gib  N-MAX (zweiziffrig):" UPON BILDSCHIRM.
    ACCEPT N-MAX-EIN FROM BILDSCHIRM.
    MOVE N-MAX-EIN TO N-MAX.

    PERFORM SCHLEIFE  WITH TEST AFTER
        VARYING N FROM 1 BY 1 UNTIL N >= N-MAX.

    MOVE N TO N-AUS.
    DISPLAY "Ende der Rechnung. Nicht mehr ausgefuehrt ist N = ",
          N-AUS UPON BILDSCHIRM.
    GO TO SCHLUSS.

SCHLEIFE.
    MULTIPLY N BY FAKULTAET;
         ON SIZE ERROR GO TO UEBERLAUF.
    MOVE N TO N-AUS
    MOVE FAKULTAET TO FAKULTAET-AUS.
    DISPLAY  N-AUS, " Fakultaet ist = ", FAKULTAET-AUS
                                          UPON BILDSCHIRM.

UEBERLAUF.
    MOVE N TO N-AUS.
    DISPLAY "*** Ueberlauf bei N = ", N-AUS  UPON BILDSCHIRM.
SCHLUSS.
    DISPLAY SPACE UPON BILDSCHIRM.
    DISPLAY "*** THAT'S ALL, CHARLEY BROWN ***" UPON BILDSCHIRM.
    STOP RUN.
```

Die Ergebnisse sind natürlich die alten.

6.3.9 <u>Programm 6: MATRIX</u>

Das nachfolgende Beispiel-Programm soll das Verarbeiten zweidimensionaler Tabellen mit der Anweisung PERFORM ... VARYING illustrieren, und zwar soll eine Matrix vom Format 5 mal 8 Elemente bearbeitet werden. Zu dem Programm ist folgendes anzumerken.:

Von den verwendeten <u>Subskripten</u>, nämlich I , J und K , ist J als <u>Dualzahl</u>, die anderen als <u>Dezimalzahlen</u> definiert. Beide Darstellungen können natürliche Zahlen wiedergeben, sind also in gleicher Weise zur Subskribierung geeignet.

Der Bereich MATRIX wird dreimal definiert:

1.) als Matrix von 5 Reihen zu je 8 Elementen, also als zweidimensionale Tabelle; jedes Element stellt eine zweiziffrige Zahl dar; vor jeder Reihe ist noch ein Trennzeichen gesetzt, das mit einem Zwischenraum gefüllt wird,

2.) als eindimensionale Tabelle; jedes Tabellen-Element ist eine Zeile von 2 * 8 + 1 = 17 alphanumerischer Zeichen,

3.) als einfaches, elementares Datenfeld von 5 * 17 = 85 alphanumerischer Zeichen.

Der Ausgabebereich AUSGABE-MATRIX wird zweimal definiert:

1.) als zweidimensionale Tabelle wie MATRIX, jedoch mit vergrößerten Elementen (die zwei Ziffern jedes Elementes werden durch Zwischenräume so getrennt, daß sie besser lesbar sind),

2.) als eindimensionale Tabelle von 5 Elementen mit einer Länge von je 8 * 10 = 80 alphanumerischer Zeichen.

Beide Bereiche sind sowohl numerisch definiert (MATRIX und AUSGABE-MATRIX), als auch alphanumerisch (TABELLE, AUSGABE-TABELLE und FELD).

Zur PROCEDURE DIVISION ist folgendes anzumerken:

Der Paragraph HAUPTPROGRAMM steuert den ganzen Programmablauf. Alle anderen Paragraphen sind Unterprogramme (Prozeduren).

Zur Prozedur MATRIX-LOESCHEN: Zunächst werden alle Bereiche auf Null gesetzt, anchließend wird in das erste Zeichen jeder Zeile ein Zwischenraum als Trennzeichen gebracht.

Zur Prozedur MATRIX-FUELLEN: Die Subskripte I und K werden nacheinander auf die Werte 1 und 1, 2 und 2, usf. gesetzt und zeigen somit nacheinander auf das erste Element der ersten Reihe, das zweite Element der zweiten Reihe, usf., so daß schließlich die sog. Hauptdiagonale mit lauter Elfen besetzt ist.

Zur Prozedur AUSGABE: Nach der ersten Überschrift wird MATRIX, aufgefaßt als ein elementares Datenfeld (dritte Definition: FELD), ausgedruckt (alle 5 Zeilen nebeneinander). Nach der zweiten Überschrift werden die 5 Zeilen von MATRIX untereinander gedruckt, wobei zwei verschiedene Möglichkeiten vorgeführt werden: für die Subskripte 1, 2, und 5 ganze Zeilen (also Datenelemente), für die Subskripte 3 und 4 alle Elemente einer Reihe (also Datengruppen). Nach der dritten Überschrift muß zunächst der Inhalt von MATRIX nach AUSGABE-MATRIX geschafft werden. Dies kann nur elementweise geschehen, weil MOVE CORRESPONDING bei Tabellen nicht erlaubt ist. Es werden die 8 Elemente einer Reihe übertragen (Subskript K, innere Schleife) und das für alle 5 Reihen (Subskript I, äußere Schleife). Dann wird gedruckt, und zwar zeilenweise.

Das Beispiel-Programm MATRIX ist auf einem NCR TOWER (Compiler RM/COBOL85) gelaufen. Anschließend ist das vollständige Programm wiedergegeben, danach das Ergebnis des Programmlaufs.

```
IDENTIFICATION DIVISION.


 PROGRAM-ID.  MATRIX.
*   Dieses Programm soll die verschiedenen Varianten
*       von   TABLE-HANLDING   vorfuehren, insbesondere
*       den Gebrauch von Subskripten.


 ENVIRONMENT DIVISION.

 CONFIGURATION SECTION.

 SOURCE-COMPUTER.  NCR-TOWER.
 OBJECT-COMPUTER.  NCR-TOWER.
 SPECIAL-NAMES.
     CONSOLE IS BILDSCHIRM.

 INPUT-OUTPUT SECTION.

 FILE-CONTROL.
     SELECT LISTE    ASSIGN TO  PRINTER.


 DATA DIVISION.

 FILE SECTION.

 FD  LISTE
     LABEL RECORD IS OMITTED
     DATA RECORD IS ZEILE.

 01  ZEILE              PICTURE IS X(86).


 WORKING-STORAGE SECTION.

 01  LAUFINDICES.
     02  I              PICTURE IS 9.
     02  K              PICTURE IS 9.
     02  J           USAGE COMP    PIC 9.

 01 UEBERSCHRIFTEN.
     02  UEBERSCHRIFT-1        PIC X(17)  VALUE IS
                                   " *** Matrix 1 ***".
     02  UEBERSCHRIFT-2        PIC X(17)  VALUE IS
                                   " *** Matrix 2 ***".
     02  UEBERSCHRIFT-AUS      PIC X(23)  VALUE IS
                                   " *** Ausgabe-Matrix ***".

 01 ENDEMELDUNG                PIC X(44)  VALUE IS
            " *** Das reicht, sagte der Staatsanwalt. ***".
```

```
01  MATRIX.
    02  REIHE             OCCURS 5 TIMES.
        03  TRENNZEICHEN     PICTURE IS X.
        03  ELEMENT       OCCURS 8 TIMES
                             PICTURE IS 9(2).

01  TABELLE            REDEFINES MATRIX.
    02  ZEILE-TAB         OCCURS 5 TIMES
                             PICTURE IS X(17).

01  FELD               REDEFINES MATRIX
                             PICTURE IS X(85).


01  AUSGABE-MATRIX.
    02  FILLER            PICTURE IS X  VALUE IS SPACE.
    02  REIHE             OCCURS 5 TIMES.
        03  ELEMENT       OCCURS 8 TIMES
                             PICTURE IS B(6)9BB9.

01  AUSGABE-TABELLE  REDEFINES AUSGABE-MATRIX.
    02  FILLER            PICTURE IS X.
    02  ZEILE-TAB         OCCURS 5 TIMES
                             PICTURE IS X(80).


PROCEDURE DIVISION.


HAUPTPROGRAMM.
* . . . Programm initialisieren:
    OPEN OUTPUT LISTE.
    PERFORM MATRIX-LOESCHEN.


* . . . Verarbeitung  Teil 1:
    PERFORM MATRIX-FUELLEN 5 TIMES.
    PERFORM AUSGABE.

* . . . Verarbeitung  Teil 2:
    PERFORM MATRIX-LOESCHEN.
    MOVE 35 TO ELEMENT OF MATRIX (3, 5).
    PERFORM AUSGABE.


* . . . Programm abschliessen:
    WRITE ZEILE FROM ENDEMELDUNG AFTER 2 LINES.
    DISPLAY  ENDEMELDUNG  UPON BILDSCHIRM.
    CLOSE LISTE.
    STOP RUN.
```

```
* . . . . . Unterprogramme (Prozeduren). . . . . *

 MATRIX-LOESCHEN.
     MOVE ZEROES TO MATRIX, AUSGABE-MATRIX, I, J, K.
     PERFORM   WITH TEST AFTER
         VARYING J FROM 1 BY 1 UNTIL J >= 5
                  MOVE SPACE TO TRENNZEICHEN (J)
     END-PERFORM.
     MOVE ZERO TO J.


 MATRIX-FUELLEN.
     PERFORM   5 TIMES
         ADD 1 TO I, K
         MOVE 11 TO ELEMENT OF MATRIX (I, K)
     END-PERFORM.


 AUSGABE.
     WRITE ZEILE FROM UEBERSCHRIFT-1 AFTER ADVANCING 3 LINES.
     WRITE ZEILE FROM FELD.

     WRITE ZEILE FROM UEBERSCHRIFT-2 AFTER ADVANCING 2 LINES.
     WRITE ZEILE FROM ZEILE-TAB OF TABELLE (1).
     WRITE ZEILE FROM ZEILE-TAB OF TABELLE (2).
     WRITE ZEILE FROM REIHE     OF  MATRIX (3).
     WRITE ZEILE FROM REIHE     OF  MATRIX (4).
     WRITE ZEILE FROM ZEILE-TAB OF TABELLE (5).

     WRITE ZEILE FROM UEBERSCHRIFT-AUS AFTER ADVANCING 2 LINES.
     PERFORM ELEMENT-TRANSPORT
         VARYING I FROM 1 BY 1 UNTIL I > 5
           AFTER K FROM 1 BY 1 UNTIL K > 8.
     PERFORM   WITH TEST AFTER
         VARYING J FROM 1 BY 1 UNTIL J >= 5
             WRITE ZEILE FROM ZEILE-TAB OF AUSGABE-TABELLE (J)
     END-PERFORM.

 ELEMENT-TRANSPORT.
     MOVE ELEMENT OF REIHE OF         MATRIX (I, K)
       TO ELEMENT OF REIHE OF AUSGABE-MATRIX (I, K).
```

Auf der nächsten Seite finden Sie das Ergebnis des Programmlaufs:

```
*** Matrix 1 ***
1100000000000000 0011000000000000 0000110000000000 0000001100000000 0000000011000000

*** Matrix 2 ***
1100000000000000
0011000000000000
0000110000000000
0000001100000000
0000000011000000

*** Ausgabe-Matrix ***
     1  1      0  0      0  0      0  0      0  0      0  0      0  0      0  0
     0  0      1  1      0  0      0  0      0  0      0  0      0  0      0  0
     0  0      0  0      1  1      0  0      0  0      0  0      0  0      0  0
     0  0      0  0      0  0      1  1      0  0      0  0      0  0      0  0
     0  0      0  0      0  0      0  0      1  1      0  0      0  0      0  0


*** Matrix 1 ***
0000000000000000 0000000000000000 0000000035000000 0000000000000000 0000000000000000

*** Matrix 2 ***
0000000000000000
0000000000000000
0000000035000000
0000000000000000
0000000000000000

*** Ausgabe-Matrix ***
     0  0      0  0      0  0      0  0      0  0      0  0      0  0      0  0
     0  0      0  0      0  0      0  0      0  0      0  0      0  0      0  0
     0  0      0  0      0  0      0  0      3  5      0  0      0  0      0  0
     0  0      0  0      0  0      0  0      0  0      0  0      0  0      0  0
     0  0      0  0      0  0      0  0      0  0      0  0      0  0      0  0

*** Das reicht, sagte der Staatsanwalt. ***
```

6.3.10 Index

Neben der Subskribierung kennt COBOL noch eine zweite Art, Tabellen zu definieren und anzusprechen: die Indizierung. Die OCCURS-Klausel wird dann um den Zusatz

INDEXED BY Index-Name-1 [, Index-Name-2] ...

erweitert. Das bedeutet, daß dieser Tabelle ein Index (oder mehrere Indizes) fest zugeordnet werden. Diese Indizes dürfen - im Gegensatz zu den Subskripten - in der DATA DIVISION nicht definiert werden, sondern werden von COBOL intern geführt. Selbstverständlich müssen auch die Index-Namen eindeutig sein.

Beispiel:

```
01  TABELLE.
    02  ELEMENT;   PIC 9(3);   OCCURS 12 TIMES
                               INDEXED BY J.
```

Man kann mit derart definierten Tabellen in ähnlicher Weise arbeiten, wie wir es bei den Subsksripten gesehen hatten: direktes Indizieren mit Index-Namen (Indizieren mit Literalen ist nicht erlaubt). Hinzu kommen noch besondere Eigenschaften von Indizes, die das Arbeiten mit indizierten Tabellen (im Gegensatz zu subskribierten Tabellen) besonders angenehm machen: das ist die Möglichkeit, relativ zu indizieren, und die Möglichkeit, Tabellen automatisch durchsuchen zu lassen.

Unter relativer Indizierung versteht man folgendes: Zu einem Index kann man noch eine Konstante addieren, d.h. ein numerisches ganzzahliges Literal, das positiv oder negativ sein darf. Wenn man z.B. dem Index J einen bestimmten Wert zugewiesen hat (wie man das macht, wird im nächsten Abschnitt gezeigt), kann man das Tabellen-Element, das zwei Plätze davor liegt, folgendermaßen ansprechen:

```
MOVE ELEMENT (J - 2) TO ...
```

Hat J den Wert 5, so spricht man das ELEMENT (3) an, hat J den Wert 12, das ELEMENT (10).

Ein weiteres Beispiel: Will man wissen, ob jedes Tabellen-Element das arithmetische Mittel seiner Nachbarn ist, so kann man folgendermaßen vorgehen:

```
IF (ELEMENT (J - 1) + ELEMENT (J + 1)) / 2
                     IS EQUAL TO ELEMENT (J);
   THEN
       PERFORM GLEICHHEIT
   ELSE
       PERFORM UNGLEICHHEIT
END-IF.
```

Da unsere Tabelle 12 Elemente enthält, darf J nur die Werte 2 bis 11 annehmen. Setzt man J auf 1 oder 12, kommt Unsinn heraus, weil man auf Zeichen vor bzw. hinter der Tabelle zugreift; COBOL prüft nicht nach, ob derartige Zugriffe gültig sind oder nicht.

Indizes werden im Programm nicht als Zeichenfelder eingerichtet wie die Subskripte, die ja in der DATA DIVISION definiert werden müssen, sondern als duale Festpunktzahlen. Während die Subskripte bei vielen Computern in der (langsameren) Dezimal-Arithmetik arbeiten, arbeiten die Indizes in der (schnelleren) Dual-Arithmetik, meist über sog. Index-Register (das sind spezielle Hardware-Register in der Zentraleinheit); d.h. es müssen für einen Index oft nicht einmal Lade- oder Speicher-Befehle ausgeführt werden, wenn ein indizierter Wert angesprochen wird.

Man kann das Arbeiten mit Subsksripten dem Arbeiten mit Indizes angleichen, indem man die Subskripte als Dualzahlen definiert, wie es z.B. im Programm MATRIX mit dem Subskript J geschehen ist. Aber dann könnte man ja gleich zur indizierten Artbeitsweise übergehen; es sei denn, man will die Subskripte unmittelbar ein- oder ausgeben. Dies ist mit den Indizes nicht möglich, weil sie nicht in der DATA DIVISION definiert sind. Indizes können also nicht als Objekt z.B. des MOVE-Verbs auftreten, können insbesondere weder ein- noch ausgegeben werden.

6.3.11 SET

Bevor man erstmalig mit einem Index arbeitet, muß diesem Index ein Wert zugewiesen werden, sonst ist der Index undefiniert (hat einen undefinierten Wert). Diese Wertzuweisung geschieht mit dem SET-Verb:

$$\underline{\text{SET}} \left\{ \begin{array}{l} \text{Index-Name-1} \\ \text{Bezeichner-1} \end{array} \right\} \ldots \quad \underline{\text{TO}} \left\{ \begin{array}{l} \text{Index-Name-2} \\ \text{Bezeichner-2} \\ \text{Literal-2} \end{array} \right\}$$

Dem Index-Namen links vom TO wird der Wert zugewiesen, der rechts vom TO angegeben ist (man muß diese Anweisung gewissermaßen von rechts nach links lesen).

Beispiel: `SET J TO 1.`

Dem Index J wird der Wert 1 zugewiesen.

Auf diese Weise kann man sich auch den Wert eines Indexes zwischenzeitlich merken, indem man in der DATA DIVISION ein entsprechendes Datenelement definiert, z.B. mit

```
01  INDIZES.
    02  J-MERK             USAGE IS INDEX.
```

Da mit USAGE IS INDEX eine Dualzahl definiert wird, d.h. eine Zahl mit vorgegebener (maximaler) Größe, darf man in diesem Falle die PICTURE-Klausel nicht anwenden. Mit

```
SET J-MERK TO J
```

merkt man sich den Wert von J in J-MERK. Nunmehr ist der Index J frei für andere Aufgaben. Will man J wieder auf den alten Wert setzen, so tut man das mit

```
SET J TO J-MERK
```

und man kann so weitermachen, als hätte man J nicht zwischenzeitlich für andere Zwecke benutzt.

Mit dem SET-Verb kann man auch die Werte von Indizes verändern:

SET Index-Name-1 ... { **UP** / **DOWN** } **BY** { Bezeichner-1 / Literal-1 }

Beispiele: SET J UP BY 5

J wird um 5 erhöht.

SET J, K DOWN BY N

Die beiden Indizes J und K werden um den Wert herabgesetzt, der in dem Datenfeld N enthalten ist (N muß einen ganzzahligen Wert enthalten). Enthält N den Wert 2 und haben J und K die Werte 10 bzw. 5, so enthalten J und K nach der Operation die Werte 8 bzw. 3.

6.3.12 SEARCH

Hier haben wir wieder eine typische COBOL-Anweisung vor uns: Das automatische Durchsuchen von Tabellen. das SEARCH-Verb kann man in zwei Formaten anwenden.

Format 1: Lineares Durchsuchen einer Tabelle.

SEARCH Bezeichner-1 **VARYING** { Index-Name-1 / Bezeichner-2 }

AT **END** unbedingter-Befehl-1

WHEN Bedingung-1 { unbedingter-Befehl-2 / **NEXT SENTENCE** } ...

END-SEARCH

Bezeichner-1 nennt das Element der Tabelle, nach dem durchsucht werden soll. Die WHEN-Klausel gibt an, was gesucht wird und was getan werden soll, wenn gefunden wurde; sie ist ähnlich wie das IF-Verb aufgebaut. Der unbedingte Befehl darf aus mehreren Anweisungen bestehen. Die Klausel NEXT SENTENCE wird in Abschnitt 6.4.2 näher betrachtet.

Beispiel: Gegeben sei eine Tabelle von n = 250 Namen:

```
    01  TABELLE.
        02  NAME    OCCURS 250    INDEXED BY J   PIC X(20).
```

Wenn man die ganze Tabelle durchsuchen will, muß man vorher J auf 1 setzen:

```
        SET J TO 1;
```

Man kann aber auch den Anfang der Tabelle weglassen, indem man J auf einen größeren Anfangswert setzt (oder beläßt).

Nun durchsuchen wir die Tabelle nach dem Namen SCHULTZE:

```
        SEARCH NAME VARYING J;
            AT END PERFORM NAME-FALSCH
            WHEN NAME (J) = "SCHULTZE"  PERFORM ANALYSE
        END-SEARCH.
```

Dieses Beispiel als Flußdiagramm dargestellt:

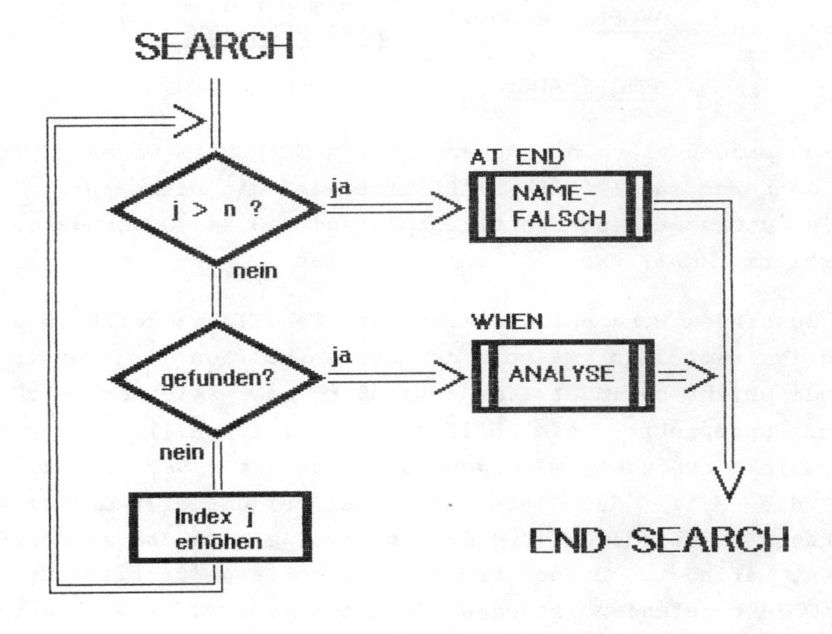

Was geschieht? J wird anfangs auf 1 gesetzt (durch die SET-Anweisung) und beim Durchlaufen der Suchschleife jeweils um 1 erhöht. Wenn der Name SCHULTZE gefunden wurde, zeigt J gerade auf dasjenige Feld NAME, in dem "SCHULTZE" steht; die Prozedur ANALYSE kann dann mit diesem Wert J weiterarbeiten. Wenn aber der Name SCHULTZE nicht gefunden wurde, ist die Schleife n-mal, d.h. 250-mal durchlaufen worden; J ist dann undefiniert, d.h. hat einen Wert, mit dem man nichts anfangen kann.

Format 2: Durchsuchen einer Tabelle nach dem Intervallhalbierungsverfahren, auch binäres Durchsuchen oder Durchsuchen in Sprüngen genannt.

```
SEARCH ALL  Bezeichner-1
    AT END  unbedingter-Befehl-1
    WHEN  Bedingung-1 { unbedingter-Befehl-2 }
                      { NEXT SENTENCE        }
    END-SEARCH
```

Voraussetzung für die Anwendung von SEARCH im Format 2 (oder wie man auch sagt: SEARCH ALL) ist, daß die Daten in der Tabelle geordnet (sortiert) sind und daß das Ordnungsmerkmal (Sortiermerkmal) explizit angegeben ist.

Der Suchindex wird auf die Mitte der Tabelle gestellt und es wird gefragt, in welcher der beiden Hälften sich das zu suchende Objekt befindet (ist es größer oder kleiner als der Halbierungspunkt). Die Hälfte (das Intervall), in der sich das Objekt befindet, wird genauso behandelt: Der Index wird auf die Mitte des Intervalls (Hälfte) gestellt und es wird gefragt, in welcher Hälfte des Intervalls sich das zu suchende Objekt befindet. Dieser Prozeß wird so lange fortgesetzt, bis das Objekt gefunden ist oder bis nicht mehr weiter unterteilt werden kann.

Beispiel: Wir haben wieder unsere Tabelle mit den 250 Namen, die aber jetzt alphabetisch sortiert seien. Mit der Klausel

<u>ASCENDING</u> KEY IS Daten-Name

wird angegeben, daß nach diesem "Schlüssel" die Tabelle durchsucht werden soll:

```
01  TABELLE.
    02  NAME                OCCURS 250 TIMES
                            ASCENDING KEY IS NAME
                            INDEXED BY J
                            PICTURE IS X(20).
```

Wir suchen die Stelle, wo der Name SCHULTZE steht:

```
SEARCH ALL NAME;
    AT END PERFORM NAME-FALSCH
    WHEN NAME (J) = "SCHULTZE"   PERFORM ANALYSE
END-SEARCH.
```

Wenn der Name SCHULTZE unter dem Suchschlüssel NAME gefunden wurde, wird die Prozedur ANALYSE ausgeführt, wobei der Index J gerade auf dasjenige Datenfeld zeigt, in dem "SCHULTZE" steht. Ist der Name SCHULTZE nicht in der Tabelle zu finden, wird die Prozedur NAME-FALSCH ausgeführt; der Index J ist dann undefiniert.

Dieser Suchprozeß ist (in diesem Beispiel) nach spätestens 8 Suchfragen (Intervallhalbierungen) beendet, weil

$$2^8 = 256$$

ist. SEARCH im Format 2 ist also - vor allem bei größeren Tabellen - wesentlich schneller als SEARCH im Format 1, setzt aber eine Ordnung der Daten voraus.

6.3.13 Programm 7: BENTAB

Dem Programm BENTAB (= Benutzer-Tabelle) liegt der Abrechnungsmodus eines Rechenzentrums zugrunde: es werden Benutzer und Projekte unterschieden; jeder Benutzer arbeitet an mehreren Projekten mit; zu jedem Projekt gehören mehrere Benutzer (hier: 12 Benutzer und 5 Projekte). Die Kennzeichen der Benutzer sind dreistellig, diejenigen der Projekte vierstellig. Es wird gefragt, wieviel Rechenläufe (Jobs) der Benutzer X für das Projekt Y durchgeführt hat.

Die Listen der Benutzer und der Projekte sind hier (in dieser Simulation) durch WERTE-BEN bzw. WERTE-PRO mit Literalen vorbesetzt. Im "Ernstfalle" liest man derartige Werte von einer (sortierten) Datei ein.

Das Programm besteht aus 3 Teilen:

1.) Füllen der Job-Tabelle und Ausgabe (zur Kontrolle!).

2.) Durch Herauf- oder Heruntersetzen der Indizes werden bestimmte Werte der Job-Tabelle aufgesucht (SET-Verb).

3.) Durch Angabe von konkreten Benutzer- und Projekt-Kennzeichen werden die zugehörigen Werte der Job-Tabelle gesucht (SEARCH und SEARCH ALL).

Das Programm ist überwiegend selbsterklärend geschrieben. Beachten Sie jedoch:

- Weil die Indizes den betreffenden Tabellen (arrays) fest zugeordnet sind, muß man, wenn man von einer Tabelle auf eine andere Tabelle (mit gleichen Index-Werten) umschalten will, diese Indizes "umsetzen", so in den Prozeduren JOB-TABELLE-AUSGEBEN und WERT-AUSGEBEN.

- Auf Fehlerbehandlung wurde in diesem Beispiel-Programm besonderer Wert gelegt. Gewöhnen Sie sich rechtzeitig daran, denn in realen Programmsystemen nehmen Fehlerbehandlungen, d.h. das Aufdecken von Fehlern, deren Analyse und Meldung, etwa ein Viertel des gesamten Programm-Codes ein.

Das Programm BENTAB ist auf einem SIEMENS-System unter dem Betriebssystem BS2000 gelaufen. Die Standard-Sortierfolge bei diesem Compiler sortiert die Ziffern nach den Buchstaben ein.

```
       IDENTIFICATION DIVISION.

       PROGRAM-ID.    BENTAB.
      *   Tabelle von Benutzern und ihren Projekten in einem
      *       Rechenzentrum.  Zur Demonstration von  SEARCH
      *       und  SET .

       ENVIRONMENT DIVISION.

       CONFIGURATION SECTION.

       SOURCE-COMPUTER.  SIEMENS 7.590-G.
       OBJECT-COMPUTER.  SIEMENS 7.590-G.
       SPECIAL-NAMES.
           TERMINAL IS BILDSCHIRM.

       INPUT-OUTPUT SECTION.

       FILE-CONTROL.
           SELECT LISTE ASSIGN TO "AUSGABE".


       DATA DIVISION.

       FILE SECTION.

       FD  LISTE.

       01  ZEILE          PICTURE IS X(136).


       WORKING-STORAGE SECTION.

       01  KONSTANTE.
           02  LEER           PICTURE IS X      VALUE IS SPACE.
           02  JA             PICTURE IS X      VALUE IS "J".
           02  NEIN           PICTURE IS X      VALUE IS "N".

       01  VARIABLE.
           02  ZWISCHENWERT           PIC 9(6).
           02  ZEIGER-BEN             PIC X(3).
           02  ZEIGER-PRO             PIC X(4).
           02  ZEIGER-SUCH            PIC X.
      *            gefunden               VALUE IS "J".
      *            nicht-gefunden         VALUE IS "N".
```

```
01  WERTE-BEN          PIC X(36)   VALUE IS
                "A1BA7AA9CB3XB5ZC6CG5XH5XH7YT9AW5XW7Z".

01  TABELLE-BEN        REDEFINES WERTE-BEN.
    02  BENUTZER           OCCURS 12 TIMES
                           INDEXED BY X-BEN
                           PICTURE IS X(3).


01  WERTE-PRO          PIC X(20)   VALUE IS
                "A201RB13RS0114031712".

01  TABELLE-PRO        REDEFINES WERTE-PRO.
    02  PROJEKT            OCCURS  5 TIMES
                           ASCENDING KEY IS PROJEKT
                           INDEXED BY X-PRO
                           PICTURE IS X(4).


01  TABELLE-JOBS.
    02  REIHE              OCCURS 12 TIMES
                           INDEXED BY J-BEN.
        03  ELEMENT            OCCURS 5 TIMES
                               INDEXED BY J-PRO
                               PICTURE IS 9(6).


01  ZEILE-1.
    02  FILLER             PIC X(5)    VALUE IS SPACES.
    02  PROJEKTE.
        03  PRO-TAB        OCCURS 12 TIMES
                           INDEXED BY XP-ZEILE
                           PICTURE IS B(6)X(4).

01  ZEILE-2.
    02  FILLER             PIC X(2)    VALUE IS SPACES.
    02  BEN-TAB            PIC X(3).
    02  ZAHLEN.
        03  ZAHL           OCCURS 5 TIMES
                           INDEXED BY J-ZEILE
                           PICTURE IS Z(9)9.

01  ZEILE-3.
    02  FILLER             PIC X(12)   VALUE IS
              "  Benutzer: ".
    02  BEN                PIC X(3).
    02  FILLER             PIC X(12)   VALUE IS
              ",  Projekt: ".
    02  PRO                PIC X(4).
    02  FILLER             PIC X(21)   VALUE IS
              ",  ermittelter Wert: ".
    02  WERT               PIC Z(5)9.
```

```
 01  UEBERSCHRIFT-1         PIC X(21)   VALUE IS
            " *** Wertetabelle ***".

 01  UEBERSCHRIFT-2         PIC X(20)   VALUE IS
            " *** Einzelwerte ***".

 01  UEBERSCHRIFT-3         PIC X(37)   VALUE IS
            " *** Benutzer und Projekte suchen ***".

 01  FEHLER-BEN.
     02  FILLER             PIC X(39)   VALUE IS
            " ++++  Fehler: Benutzer nicht gefunden:".
     02  BEN-FEHL           PIC B(2)X(3).

 01  FEHLER-PRO.
     02  FILLER             PIC X(38)   VALUE IS
            " ++++  Fehler: Projekt nicht gefunden:".
     02  PRO-FEHL           PIC B(2)X(4).


 01  ENDETEXT-1             PIC X(38)   VALUE IS
            " === Suchet, so werden ihr finden; ...".

 01  ENDETEXT-2             PIC X(39)   VALUE IS
            " === denn wer da sucht, der findet; ...".
*           Matth. 8, 7-8.


 PROCEDURE DIVISION.

 AUSFUEHRUNG.
* . . . Programm initialisieren:
     OPEN OUTPUT LISTE.
     MOVE ZEROES TO VARIABLE.

* . . . Wertetabelle fuellen, und ...
     MOVE 100 TO ZWISCHENWERT.
     PERFORM  JOB-TABELLE-FUELLEN   WITH TEST AFTER
         VARYING J-BEN FROM 1 BY 1 UNTIL J-BEN >= 12
          AFTER   J-PRO FROM 1 BY 1 UNTIL J-PRO >= 5.

* . . . ausgeben.
     WRITE ZEILE FROM UEBERSCHRIFT-1.
     WRITE ZEILE FROM LEER.
     PERFORM  WITH TEST AFTER
         VARYING X-PRO FROM 1 BY 1 UNTIL X-PRO >= 5
             SET XP-ZEILE TO X-PRO
             MOVE PROJEKT (X-PRO) TO PRO-TAB (XP-ZEILE)
     END-PERFORM.
     WRITE ZEILE FROM ZEILE-1.
     WRITE ZEILE FROM LEER.
     PERFORM JOB-TABELLE-AUSGEBEN  WITH TEST AFTER
         VARYING J-BEN FROM 1 BY 1 UNTIL J-BEN >= 12.
```

```
*  . . . Einzelwerte ausgeben.
       WRITE ZEILE FROM UEBERSCHRIFT-2 AFTER 3 LINES.
       WRITE ZEILE FROM LEER.

       SET X-BEN, X-PRO TO 1.
       PERFORM WERT-AUSGEBEN.

       SET X-BEN UP BY 7.
       SET X-PRO UP BY 2.
       PERFORM WERT-AUSGEBEN.

       SET X-BEN DOWN BY 3.
       PERFORM WERT-AUSGEBEN.

*  . . . Benutzer und Projekte suchen.
       WRITE ZEILE FROM UEBERSCHRIFT-3 AFTER 3 LINES.
       WRITE ZEILE FROM LEER.

       MOVE "H5X"  TO ZEIGER-BEN.
       MOVE "RS01" TO ZEIGER-PRO.
       PERFORM SUCHEN.

       MOVE "RS02" TO ZEIGER-PRO.
       PERFORM SUCHEN.

       MOVE "U7X"  TO ZEIGER-BEN.
       PERFORM SUCHEN.

       MOVE "RB13" TO ZEIGER-PRO.
       PERFORM SUCHEN.

       MOVE "A7A"  TO ZEIGER-BEN.
       PERFORM SUCHEN.


*  . . . Programm abschliessen:
       WRITE ZEILE FROM ENDETEXT-1   AFTER 3 LINES.
       DISPLAY          ENDETEXT-1   UPON BILDSCHIRM.
       WRITE ZEILE FROM ENDETEXT-2   AFTER 1.
       DISPLAY          ENDETEXT-2   UPON BILDSCHIRM.
       CLOSE LISTE.
       STOP RUN.


*  . . .    P r o z e d u r e n    . . .  *


   JOB-TABELLE-FUELLEN.
       MOVE ZWISCHENWERT TO ELEMENT (J-BEN, J-PRO).
       ADD 20 TO ZWISCHENWERT.

   JOB-TABELLE-AUSGEBEN.
       SET X-BEN TO J-BEN.
       MOVE BENUTZER (X-BEN) TO BEN-TAB.
```

```
* . . . Jobs uebertragen:
     PERFORM    WITH TEST AFTER
         VARYING J-PRO FROM 1 BY 1 UNTIL J-PRO >= 5
               SET J-ZEILE TO J-PRO
               MOVE ELEMENT (J-BEN, J-PRO)
                     TO ZAHL (J-ZEILE)
     END-PERFORM.
     WRITE ZEILE FROM ZEILE-2.

 SUCHEN.
* .  Benutzer Suchen  (Normales Suchen):
     SET X-BEN TO 1
     SEARCH BENUTZER
          AT END MOVE NEIN TO ZEIGER-SUCH
          WHEN BENUTZER (X-BEN) = ZEIGER-BEN
              MOVE JA TO ZEIGER-SUCH
     END-SEARCH.
     IF ZEIGER-SUCH = "J"
        THEN
* . . . .  Projekt suchen  (Binaeres Suchen):
           SEARCH ALL PROJEKT
              AT END MOVE NEIN TO ZEIGER-SUCH
              WHEN PROJEKT (X-PRO) = ZEIGER-PRO
                  MOVE JA TO ZEIGER-SUCH
           END-SEARCH
           IF ZEIGER-SUCH = "J"
              THEN
                 PERFORM WERT-AUSGEBEN
              ELSE
                 MOVE ZEIGER-PRO TO PRO-FEHL
                 WRITE ZEILE FROM FEHLER-PRO
           END-IF
        ELSE
           MOVE ZEIGER-BEN TO BEN-FEHL
           WRITE ZEILE FROM FEHLER-BEN
     END-IF.

 WERT-AUSGEBEN.
     SET J-BEN TO X-BEN.
     SET J-PRO TO X-PRO.
     MOVE BENUTZER (X-BEN)          TO BEN  OF ZEILE-3.
     MOVE PROJEKT  (X-PRO)          TO PRO  OF ZEILE-3.
     MOVE ELEMENT  (J-BEN, J-PRO)   TO WERT OF ZEILE-3.
     WRITE ZEILE FROM ZEILE-3.
```

Und dies sind die Ergebnisse. Kontrollieren Sie den Gang der Ereignisse im Programm genau an den Ergebnissen!

```
 *** Wertetabelle ***

             A201       RB13       RS01       1403       1712

  A1B         100        120        140        160        180
  A7A         200        220        240        260        280
  A9C         300        320        340        360        380
  B3X         400        420        440        460        480
  B5Z         500        520        540        560        580
  C6C         600        620        640        660        680
  G5X         700        720        740        760        780
  H5X         800        820        840        860        880
  H7Y         900        920        940        960        980
  T9A        1000       1020       1040       1060       1080
  W5X        1100       1120       1140       1160       1180
  W7Z        1200       1220       1240       1260       1280

 *** Einzelwerte ***

  Benutzer: A1B,  Projekt: A201,  ermittelter Wert:    100
  Benutzer: H5X,  Projekt: RS01,  ermittelter Wert:    840
  Benutzer: B5Z,  Projekt: RS01,  ermittelter Wert:    540

 *** Benutzer und Projekte suchen ***

  Benutzer: H5X,  Projekt: RS01,  ermittelter Wert:    840
 ++++  Fehler: Projekt nicht gefunden:  RS02
 ++++  Fehler: Benutzer nicht gefunden:  U7X
 ++++  Fehler: Benutzer nicht gefunden:  U7X
  Benutzer: A7A,  Projekt: RB13,  ermittelter Wert:    220

 === Suchet, so werden ihr finden; ...
 === denn wer da sucht, der findet; ...
```

6.4 Bearbeitung von Bedingungen

6.4.1 Bedingungs-Namen

Die IF-Anweisung soll nun vervollständigt werden. Dazu müssen wir noch eine neue Wortart einführen: die Bedingungs-Namen (condition names); wieder eine für COBOL charakteristische Angelegenheit:

88 Bedingungs-Name

$$\left\{ \begin{array}{l} \underline{\text{VALUE}}\ \text{IS} \\ \underline{\text{VALUES}}\ \text{ARE} \end{array} \right\} \text{Literal-1} \left\{ \begin{array}{l} \underline{\text{THRU}} \\ \underline{\text{THROUGH}} \end{array} \right\} \text{Literal-2} \ldots$$

Jeder Bedingungs-Name ist einem elementaren Datenfeld zugeordnet, also einem Daten-Namen mit PICTURE-Klausel, und hat stets die Stufen-Nummer 88. Die durch den Bedingungs-Namen bezeichnete Bedingung ist wahr, wenn einer der durch VALUE-Klausel angegebenen Werte in dem betreffenden Datenfeld enthalten ist; sie ist falsch, wenn das nicht der Fall ist.

Die Verwendung von Bedingungs-Namen bringt zwei Vorteile, weshalb man sie soviel wie nur irgend möglich benutzen sollte:

- Bedingungs-Namen verkürzen Abfragen und
- Bedingungs-Namen erhöhen die Lesbarkeit der Programme.

Beispiele sollen das zeigen.

Beispiel 1: In einer Hochschule gebe es 22 Fachbereiche, welche die Nummern 1 bis 9 und 12 bis 24 tragen. Es soll ein Verzeichnis aller Hochschullehrer angefertigt werden. Die Dateneingabe dafür soll über ein Bildschirmgerät derart erfolgen, daß eine erste Plausibilitätsprüfung schon während der Eingabe die dateneingebende Person zur Korrektur veranlaßt.

Die Gültigkeit der Fachbereichsnummer zu überprüfen ist offenbar nicht trivial. Mit Bedingungs-Namen wird die Überprüfung jedoch einfach. Dazu schreibt man etwa in der DATA DIVISION:

```
01  TABELLE.
    ...
    02  FACHBEREICH               PICTURE IS 9(2).
        88  FACHBEREICH-GUELTIG   VALUES ARE  1 THRU  9,
                                             12 THRU 24.
```

In der PROCEDURE DIVISION lautet dann die Abfrage:

```
IF FACHBEREICH-GUELTIG
   THEN ...
```

Beispiel 2: In einem Programm, welches eine Eingabe-Datei einliest, vermerkt man die "Daten-Ende-Bedingung" in der DATA DIVISION wie folgt:

```
01  STATUS-WORT.
    02  STATUS-EINGABE       PIC X(3)     VALUE SPACES.
        88  EINGABE-ZU-ENDE               VALUE IS "EOF".
```

Die Prozedur, welche die Eingabe-Datei einliest, heißt etwa:

```
EINGABE-LESEN.
    READ EINGABE-DATEI RECORD
         AT END MOVE "EOF" TO STATUS-EINGABE
    END-READ.
```

Diese Prozedur ruft man dann folgendermaßen auf:

```
PERFORM EINGABE-LESEN
    UNTIL EINGABE-ZU-ENDE.
```

Weitere Beispiele folgen.

6.4.2 IF

Die vollständige Formulierung der IF-Anweisung lautet:

```
IF  Bedingung
    THEN { Anweisung-1    }
         { NEXT SENTENCE  }

  { ELSE  Anweisung-2  [ END-IF ] }
  { ELSE NEXT SENTENCE            }
  { END-IF                        }
```

Anweisung-1 und Anweisung-2 unterliegen keinerlei Einschränkungen; sie dürfen insbesondere auch wieder IF-Anweisungen sein. Auf diese Weise lassen sich tief gestaffelte und komplexe Abfragen formulieren.

Jetzt wird die Unterscheidung von Anweisung (statement) und Satz (sentence) wichtig. Eine Anweisung besteht bekanntlich aus einer Folge von COBOL-Wörtern und Klauseln in beliebiger Länge; sie wird durch ein Verb eingeleitet. Außerdem ist erlaubt, daß eine Anweisung mehrere Verben enthalten darf. Eine Folge von Anweisungen kann man weiter, wie wir wissen, zu einem Satz zusammenfassen, indem man hinter die letzte Anweisung einen Punkt setzt. Die Klausel NEXT SENTENCE bedeutet nun, daß man erst nach diesem Punkt wieder aufsetzt.

Wenn man aber nicht bis an das Ende des Satzes gehen will, sondern nur an das Ende der IF-Anweisung, dann verwendet man die Leeranweisung

CONTINUE

CONTINUE und NEXT SENTENCE bewirken beide nichts ("tue nichts"). Der Unterschied zwischen ihnen besteht nur im Aufsetzpunkt.

Das nächste Beispiel zeigt, was gemeint ist. Wir erweitern die Prozedur EINGABE-LESEN von vorhin derart, daß die gelesenen Eingabe-Sätze gezählt und anschließend in den Arbeitsbereich übertragen werden. Wenn beim Lesen die Daten-Ende-Bedingung eintritt, soll nichts mehr geschehen.

```
EINGABE-LESEN.
    READ EINGABE-DATEI RECORD
        AT END MOVE "EOF" TO STATUS-EINGABE
    END-READ.
    IF  EINGABE-ZU-ENDE
        THEN
            CONTINUE
        ELSE
            ADD 1 TO SATZ-ZAEHLER
            PERFORM EINGABE-UEBERTRAGEN
    END-IF.
```

Die Anweisung-2 aus der Definition der IF-Anweisung besteht hier aus zwei (einfachen) Anweisungen, was erlaubt ist.

Was geschieht nun? Wenn die Eingabe-Datei gelesen, also "EOF" umgespeichert ist, wird nichts mehr getan (CONTINUE bzw. NEXT SENTENCE, was hier auch möglich wäre), denn es ist ja kein Eingabe-Daten-Satz mehr zu übertragen. Wennn aber der letzte Satz noch nicht gelesen ist, wird gezählt und übertragen.

Am Aufruf der Prozedur ändert sich nichts.

Als weiteres Beispiel modifizieren wir die Prozedur SUCHEN aus dem Programm BENTAB unter Einführung von Bedingungs-Namen:

In der DATA DIVISION:

```
02  ZEIGER-SUCH-BEN        PIC X.
    88  BENUTZER-GEFUNDEN    VALUE IS "J".
02  ZEIGER-SUCH-PRO        PIC X.
    88  PROJEKT-GEFUNDEN     VALUE IS "J".
```

In der PROCEDURE DIVISION:

```
SUCHEN.
    PERFORM BENUTZER-SUCHEN.
    IF BENUTZER-GEFUNDEN
       THEN
           PERFORM PROJEKT-SUCHEN
           IF PROJEKT-GEFUNDEN
              THEN
                  PERFORM WERTE-AUSGEBEN
              ELSE
                  MOVE ZEIGER-PRO TO PRO-FEHL
                  WRITE ZEILE FROM FEHLER-PRO
           END-IF
       ELSE
           MOVE ZEIGER-BEN TO BEN-FEHLER
           WRITE ZEILE FROM FEHLER-BEN
    END-IF.
```

Weitere Beispiele, insbesondere geschachtelte IFs, folgen weiter unten.

6.4.3 Bedingungen

Bevor wir weitere Beispiele für die IF-Anweisung betrachten, müssen wir uns noch mit den Bedingungen auseinandersetzen, von denen wir bisher nur die Vergleichs-Bedingungen kennen. Man unterscheidet in COBOL

1.) Vergleichs-Bedingungen (relation conditions),
2.) Klassen-Bedingungen (class conditions),
3.) Bedingungs-Namen-Bedingungen (condition-name conditions),
4.) Vorzeichen-Bedingungen (sign conditions) und
5.) Zusammengesetzte Bedingungen (compound conditions).

Diese Bedingungen wollen wir jetzt nach und nach betrachten.

6.4.3.1 Vergleichs-Bedingungen

Darauf braucht hier nicht mehr weiter eingegangen zu werden; es sei auf den Abschnitt 4.1.9 verwiesen. An eines soll aber noch einmal erinnert werden: Nur Vergleichbares darf verglichen werden, d.h. auf beiden Seiten eines Vergleichoperators (<, <=, =, >=, > bzw. deren Verneinungen) müssen Ausdrücke vom gleichen Typ stehen (USAGE IS DISPLAY, CONMPUTATIONAL, INDEX, COMP-1, etc.); die Ausdrücke selbst dürfen beliebig kompliziert sein.

6.4.3.2 Klassen-Bedingungen

Mit diesen Bedingungen können wir fragen, ob in einem Datenfeld numerische oder alphabetische Daten enthalten sind:

$$\text{Bezeichner IS } [\ \underline{\text{NOT}}\ ] \left\{ \begin{array}{l} \underline{\text{NUMERIC}} \\ \underline{\text{ALPHABETIC}} \end{array} \right\}$$

Auf diese Weise kann man z.B. frisch eingelesene Zahlen auf Tippfehler überprüfen, bevor man sie weiter verarbeitet:

```
IF ZAHL IS NOT NUMERIC
   THEN
         PERFORM DATEN-FEHLER-NUM
   ELSE
         PERFORM RECHNEN
END-IF.
```

Einziffrige Zahlen auf NUMERIC zu prüfen, kann schief gehen, da ja in der letzten Ziffer einer Zahl oft das Vorzeichen untergebracht sein kann, und ein solches Zeichen stellt bei den meisten Maschinen einen Buchstaben dar.

6.4.3.3 Bedingungs-Namen-Bedingungen

Die Bedingungs-Namen sind in Abschnitt 6.4.1 definiert worden. In den dort aufgeführten Beispielen ist zum Ausdruck gebracht, daß ein Bedingungs-Name genau eine Bedingung darstellt.

6.4.3.4 Vorzeichen-Bedingungen

Damit kann man weitere Eigenschaften von Zahlen prüfen:

```
                            { POSITIVE }
Bezeichner  IS  [ NOT ]     { NEGATIVE }
                            { ZERO     }
```

Angenommen, alle Werte von ZAHL sollen positiv sein, so kann man fehlerhafte Daten vor der Verarbeitung mit der folgenden Abfrage "erschlagen":

```
IF ZAHL IS NEGATIVE
   THEN
         PERFORM DATEN-FEHLER-NEG
   ELSE
         PERFORM RECHNEN
END-IF.
```

Ein weiteres Beispiel, dessen Sinn sich von selbst ergibt:

```
IF DIVISOR IS NOT ZERO
     THEN
         DIVIDE DIVISOR INTO DIVIDEND GIVING QUOTIENT
     ELSE
         PERFORM DIVISIONS-FEHLER
END-IF.
```

6.4.3.5 Zusammengesetzte Bedingungen

Aus allen bisher besprochenen Bedingungen, einschließlich der Bedingungs-Namen, kann man kompliziertere Bedingungen zusammensetzen. Jede dieser Bedingungen ist bekanntlich (nur) zweier Werte fähig: wahr (true) oder falsch (false). Eine zusammengesetzte Bedingung soll dann ebenso wieder genau einen dieser beiden Werte annehmen. Die Koppelglieder, mit denen die einzelnen Bedingungen zu komplexeren Bedingungsgefügen zusammengesetzt werden, sind die sog. logischen Operatoren, die im nächsten Abschnitt behandelt werden.

Beim Verknüpfen von Bedingungen zu einer zusammengesetzten Bedingung kommt es auf die Art der Teilbedingungen nicht an. Um die Struktur der zusammengesetzten Bedingungen deutlicher sichtbar zu machen, kann man die Einzelbedingungen in Klammern einschließen. Aus dem "kann" wird dann ein "muß", wenn die Bausteine der zusammengesetzten Bedingung selbst wieder zusammengesetzte Bedingungen sind.

6.4.4 Logische Operatoren

Es gibt drei logische Operatoren: AND , OR und NOT , mit denen man Bedingungen zusammenfügen kann. Ihre Bedeutung entspricht in erster Näherung dem umgangssprachlichen Gebrauch der Wörter *UND*, *ODER* und *NICHT*. Einige Beispiele sollen das erläutern, bevor wir zu abstrakten Regeln kommen:

```
IF EINGABE-ZU-ENDE  OR  ANZAHL > 100
   THEN
         PERFORM AUSWERTUNG
END-IF.
```

Diese COBOL-Zeilen bedeuten: Wenn das Ende der Eingabe-Datei erreicht ist (Bedingungs-Namen-Bedingung) oder die ANZAHL (der bearbeiteten Fehler) größer als 100 geworden ist (Vergleichs-Bedingung), oder wenn gar beides der Fall ist, dann führe die AUSWERTUNG durch.

```
IF (N > 10) OR (N < 1)
   THEN PERFORM ...
```

Dies bedeutet: Wenn (der Inhalt von) N größer als 10 ist, oder wenn N kleiner als 1 ist, dann ... ; oder anders ausgedrückt: Wenn N außerhalb des Bereiches von 1 bis 10 liegt, dann ... . Der Zusatz "oder wenn gar beides der Fall ist" ist hier unsinnig, denn eine Zahl kann nicht zugleich < 1 und > 10 sein!

```
IF EINGABE-ZU-ENDE  AND  ANZAHL > 100
   THEN
        PERFORM AUSWERTUNG
END-IF.
```

Dies bedeutet: Wenn das Ende der Eingabe-Datei erreicht ist und zugleich die ANZAHL größer als 100 ist, dann führe die AUSWERTUNG aus; wenn nur eine der beiden Bedingungen erfüllt ist, dann ist die zusammengesetzte Bedingung nicht erfüllt, also falsch, und PERFORM AUSWERTUNG wird nicht ausgeführt.

Mit dem Operator NOT kann man den Wert einer Bedingung umdrehen. Das kann u.U. zu Verwechslungen mit dem Zusatz NOT führen, wie wir ihn bei den Vergleichs-Operatoren kennengelernt haben. Im Zweifelsfalle wird NOT als logischer Operator interpretiert.

Jetzt können wir die Wirkung der logischen Operatoren in einer Tabelle zusammenstellen:

Bedingungen		Wert		
B1	B2	B1 AND B2	B1 OR B2	NOT B1
true	true	true	true	false
false	true	false	true	true
true	false	false	true	false
false	false	false	false	true

Diese Tabelle bedeutet: Je nach Werte-Kombination der beiden Bedingungen *B1* und *B2* (vier sind ja nur möglich) erhalten wir den angegebenen Wert für die zusammengesetzte Bedingung. Für NOT kommt natürlich nur eine Bedingung als Operand infrage, hier willkürlich *B1* gewählt.

Wir haben jetzt zu den arithmetischen und den Vergleichs-Operatoren noch die logischen Operatoren bekommen; diese stehen in der Hierarchie an niedrigster Stufe: am stärksten binden die arithmetischen Operatoren, dann folgen die Vergleiche, dann der Operator NOT, dann AND und zuzletzt OR. Oder symbolisch ausgedrückt:

```
 **
       *  und  /
             +  und  -
                    >  und  >=  und  =  und  <=  und  <
                          NOT
                                AND
                                      OR
```

Wenn man diese Hierarchie genau beachtet, kann man Klammer-Setzen weitgehend vermeiden. Wenn man diese Hierarchie jedoch durchbrechen will, muß man Klammern setzen. Man k a n n Klammern setzen, wenn man den logischen Zusammenhang deutlich machen will. Zusätzliches Klammer-Setzen ist nicht schädlich (benötigt weder Rechenzeit noch Speicherplatz); die Klammer-Regeln sind die gleichen wie bei den arithmetischen Ausdrükken. Auf jeden Fall empfiehlt es sich, Klammern zu setzen, wenn man die Hierarchie nicht genau im Kopf hat.

Bei den Vergleichs-Bedingungen, und nur bei diesen, kann man in COBOL gewisse Abkürzungen verwenden: Man darf wiederholt vorkommende Operanden und Operatoren weglassen. Das folgende Beispiel zeigt, was gemeint ist. Statt

```
A = B  AND  A > C  OR  A > D
```

darf man auch abgekürzt schreiben:

A = B AND > C OR D

Wegbleiben darf also ein Operand (links vom Vergleichs-Operator), der mehrmals vorkommt, sowie auch der Operator, wenn er mehrmals vorkommt bei gleichem linken Operanden.

Manchmal mögen diese Abkürzungen sinnvoll sein, aber sie sind gefährlich, weil sich Umgangssprache und COBOL-Syntax nicht immer decken.

Noch bedenklicher ist in diesem Zusammenhang der Gebrauch von NOT: Steht NOT unmittelbar vor einem Vergleichs-Operator, wird NOT als Verneinung des Operators aufgefaßt, also als Teil des Vergleichs-Operators, in den anderen Fällen als logischer Operator (die folgenden Beispiele stammen aus [JOD 78]). In

A < B AND NOT > C OR D

wird NOT als Verneinung (des Operators) interpretiert:

((A < B) AND (A NOT > C)) OR (A NOT > D);

aber in

A / B NOT = D AND NOT C

wird das zweite NOT als logischer Operator aufgefaßt:

((A / B) NOT = D) AND (NOT ((A / B) NOT = C)).

Zum Abschluß dieses Abschnitts noch ein komplexeres Beispiel. Gegeben seien Zahlen A, die alle möglichen Werte annehmen können. Wenn A kleiner oder gleich 0 wird, oder größer als eine Zahl $A3$, so soll ein Fehler gemeldet werden. Liegt A in einem der Intervalle von 0 bis $A1$ bzw. von $A1$ bis $A2$ bzw. von $A2$ bis $A3$, so sollen beziehentlich die Prozeduren PROZ1 bzw. PROZ2 bzw. PROZ3 ausgeführt werden. Die linken Ränder der Intervalle gehören nicht mit zum zugelassenen Bereich, dagegen gehören die rechten Ränder mit dazu. Der Sachverhalt kann mit dem folgende Bild dargestellt werden:

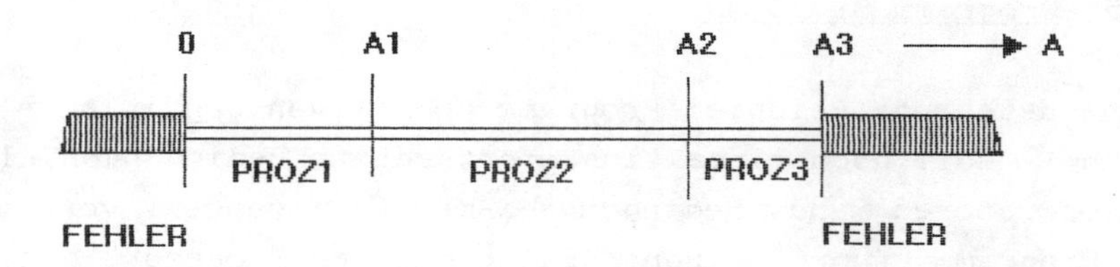

Die zugehörige COBOL-Anweisung ist eine geschachtelte IF-Anweisung. Um die Struktur der Schachtelung deutlich zu machen, sind die Anweisungen hinter THEN und ELSE jeweils in einen Kasten eingeschlossen.

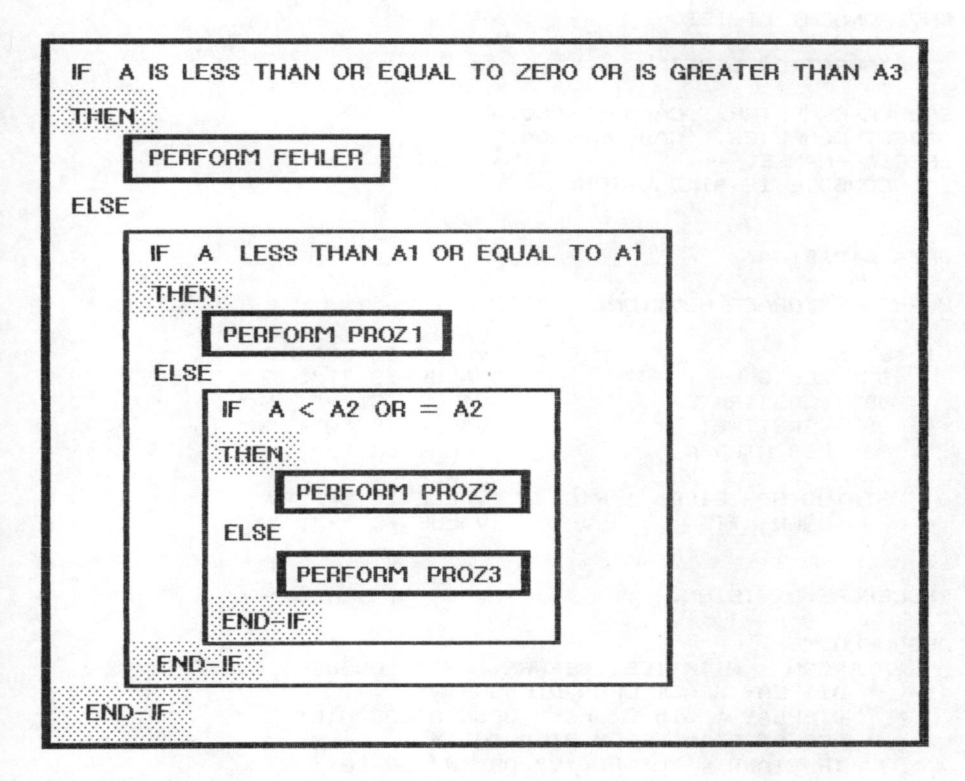

Man kann sie aber auch so aufschreiben:

```
IF A IS LESS THAN OR EQUAL TO ZERO OR IS GREATER THAN A3
THEN PERFORM FEHLER ELSE IF A LESS THAN A1 OR EQUAL TO A1
THEN PERFORM PROZ1 ELSE IF A < A2 OR = A2 THEN PERFORM PROZ2
ELSE PERFORM PROZ3 END-IF END-IF END-IF.
```

6.4.5 Programm 8: CONDI

Das nachstehende Beispiel-Programm CONDI (von condition = Bedingung) soll noch einmal zusammengesetzte Bedingungen, logische Operatoren und Bedingungs-Namen-Bedingungen vorführen. Das Programm führt einen Dialog mit dem Benutzer, d.h. der Anwender unterhält sich gewissermaßen mit dem Programm.

```
IDENTIFICATION DIVISION.
PROGRAM-ID.  CONDI.

ENVIRONMENT DIVISION.

CONFIGURATION SECTION.

SOURCE-COMPUTER.  CADMUS-9000.
OBJECT-COMPUTER.  CADMUS-9000.
SPECIAL-NAMES.
    CONSOLE IS BILDSCHIRM.


DATA DIVISION.

WORKING-STORAGE SECTION.

01  STAND                 PIC X   VALUE IS SPACE.
    88  LEDIG                     VALUE IS "l", "L".
    88  VERHEIRATET               VALUE IS "v", "V".
    88  VERWITWET                 VALUE IS "w", "W".
    88  GESCHIEDEN                VALUE IS "g", "G".

01  STATUS-SCHLEIFE       PIC X   VALUE IS SPACE.
    88  UNGUELTIG                 VALUE IS "x", "X".


PROCEDURE DIVISION.

AUSFUEHRUNG.
    PERFORM   WITH TEST BEFORE  UNTIL UNGUELTIG
       DISPLAY SPACE UPON BILDSCHIRM
       DISPLAY " Gib Stand:" UPON BILDSCHIRM
       ACCEPT STAND FROM BILDSCHIRM
       IF STAND = "L" OR "V" OR "W" OR "G" OR
                  "l" OR "v" OR "w" OR "g" OR
          THEN
              IF LEDIG
                 THEN
                     DISPLAY " Ledig" UPON BILDSCHIRM
                 ELSE
```

```
                        IF NOT VERHEIRATET
                           THEN
                               DISPLAY " Allein:" UPON BILDSCHIRM
                               IF VERWITWET
                                  THEN
                                      DISPLAY "     Verwitwet"
                                                   UPON BILDSCHIRM
                                  ELSE
                                      DISPLAY "     Geschieden"
                                                   UPON BILDSCHIRM
                               END-IF
                           ELSE
                               DISPLAY " Nicht allein"
                                                   UPON BILDSCHIRM
                        END-IF
                 END-IF
             ELSE
                 MOVE "X" TO STATUS-SCHLEIFE
          END-IF
      END-PERFORM.

      DISPLAY " *** Aber hier, wie ueberhaupt,"
            UPON BILDSCHIRM.
      DISPLAY " *** Kommt es anders, als man glaubt."
            UPON BILDSCHIRM.
      STOP RUN.
```

Und hier sind die Ergebnisse (eingeben wurden nacheinander: "G" "w" "v" "l" "*")

```
    (OUT)   Gib Stand:
    (IN)    G
    (OUT)   Allein
    (OUT)       geschieden
    (OUT)
    (OUT)   Gib Stand:
    (IN)    w
    (OUT)   Allein
    (OUT)       verwitwet
    (OUT)
    (OUT)   Gib Stand:
    (IN)    v
    (OUT)   Nicht allein
    (OUT)
    (OUT)   Gib Stand:
    (IN)    l
    (OUT)   Ledig
    (OUT)
    (OUT)   Gib Stand:
    (IN)    *
    (OUT)   *** Aber hier, wie ueberhaupt,
    (OUT)   *** Kommt es anders, als man glaubt.
```

7. ANS COBOL

7.1 Allgemeine Übersicht

COBOL kann in letzter Konsequenz nie ganz maschinen-unabhängig sein, denn COBOL-Programme müssen auf konkreten DV-Systemen ablaufen. Auf der anderen Seite will man Programme haben, die kompatibel sind. Bei der Implementierung von COBOL, d.h. beim Entwurf und Schreiben von COBOL-Compilern, hat man früher auf Kompatibilität keinen so großen Wert gelegt: COBOL-Programme aus dieser Zeit sind nur mit sehr großer Mühe von einem DV-System auf ein anderes übertragbar.

Man hat sehr bald versucht, diesem unerfreulichen Zustand mit Standardisierungen zu begegnen. Der erste Erfolg in dieser Richtung war die Veröffentlichung von American National Standard COBOL (ANS COBOL) durch das American National Standard Institute (ANSI) im Jahre 1969, dem sich später auch internationale Standardisierungsorganisationen, darunter ISO und DIN, anschlossen.

Die Hersteller haben sich anfangs nur sehr zögernd nach diesem Standard gerichtet; erst als der zweite Standard 1974 in Kraft gesetzt war, hatte sich der Standard von 1968 durchgesetzt. Oft wurden zwei verschiedene Versionen von COBOL auf ein und demselben DV-System bereitgehalten. Es ist halt sehr mühsam, umfangreiche Software-Pakete, wie COBOL-Compiler, zu ändern...

7.1.1 ANS COBOL 1968

ANS COBOL 1968 wird in 8 Moduln (d.h. Bausteine) eingeteilt, diese in mehrere Stufen (levels). Der Hersteller legt fest, welche Moduln in welcher Stufe implementiert sind.

Die Moduln heißen:

1.) Kern (nucleus)
2.) Tabellenverarbeitung (table handling)
3.) Sequentielle Dateien (sequential access)
4.) Dateien mit wahlfreiem Zugriff (random access)
5.) Sortieren (sort)
6.) Listprogramm (report writer)
7.) Segmentierung (segmentation)
8.) Bibliothek (library)

Eine Übersicht gibt folgende Tabelle, die nach den Konventionen von [ANSI 69] gestaltet ist:

Nucleus	2 NUC	1 NUC	
Table Handling	3 TBL	2 TBL	1 TBL
Sequential Access	2 SEQ	1 SEQ	
Random Access	2 RAC	1 RAC	null
Sort	2 SRT	1 SRT	null
Report Writer	2 RPW	1 RPW	null
Segmentation	2 SEG	1 SEG	null
Library	2 LIB	1 LIB	null

Der rechte Teil der Tabelle stellt dar, in wieviel Stufen der Modul eingeteilt werden kann (2 oder 3). Die Ziffer vor der Abkürzung des Modul-Namens nennt die Stufen-Nummer; "null" bedeutet, daß es eine Stufe 0 gibt, d.h. daß der Modul ganz fehlen darf.

Die Minimalforderungen sind demnach die Moduln "1 NUC", "1 TBL" und "1 SEQ". Viele Hersteller geben in ihren Handbüchern an, welche Moduln in welcher Stufe implementiert sind.

7.1.2 ANS COBOL 1974

ANS COBOL 1974 wird in 12 Moduln eingeteilt. Gegenüber COBOL 68 ergeben sich folgende wesentliche Änderungen: der (alte) Modul "random access" wird in zwei Moduln aufgeteilt: "relative I-O" und "indexed I-O"; neu hinzugekommen sind drei Moduln: "debug", "inter-programm communication" und "communication"; sie werden weiter unten besprochen. Die Zusammenstellung der Moduln von COBOL 74 mit ihren (z.T. geänderten) Stufen und Bezeichnungen zeigt folgende Tabelle (vgl [ANSI 74]):

Nucleus	2 NUC	1 NUC	
Table Handling	2 TBL	1 TBL	
Sequential I-O	2 SEQ	1 SEQ	
Relative I-O	2 REL	1 REL	null
Indexed I-O	2 INX	1 INX	null
Sort-Merge	2 SRT	1 SRT	null
Report Writer	1 RPW	null	
Segmentation	2 SEG	1 SEG	null
Library	2 LIB	1 LIB	null
Debug	2 DEB	1 DEB	null
Inter-Program Communication	2 IPC	1 IPC	null
Communication	2 COM	1 COM	null

7.1.3 ANS COBOL 1985

ANS COBOL 1985 wird in 11 Moduln eingeteilt; der (alte) Modul "table handling" ist im Modul "nucleus" aufgegangen, der (alte) Modul "library" in "source text manipulation" umbenannt.

Neu ist die Aufteilung der Stufen in sog. Implementierungsklassen (subsets), sowie die Aufteilung der Moduln in obligatorische und optionale Moduln, also Moduln die implementiert sein müssen und solche, die fehlen dürfen (vgl. [ANSI 85]):

Obligatorische Moduln	COBOL Subsets		
	High	Inter-mediate	Minimum
Nucleus	2 NUC	1 NUC	1 NUC
Sequential I-O	2 SEQ	1 SEQ	1 SEQ
Relative I-O	2 REL	1 REL	null
Indexed I-O	2 INX	1 INX	null
Inter-Program Communication	2 IPC	1 IPC	1 IPC
Sort-Merge	1 SRT	1 SRT	null
Source Text Manipulation	2 STM	1 STM	null
Optionale Moduln			
Report Writer	1 RPW		
Communication	2 COM	1 COM	
Debug	2 DEB	1 DEB	
Segmentation	2 SEG	1 SEG	

7.1.4 <u>ANS COBOL heute</u>

Im folgenden soll ANS COBOL, d.h. sowohl COBOL 74 als auch COBOL 85, modulweise diskutiert werden. Manches wird nachgetragen, was bisher übergangen wurde, vieles kann jedoch aus Platzgründen nur erwähnt werden, anderes muß wegbleiben.

Eine vollständige Zusammenstellung aller COBOL-Anweisungen und -Elemente in COBOL-Notation fehlt in diesem Buch, weil diese ohne Bezug zu einem konkreten DV-System unvollständig bleiben muß. Außerdem stellen die Hersteller solche Zusammenstellungen in Form von Taschenbüchern oder Faltkarten (reference cards) zur Verfügung, die man in der Rocktasche leicht mit sich führen kann. Schließlich sei nochmals darauf hingewiesen, daß dies Buch nur eine Einführung sein kann; auf die COBOL-Handbücher der Hersteller kann man bei der Programmierung, vor allem größerer Probleme, nicht verzichten.

7.2 Nucleus

Der Kern stellt alle Möglichkeiten zur Verfügung, die man braucht, um Daten in der Maschine manipulieren zu können, enthält also nicht Ein- und Ausgabe.

7.2.1 IDENTIFICATION DIVISION

Da alle Paragraphen - außer PROGRAM-ID - wahlfrei sind und im nächsten Standard wegfallen sollen, werden sie in den Beispielen dieses Buches nicht verwendet (man kommt gut ohne sie aus).

7.2.2 ENVIRONMENT DIVISION

Ergänzend zu Abschnitt 4.4 sei noch folgendes gesagt:

Im Paragraphen SPECIAL-NAMES kann man noch zusätzlich angeben:

<u>CURRENCY SIGN</u> <u>IS</u> Literal

<u>DECIMAL-POINT</u> IS <u>COMMA</u>

Auf beide Klauseln wird im Abschnitt 7.2.3 weiter eingegangen. Die zweite Klausel gibt an, daß statt des (anglo-amerikanischen) Dezimal-<u>Punkt</u>es ein Dezimal-<u>Komma</u>, wie z.B. in Deutschland üblich, verwendet werden kann. Dies gilt sowohl für die PICTURE-Klausel als auch für Literale. Beide Klauseln stellen eine gewollte Abweichung von den beim Programmieren üblichen anglo-amerikanischen Regeln dar und müssen im gesamten Programm konsequent durchgehalten werden.

Schließlich können auch Hinweise auf System-Schalter und auf verschiedene Alphabete für Ausgaben, zum Sortieren etc. gemacht werden. Wichtig zu wissen ist, daß der Paragraph SPECIAL-NAMES aus einem einzigen Satz besteht und die Reihenfolge

Schalter- und Gerätefestlegungen
ALPHABET IS ...
CURRENCY SIGN IS ...
DECIMAL-POINT IS ...

eingehalten werden muß.

7.2.3 DATA DIVISION

Ergänzend zum bisher Gesagten können der Datenbeschreibung noch folgende Klauseln angefügt werden:

BLANK WHEN **ZERO**

Diese Klausel hat die gleiche Funktion wie die Nullenunterdrückung in der PICTURE-Klausel mit dem Maskenzeichen "Z", nur werden jetzt auch (führende) Nullen, die nicht durch "Z" unterdrückt sind, als Zwischenräume wiedergegeben, so daß das gesamte Datenfeld bei der Ausgabe u.U. verschwindet. Zahlenfelder, welche die Klausel BLANK WHEN ZERO enthalten, sind nicht mehr numerisch, können also nicht zum Rechnen verwendet werden.

$\left\{ \begin{array}{l} \underline{\text{JUSTIFIED}} \\ \underline{\text{JUST}} \end{array} \right\}$ RIGHT

Diese Klausel bewirkt, daß z.B. bei einem MOVE in ein derart bezeichnetes Datenfeld nicht, wie sonst üblich, "linksbündig", sondern "rechtsbündig" eingetragen wird; das ist für alphanumerische Daten wichtig, bei denen das Sendefeld kleiner als das Empfangsfeld ist (Auffüllen mit Zwischenräumen).

$$\left\{\begin{array}{l}\underline{\text{SYNCHRONIZED}}\\\underline{\text{SYNC}}\end{array}\right\}\left\{\begin{array}{l}\underline{\text{LEFT}}\\\underline{\text{RIGHT}}\end{array}\right\}$$

Diese Klausel bewirkt, daß die Informationen den Hardware-Möglichkeiten entsprechend optimal abgespeichert werden, d.h. daß die Daten wortweise in den Arbeitsspeicher eingetragen werden, und zwar links- bzw. rechtsbündig <u>an den Wortgrenzen orientiert</u>, was zu einer Beschleunigung der Verarbeitung (auf Kosten einer besseren Speicherausnutzung) führen kann - je nach Maschinentyp.

Die SYNC-Klausel macht ein Programm inkompatibel, sie sollte daher möglichst wenig benutzt werden. Überdies verwenden manche Hersteller ein implizites SYNCHRONIZED, was bei REDEFINES mitunter zu Problemen führen kann. Hier ist ein Blick in das Hersteller-Handbuch dringend geboten.

Bisher hatten wir für die Maske in der PICTURE-Klausel die folgenden <u>Maskenzeichen</u> besprochen:

A X 9 V S Z B . - +

Folgende Maskenzeichen sind noch nachzutragen:

P 0 , * CR DB Währungszeichen

Als Währungszeichen wird meistens das Dollarzeichen "$" genommen.

Auf die Maskenzeichen "P" und "0" (Null) soll nicht weiter eingegangen werden, da sie zu trickreicher Programmierung verführen und somit schwer zu findende Fehler verursachen; man will damit Platz sparen, was bei den heutigen Preisen (billige Speicher, teure Arbeitskräfte) absurd ist.

Die übrigen Maskenzeichen bedeuten:

(Komma) Dieses Maskenzeichen stellt sich in der Druckaufbereitung selbst dar, kann also, wie "B", benutzt werden, um große Zahlen zu gliedern.

* (Stern) Dieses Zeichen wird auch Schecksicherungszeichen genannt. Es wird formal genauso angewandt wie das "Z" zur Unterdrückung führender Nullen, nur werden statt der Zwischenräume jetzt Sternchen eingetragen, um Fälschungen auf den gedruckten Formularen zu verhindern.

($) (Währungszeichen) Das Währungszeichen "$" wird formal genauso verwandt wie das gleitende Vorzeichen, nur wird statt des Plus- oder Minuszeichens das Währungszeichen, meist "$", gedruckt.

CR (Credit) und

DB (Debet) können nur als letzte Maskenzeichen verwendet werden. Sie werden (als zwei Zeichen) nach der letzten Ziffer gedruckt, wenn die betreffende Zahl negativ war, sonst werden zwei Zwischenräume ausgegeben.

Beispiel: Mit den Datenbeschreibungen

```
01  BETRAG      PIC $$,$$$,$$9.99CR.
01  SUMME       PIC **,***,**9.99DB.
```

sollen die Zahlen -1 234 567,89 und +4 567,89 ausgegeben werden. Das liefert

```
für BETRAG:        $1,234,567.89CR
bzw.:                   $4,567.89

für SUMME:         *1,234,567.89DB
bzw.:              *****4,567.89
```

Im Konkurrenzfalle sind die Sternchen und Zwischenräume (bei Nullenutnerdrückung) stärker als das Trennsymol Komma.

Wie bereits angemerkt, kann man das standardmäßig eingebaute Währungssymbol (Dollarzeichen) durch ein anderes Zeichen ersetzen, wenn man im SPECIAL-NAMES-Paragraphen die CURRENCY-Klausel verwendet.

Mit der Klausel

CURRENCY SIGN IS "M"

kann man das Dollarzeichen durch das "M" (z.B. für Mark) ersetzen. Das gewählte neue Währungszeichen darf nur 1 Zeichen lang sein und ist starken Einschränkungen unterworfen.

Mit der Klausel

DECIMAL-POINT IS COMMA

werden die Bedeutungen der Maskenzeichen "." und "," vertauscht. Das würde bei dem voraufgegangen Beispiel folgende Änderungen hervorrufen:

```
01  BETRAG     PIC MM.MMM.MM9,99CR.
01  SUMME      PIC **.***.**9,99DB.
```

mit den Ergebnissen

```
für BETRAG:        M1.234.567,89CR
bzw.:                  M4.567,89

für SUMME:         *1.234.567,89DB
bzw.:              *****4.567,89
```

7.2.4 PROCEDURE DIVISION

Hier sind einige Ergänzungen zum bisher Vorgetragenen anzubringen. Es handelt sich um einige Verben, die teils erweitert, teils nachgetragen werden müssen. Dies soll in alphabetischer Reihenfolge geschehen.

Für die Addition gilt folgendes zusätzliches Format:

```
ADD { CORRESPONDING } Bezeichner-1 TO Bezeichner-2
    { CORR          }

    [ ROUNDED ] [ ON SIZE ERROR unbedingter-Befehl ]
    [ END-ADD ]
```

Es können - ähnlich wie MOVE CORRESPONDING - zusammengesetzte Datenfelder beziehentlich aufeinander addiert werden. Analoges gilt für die Subtraktion mit SUBTRACT CORRESPONDING ... FROM.

Nach dem Alphabet müßte jetzt die ALTER-Anweisung kommen, mit der man Sprungziele von GO-TO-Anweisungen ändern kann. Ist der GO-TO-Befehl schon schlimm genug, so ist die ALTER-Anweisung lebensgefährlich, denn eine Fehlersuche ist so gut wie unmöglich, weil man im aktuellen Fall ja nicht weiß, wohin der Sprung geht! Konsequenterweise wird ALTER im nächsten COBOL-Standard getilgt.

Die folgende Divisions-Anweisung ist ein Zugeständnis an europäische Sprechweisen (dividiere ... durch):

DIVIDE { Bezeichner-1 / Literal-1 } **BY** { Bezeichner-2 / Literal-2 } **GIVING** Bezeichner-3

[**ROUNDED**] [ON **SIZE** **ERROR** unbedingter-Befehl]

[**END-DIVIDE**]

Beispiel:

DIVIDE DIVIDEND BY DIVISOR GIVING QUOTIENT.

In beiden Divisions-Anweisungen (also sowohl DIVIDE ... INTO ... als auch DIVIDE ... BY ...) kann man zwischen ROUNDED und ON SIZE ERROR noch die Klausel

REMAINDER Bezeichner-4

einfügen. Der Divisions-Rest ist dann in dem Datenfeld Bezeichner-4 abgespeichert.

Bei den arithmetischen Befehlen kann in COBOL 85 neben der Klausel ON SIZE ERROR auch die Klausel NOT ON SIZE ERROR verwendet werden. Weil sie im Prinzip nichts Neues bringt, und weil die Beschreibungen der Befehle möglichst übersichtlich bleiben sollen, habe ich diese Klausel weggelassen.

In COBOL 85 gibt es ein neues Verb, mit dem man Mehrfach-Verzweigungen beschreiben, d.h. mehrfache Bedingungen auswerten kann, also so eine Art Super-IF, entsprechend der CASE-Anweisung in PASCAL. Außerdem kann man mit dieser Anweisung und auf einfache Weise Entscheidungstabellen auswerten (evaluate):

```
          { Bezeichner-1 }   [        { Bezeichner-2 } ]
          { Literal-1    }   [        { Literal-2    } ]
EVALUATE  { Ausdruck-1   }   [  ALSO  { Ausdruck-2   } ] ...
          { TRUE         }   [        { TRUE         } ]
          { FALSE        }   [        { FALSE        } ]

          { ANY          }            { ANY          }
          { Bedingung-1  }   [        { Bedingung-2  } ]
{ WHEN    { TRUE         }   [  ALSO  { TRUE         } ] ...
          { FALSE        }   [        { FALSE        } ]
          { Bezeichner-3 }   [        { Bezeichner-4 } ]
          { Literal-3    }            { Literal-4    }

                                     unbedingter-Befehl-1 } ...

[ WHEN OTHER  unbedingter-Befehl-2 ]

[ END-EVALUATE ]
```

Diese Beschreibung ist gegenüber [ANSI 85] vereinfacht. Die folgenden Beispiele geben an, wie EVALUATE funktioniert:

Angenommen, in dem Feld VERSANDART sind Zahlen abgespeichert, welche die Versandart beschreiben:

1 entspricht Abholung,
2 entspricht Versand mit Post,
3 entspricht Versand mit Bahn.

Dann kann man dies folgendermaßen "auswerten":

```
EVALUATE VERSANDART
    WHEN 1          PERFORM  ABHOLUNG
    WHEN 2          PERFORM  POSTVERSAND
    WHEN 3          PERFORM  BAHNVERSAND
    WHEN OTHER      PERFORM  VERSAND-FEHLER
END-EVALUATE
```

Das bedeutet:

Wenn der Inhalt von VERSANDART = 1 ist, dann führe ABHOLUNG aus.

Wenn der Inhalt von VERSANDART = 2 ist, dann führe POSTVERSAND aus.

Wenn der Inhalt von VERSANDART = 3 ist, dann führe BAHNVERSAND aus.

Wenn der Inhalt von VERSANDART einen anderen Wert darstellt, dann liegt ein Fehler vor.

Dies ist die CASE-Anweisung, wie sie aus PASCAL bekannt ist.

Wenn wir das Beispiel von Seite 220 f. mit EVALUATE auswerten wollen, so kann das auf diese Weise geschehen:

```
EVALUATE TRUE
    WHEN  A <= A1               PERFORM  PROZ1
    WHEN  A <= A2               PERFORM  PROZ2
    WHEN  A <= A3               PERFORM  PROZ3
    WHEN  (A > A3 OR < ZERO)    PERFORM  FEHLER
END-EVALUATE
```

Es werden die vier Bedingungen auf TRUE abgefragt und dementsprechend die Prozeduren ausgeführt.

Schließlich soll noch eine kleine <u>Entscheidungstabelle</u> ausgewertet werden, ohne allerdings weiter auf dieses Thema einzugehen (vgl. [SIN 74], S. 74 f,). Es wird nach dem Verkehrsmittel gefragt, mit dem ich zur Arbeit fahren kann:

Gutes Wetter? Loch im Schlauch ?	Ja Ja	Ja Nein	Nein –
Fahrt mit Fahrrad Fahrt mit Straßenbahn	– X	X –	– X

Wenn die Felder WETTER und FAHRRAD mit den entsprechenden Werten gefüllt sind, ergibt sich das Verehrsmittel:

```
01   WETTER                   PIC X.
     88  GUTES-WETTER       VALUE IS "G", "g".
01   FAHRRAD                  PIC X.
     88  LOCH-IM SCHLAUCH   VALUE IS "L", "l".
...
```

```
EVALUATE TRUE                 ALSO   TRUE
    WHEN GUTES-WETTER         ALSO   LOCH-IM-SCHLAUCH
         DISPLAY "Fahrt mit Strassenbahn" UPON BILDSCHIRM
    WHEN GUTES-WETTER         ALSO   NOT LOCH-IM-SCHLAUCH
         DISPLAY "Fahrt mit Fahrrad"      UPON BILDSCHIRM
    WHEN NOT GUTES-WETTER     ALSO   ANY
         DISPLAY "Fahrt mit Strassenbahn" UPON BILDSCHIRM
END-EAVLUATE
```

Mit diesen Beispielen kann nur angedeutet werden, was man mit EVALUATE alles anfangen kann. Nur auf eines möchte ich noch hinweisen: Die Elemente hinter EVALUATE und hinter WHEN müssen vom gleichen Typ sein, also jeweils Zahlen oder jeweils logische Ausdücke.

Mittels der Anweisung

<u>GO</u> TO { Prozedur-Name-1 } ... <u>DEPENDING</u> ON Bezeichner

kann man einen <u>Mehrwege-Schalter</u> definieren. Der Inhalt von Bezeichner soll eine natürliche Zahl sein, die auf das betreffende Sprungziel hinweist. Das folgende Beispiel zeigt, was darunter zu verstehen ist:

```
GO TO PROC-1, PROC-2, PROC-3 DEPENDING ON PROC-ZEIGER.
```

Enthält PROC-ZEIGER den Wert 1, setzt das Programm bei PROC-1 auf; enthält PROC-ZEIGER den Wert 3, setzt das Programm bei PROC-3 auf. Enthält PROC-ZEIGER einen ungültigen Wert, d.h. hier eine Zahl größer als 3 oder kleiner als 1, so wird die Anweisung GO TO ... DEPENDING ON ignoriert und die nächste Anweisung ausgeführt.

Die Funktion von GO TO ... DEPENDING ON ist in EVALUATE enthalten, nur kann EVALUATE wesentlich mehr und ist der Strukturierten Programmierung angepaßt.

<u>Kommentare</u> kann man - wie wir wissen - mittels der "Sternchen-Zeilen" an beliebigen Stellen ins Programm einfügen, sogar mitten in eine Anweisung. Ersetzt man das Sternchen in Zeichen-Position 7, d.h. an der Stelle C der COBOL-Zeile, durch den Schrägstrich "/", so wird vor dem Drucken der be-

treffenden Zeile auf die nächste Seite vorgeschoben, ein wirksames Mittel, längere Programme optisch zu gliedern.

In COBOL 68 gab es statt der "Sternchen-Zeilen" das Verbum NOTE, mit dem man Kommentar-Zeilen, Kommentar-Sätze und ganze Kommentar-Paragraphen in das Programm einfügen konnte. Wer ältere Programme liest oder zu ändern hat, wird noch darauf stoßen.

Neben den genannten Verben gibt es noch weitere, die aber aus Platzgründen hier nicht diskutiert werden können. Erwähnt seien STRING und UNSTRING, mit denen man Zeichenketten definieren, zusammenfügen und wieder auseinandernehmen kann, sowie INITIALIZE, womit man Datenfelder vorbesetzen kann.

7.3 Table Handling

Dieser Bereich ist in COBOL 68 und COBOL 74 noch als selbstständiger Modul ausgewiesen, in COBOL 85 dagegen in den Kern aufgenommen. Er umfaßt die Tabellenverarbeitung, die wir schon ausführlich behandelt haben. In diesem Abschnitt ist daher nur noch wenig zu ergänzen.

Mit der Klausel

OCCURS Ganzzahl-1 **TO** Ganzzahl-2 TIMES
DEPENDING ON Daten-Name

definiert man Tabellen variabler Länge. Ganzzahl-1 stellt die untere, Ganzzahl-2 die obere Grenze der Tabellengröße dar; in Daten-Name ist eine natürliche Zahl zwischen Ganzzahl-1 und Ganzzahl-2 enthalten, die das aktuelle Ende der Tabelle angibt.

Will man z.B. Anschriften verarbeiten, deren Anzahl zwischen 10 und 350 liegen soll, so kann man sie in eine Tabelle

```
01  TABELLE.
    02  ANSCHRIFT      OCCURS 10 TO 350 TIMES
                           DEPENDING ON ANZAHL.
        03   NAME      ...
        03   ...       ...
```

mit den Anweisungen

```
    ADD 1 TO ANZAHL.
    READ ADRESSEN-DATEI RECORD INTO ANSCHRIFT (ANZAHL)
         AT END PERFORM UEBERLAUF
    END-READ.
```

eintragen, die anschließend, z.B. mittels der SEARCH-Aweisung, bearbeitet werden kann. Es wird dann die Tabelle nur soweit durchsucht, wie sie mit Daten gefüllt ist. Man spart also mit Tabellen variabler Länge Ausführungszeit ein, nicht aber Speicherplatz, da immer die maximale Tabellengröße im Arbeitsspeicher reserviert ist.

7.4 Sequential Access

Dieser Modul bezieht sich auf die Bearbeitung sequentieller Dateien. Das Charakteristikum sequentieller Dateien ist, daß die darin enthaltenen Daten nur in der einmal festgelegten "Sequenz", d.h. Reihenfolge, verfügbar sind. Typische Datenträger für sequentielle Dateien sind Magnetbänder und Listen. Aber auch Dateien auf Massenspeichern (Platten) können sequentiell verarbeitet werden.

In diesem Abschnitt sind Ergänzungen zu Kapitel 5 aufgeführt.

7.4.1 ENVIRONMENT DIVISION

Für sequentielle Dateien, die auf Massenspeichern untergebracht sind, verlangen manche Compiler, daß im Paragraphen FILE-CONTROL der INPUT-OUPUT SECTION zusätzlich die Klauseln

ORGANIZATION IS **SEQUENTIAL**

ACCESS MODE IS **SEQUENTIAL**

angegeben werden. Der Standard sagt, daß beide Klauseln als Vorbesetzungen (default values) gelten, also fortgelassen werden dürfen. Daher ist an dieser Stelle ein Blick in das COBOL-Handbuch des Herstellers anzuraten.

Für den (wahlfreien) Paragraphen <u>I-O-CONTROL</u>, der dem Paragraphen FILE-CONTROL folgt, sind Anweisungen vorgesehen, die im nächsten Standard getilgt werden bzw. den Regeln moderner Software-Technologie zuwiderlaufen. Daher können wir auf ihn mit gutem Gewissen verzichten.

7.4.2 DATA DIVISION

In der Dateibeschreibung FD kann man mittels der Klausel

<u>LINAGE</u> IS { Daten-Name | Ganzzahl } LINES

die Größe einer (logischen) Seite in Zeilen definieren, d.h. man kann mit LINAGE festlegen, wieviele Zeilen auf eine (Papier-) Seite gedruckt werden sollen. Mit Zusätzen kann man außerdem noch Aussagen über den oberen und den unteren Rand machen. Verwendet man LINAGE, so wird automatisch ein Software-Register LINAGE-COUNTER eingerichtet, das die aktuelle Zeilenzahl enthält und im Programm abgefragt werden kann. Ist die Seite voll, wird automatisch auf die nächste vorgeschoben und LINAGE-COUNTER auf 1 gesetzt.

7.4.3 PROCEDURE DIVISION

Für die <u>OPEN</u>- und <u>CLOSE</u>-Anweisungen gibt es noch Zusätze, die sich auf bestimmte Datenträger beziehen. Im Rahmen dieses Buches kann auf Einzelheiten nicht weiter eingegangen werden; der Hinweis auf die COBOL-Handbücher der Hersteller muß hier genügen. Beispiele sollen diese Zusätze illustrieren:

<u>CLOSE</u> Datei-Name WITH <u>NO</u> <u>REWIND</u>

Die Datei wird nicht auf den Dateianfang positioniert, bevor sie abgeschlossen wird, ein Magnetband nicht zurückgespult.

Mit

CLOSE Datei-Name **WITH LOCK**

schließt man eine Datei derart ab, daß sie nicht wieder geöffnet werden kann: man stellt die betreffende Eingabe/Ausgabe-Einheit (z.B. Magnetbandgerät) dem System, und damit anderen Benutzern, zur Verfügung.

Will man eine Datei wieder auf den Anfang positionieren, z.B. ein Magnetband zurückspulen, muß man sie schließen und dann wieder öffnen, etwa so:

```
CLOSE BAND-DATEI.  OPEN INPUT BAND-DATEI.
```

Will man eine sequentielle Datei auf einem Massenspeicher beschreiben, so ist das WRITE-Verb bei vielen Compilern mit dem Zusatz

INVALID KEY unbedingter-Befehl

zu versehen. Damit soll verhindert werden, daß man außerhalb des vorgesehenen Speicherbereichs Daten ablegt, d.h. andere Daten zerstört. Die INVALID-KEY-Klausel hat also eine ähnliche Funktion wie die AT-END-Klausel beim READ-Verb. Bei den genannten Compilern muß man dann auch beim READ-Verb die Klausel AT END gegen INVALID KEY austauschen.

7.4.4 DECLARATIVES

In der PROCEDURE DIVISION kann man den eigentlichen Prozeduren "Erklärungen" vorausschicken, in denen angegeben wird, was unter bestimmten Betriebsbedingungen zu geschehen hat. Zunächst soll dieser Programmabschnitt formal beschrieben werden, um dann mit Beispielen seine Funktion zu verdeutlichen:

```
PROCEDURE DIVISION.

DECLARATIVES.

Kapitel-Name-1 SECTION.
    USE-Satz.

Paragraph-1-1.
    Anweisungen.  Evtl. weitere Paragraphen.
    ...

[ Kapitel-Name-2 SECTION.
    USE-Satz.

Paragraph-2-1.
    Anweisungen.  Evtl. weitere Paragraphen.
    ... ]

Evtl. weitere Kapitel.
    ...

END DECLARATIVES.
```

In der Klammer DECLARATIVES bis END DECLARATIVES sind ein oder mehrere Kapitel untergebracht, die jeweils mit einem USE-Satz eingeleitet werden. Damit wird angegeben, unter welchen Bedingungen die darauf folgenden Prozeduren durchlaufen werden sollen. Diese Prozeduren dürfen keinen Bezug auf Prozeduren außerhalb des DECLARATIVES-Abschnitts nehmen und dürfen umgekehrt auch nicht "von außerhalb" angesprochen werden.

Für das USE-Verb gilt (in etwas vereinfachter Form) folgendes Format:

USE AFTER STANDARD **ERROR PROCEDURE** ON {Datei-Name-1} ...

Die dieser Anweisung folgenden Prozeduren werden durchlaufen, wenn beim Beschreiben oder Lesen einer der angegebenen Dateien vom Betriebssystem ein Fehler gemeldet wurde (etwa Prioritätsfehler auf einem Magnetband). Der Punkt nach dem USE-Verb ist demnach als Doppelpunkt zu interpretieren.

Beispiel: Auf einem Magnetband seien Lochkarten (Lochkartenbilder) abgespeichert, die aufgelistet werden sollen.

```
       01  PARITY-ERROR         PIC X(70)      VALUE IS
             " +++ PARITY ERROR:  die folgende Karte ist moeglicher
       -     "weise fehlerhaft.".

       PROCEDURE DIVISION.

       DECLARATIVES.

       PRARITAETS-FEHLER SECTION.
           USE AFTER STANDARD ERROR PROCEDURE ON BAND-DATEI.

       FEHLER-IGNORIEREN.
           ADD 1 TO ANZAHL.
           IF ANZAHL > 99
              THEN
                 DISPLAY " Zu viele Lesefehler" UPON DRUCKER
                 CLOSE BAND, LISTE
                 STOP RUN
               ELSE
                 WRITE ZEILE FROM PARITY-ERROR
           END-IF.

       END DECLARATIVES.
```

Wenn ein fehlerhaftes Kartenbild auf dem Band gefunden wurde, wird die Prozedur FEHLER-IGNORIEREN durchlaufen und dann dem eigentlichen Programm das (möglicherweise) fehlerhafte Kartenbild mit entsprechender Fehlermeldung zur Weiterverarbeitung übergeben, also ausgedruckt,

Wäre die PARITAETS-FEHLER SECTION nicht im Programm, würde das Betriebssystem schon nach dem ersten Lesefehler das Programm abbrechen in der (im allgemeinen richtigen) Annahme, daß es unsinnig sei, fehlerhafte Daten zu verarbeiten.

7.5 Random Access

Dateien mit wahlfreiem Zugriff (random access) können nur auf Massenspeichern untergebracht werden. Typisches Beispiel dafür ist die Kontenführung einer Bank: zu jedem Konto muß man ohne langes Suchen zugreifen können.

Der Zugriff zu den einzelnen Sätzen einer Random-Datei erfolgt über sog. Schlüssel (keys). Aus dem Inhalt dieses Schlüssels berechnet das Betriebssystem die physikalische Adresse des Satzes auf dem Massenspeicher.

In COBOL 68 war es dem Hersteller überlassen, welche Zugriffsmethode implementiert wurde. Hierdurch ergaben sich starke Inkompatibilitäten. Seit COBOL 74 unterscheidet man zwei Zugriffsmethoden, die im wesentlichen überall realisiert sind:

- relativer Zugriff und
- indizierter Zugriff, auch indexsequentieller Zugriff oder ISAM (= Index-Sequential Access Method) genannt.

Bei der relativen Dateiorganisation werden die Sätze einfach durchnumeriert (1, 2, 3, ...) und der Schlüssel enthält dann die Nummer des Satzes: man adressiert die Sätze "relativ" zum Anfang der Datei.

Bei der indizierten Dateiorganisation ist das Suchkriterium ein Datenfeld, dessen Inhalt den Schlüssel bildet, z.B. die Kontonummer. Der Zugriff erfolgt dann über sog. Indextabellen, die das Betriebssystem verwaltet. Daher ist diese Methode etwas lansgamer, aber sie ist bequem zu programmieren.

Man kann aber auch sequentiell auf Random-Dateien zugreifen. Damit wird deutlich, warum man unterscheidet zwischen
- der Organisation der Datei (wie ist sie angelegt) und
- der Zugriffsmethode (wie wird die Datei bearbeitet).

7.5.1 Relative I-O

In der SELECT-Anweisung (Paragraph FILE-CONTROL in der INPUT-OUPUT SECTION der ENVIRONMENT DIVISION) müssen zusätzlich folgende Klauseln angegeben werden:

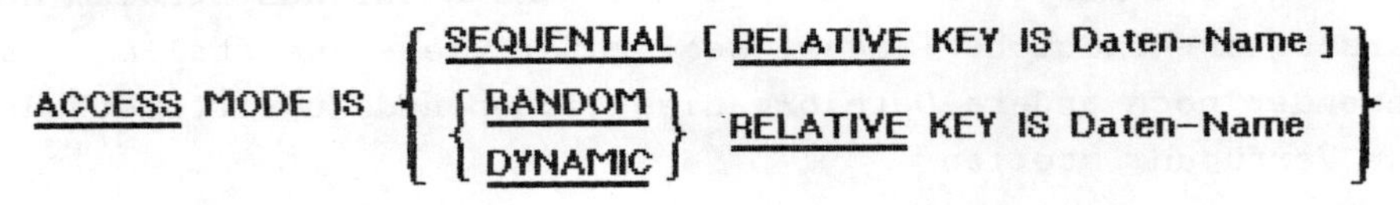

Fehlt die ACCESS-Klausel, wird SEQUENTIAL angenommen; ACCESS DYNAMIC bedeutet, daß man die Datei sowohl RANDOM als auch SEQUENTIAL bearbeiten will. Daten-Name enthält die Nummer des Satzes, der verarbeitet werden soll.

Bei RANDOM-Verarbeitung müssen die Anweisungen READ und WRITE mit der Klausel

INVALID KEY unbedingter-Befehl

versehen sein (bei READ anstelle von AT END), um zu verhindern, daß Zugriffe mit ungültigen Schlüsseln, d.h. auf Sätze außerhalb der Datei erfolgen.

7.5.2 Indexed I-O

Die zusätzlichen Klauseln der SELECT-Anweisung lauten hier:

[ORGANIZATION IS] INDEXED

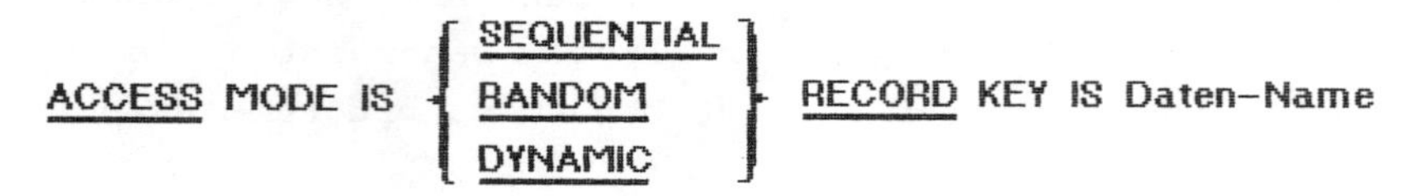

Fehlt die ACCESS-Klausel, wird SEQUENTIAL angenommen. Daten-Name ist ein Feld konstanter Größe und Lage innerhalb des Satzes der Random-Datei (z.B. die Kontonummer).

Die Zugriffe zur Datei erfolgen wie oben in Abschnitt 7.5.1 beschrieben; das Feld Daten-Name muß vorher mit dem Suchkriterium, z.B. der Kontonummer, gefüllt werden.

Sowohl für Relative I-O als auch für Indexed I-O gibt es noch eine Reihe von Anweisungen und Klauseln, auf die hier nicht näher eingegangen werden kann. Beim Arbeiten mit Random-Dateien ist man in besonders starkem Maße auf das Studium der Hersteller-Handbücher angewiesen, zumal viele Hersteller dem Anwender noch andere Dateiorganisationen und Zugriffsmethoden zur Verfügung stellen.

7.6 Sort

Eine der wichtigsten und häufigsten Aufgaben der kommerziellen Datenverarbeitung ist das Sortieren. Daher gibt es in COBOL einen Sortierteil. Mit welchem Algorithmus sortiert wird, braucht uns dabei nicht zu interessieren. Als COBOL-Programmierer muß man sich nur um folgendes kümmern:

1.) Sortierfolge (COLLATING SEQUENCE),
2.) Definition einer (sequentiellen) Sortier-Datei (SD) und
3.) das Sortieren selber (RELEASE, SORT, MERGE, RETURN).

7.6.1 Sortierfolge

Eine allgemein verbindliche Sortierfolge gibt es leider nicht; man muß sich daher im COBOL-Handbuch des Herstellers danach umschauen. In der Regel gilt jedoch:

Das Alphabet, d.h. die 26 Groß-Buchstaben "A ... Z" werden in der richtigen Reihenfolge sortiert, und die 10 Ziffern auch. Aber ob die Ziffern vor den Buchstaben einsortiert werden oder danach, ist schon unterschiedlich, ganz zu schweigen von den kleinen Buchstaben "a ... z" oder gar den Umlauten und dem "ß", denn oft rangiert "a" hinter "Z" und "ä" hinter "z".

Bezüglich der Sortierfolge ist der Zwischenraum meist das Zeichen mit dem geringsten Wert (LOW-VALUE). Welches Zeichen dagegen den höchsten Wert (HIGH-VALUE) darstellt, ist unterschiedlich, z.B. "9" oder "Z" oder auch ein Sonderzeichen, etwa "≠".

Über die Sonderzeichen kann hier weiter keine Aussage gemacht werden, weil diese in jedem System anders behandelt werden, z.T. sind sie sogar irgendwo zwischen den Buchstaben eingestreut. Auf jeden Fall aber kann man sich darauf verlassen, daß das Alphabet und die Ziffern je für sich richtig sortiert werden.

Diese Situation ist natürlich traurig. COBOL reagiert darum entsprechend: Die meisten Compiler stellen mehrere verschiedene Sortierfolgen zur Verfügung: ASCII, EBCDIC, u.a.; im Paragraphen SPECIAL-NAMES kann man die Auswahl treffen mit der Klausel:

Alphabet-Name IS { **<u>STANDARD-1</u>** | **<u>STANDARD-2</u>** | **<u>NATIVE</u>** | **Hersteller-Name** }

worauf dann in der SORT-Anweisung Bezug genommen werden kann. Auch hier gilt: im Hersteller-Handbuch nachschlagen! Nach dem neuen Standard COBOL 85 steht

STANDARD-1	für	ASCII (ANS X3.4-1977),
STANDARD-2	für	ISO 7-Bit-Code (ISO 646),
NATIVE	für	nationale Besonderheiten und
Hersteller-Name	für	system-spezifische Folgen.

Darüberhinaus kann man eigene Sortierfolgen definieren, worauf hier aber nicht näher eingegangen werden kann.

7.6.2 <u>SD (Sort-File Description)</u>

Zum Sortieren benötigt man eine besondere sequentielle Datei, die sog. <u>Sortier-Datei</u>, die man als Zwischenspeicher auffassen kann. Diese Sortier-Datei muß, wie jede andere Datei auch, im Paragraphen FILE-CONTROL der ENVIRONMENT DIVISION einem externen Speicher, meist Massenspeicher, zugewiesen werden. Da aber Sortier-Dateien besondere Dateien sind, werden für sie in der SELECT-Anweisung meistens spezielle Hersteller-Namen verwendet.

In der DATA DIVISION wird die Sortier-Datei folgendermaßen definiert:

```
SD Sortier-Datei-Name
     [ RECORD CONTAINS  Ganzzahl-1  TO  Ganzzahl-2 CHARACTERS ]

     [ DATA {RECORD IS  } {Daten-Name-1}  ... ] .
            {RECORDS ARE}
```

Die beiden Buchstaben "SD" stehen - wie "FD" - ab Stelle A (Zeichen-Position 8 und 9) der COBOL-Zeile, alles andere ab Stelle B (ab Zeichen-Position 12). Nach der SD-Erklärung folgen die Datensatz-Definitionen, wie üblich. Nach den Merkmalen, die in den Sortier-Datensätzen angegeben sind, wird sortiert. Ein ausführliches Beispiel finden Sie in Programm 9.

7.6.3 SORT

Zum Sortieren benutzt man die folgende Anweisung:

```
SORT  Sortier-Datei-Name
   { ON {ASCENDING } KEY {Daten-Name-1} ... } ...
        {DESCENDING}
   [ WITH DUPLICATES IN ORDER ]
   [ COLLATING SEQUENCE IS Alphabet-Name ]
   {INPUT PROCEDURE IS Kapitel-Name-1 [ THRU Kapitel-Name-2 ] }
   {USING Datei-Name-1                                        }
   {OUTPUT  PROCEDURE IS Kapitel-Name-3 [ THRU Kapitel-Name-4 ] }
   {GIVING  Datei-Name-2                                        }
```

Beispiel:

```
           SORT SORTIER-DATEI
                ON ASCENDING KEY  MERKMAL-1, MERKMAL-2
                   COLLATING SEQUENCE IS STANDARD-1
                USING  DATEI-EIN
                GIVING DATEI-AUS.
```

Die Datensätze werden der DATEI-EIN entnommen, auf der SORTIER-DATEI gemäß ASCII-Sortierfolge sortiert, und die sortierten Daten der DATEI-AUS übergeben. MERKMAL-1 hat, weil zuerst aufgeführt, die höhere Priorität. Alle Datensätze, die einen gleichen Wert für MERKMAL-1 haben, sind nach MERKMAL-2 sortiert angeordnet, also in der Reihenfolge, wie man es erwartet.

Zur SORT-Anweisungen sind folgende Anmerkungen zu machen:

Es wird nur nach den Sortier-Schlüsseln (Merkmalen) sortiert, die in der Datensatz-Erklärung zur Sortier-Datei-Erklärung (kurz: im Sortiersatz) angegeben sind. Es können grundsätzlich beliebig viele Schlüssel angegeben werden; auf die Sortier-Ordnung (aufsteigend = ASCENDING oder absteigend = DESCENDING) kommt es dabei nicht an. Die Sortier-Schlüssel müssen in fallender Priorität angegeben werden: der erste Schlüssel hat die höchste, der letzte die niedrigste Bedeutung.

Haben die Datensätze der Eingabe-Datei bzw. Ausgabe-Datei die gleiche Struktur wie der Sortiersatz (speziell: haben sie die gleiche Länge), braucht man die INPUT PROCEDURE bzw. OUTPUT PROCEDURE nicht explizit anzugeben; man benutzt dann die Klauseln USING für die Eingabe-Datei und GIVING für die Ausgabe-Datei. Beide Dateien dürfen nicht geöffnet sein; sie werden von SORT intern geöffnet und geschlossen. Die Eingabe-Datei und die Ausgabe-Datei darf ein und dieselbe Datei sein.

Sollen die Datensätze vor oder nach dem Sortieren gewissen Manipulationen unterworfen werden, muß man die INPUT PROCEDURE bzw. die OUTPUT PROCEDURE explizit angeben. Eine INPUT PROCEDURE muß mindestens eine RELEASE-Anweisung enthalten, die der WRITE-Anweisung entspricht (auf die Sortier-Datei schreiben). Eine OUTPUT PROCEDURE muß mindestens eine RETURN-Anweisung enthalten, die der READ-Anweisung entspricht (von der Sortier-Datei lesen). Näheres darüber im folgenden Abschnitt.

Die folgende grafische Darstellung veranschaulicht den Sortierprozeß vom COBOL-Standpunkt aus; alles, was innerhalb des Kastens gezeichnet ist, gehört zur SORT-Anweisung.

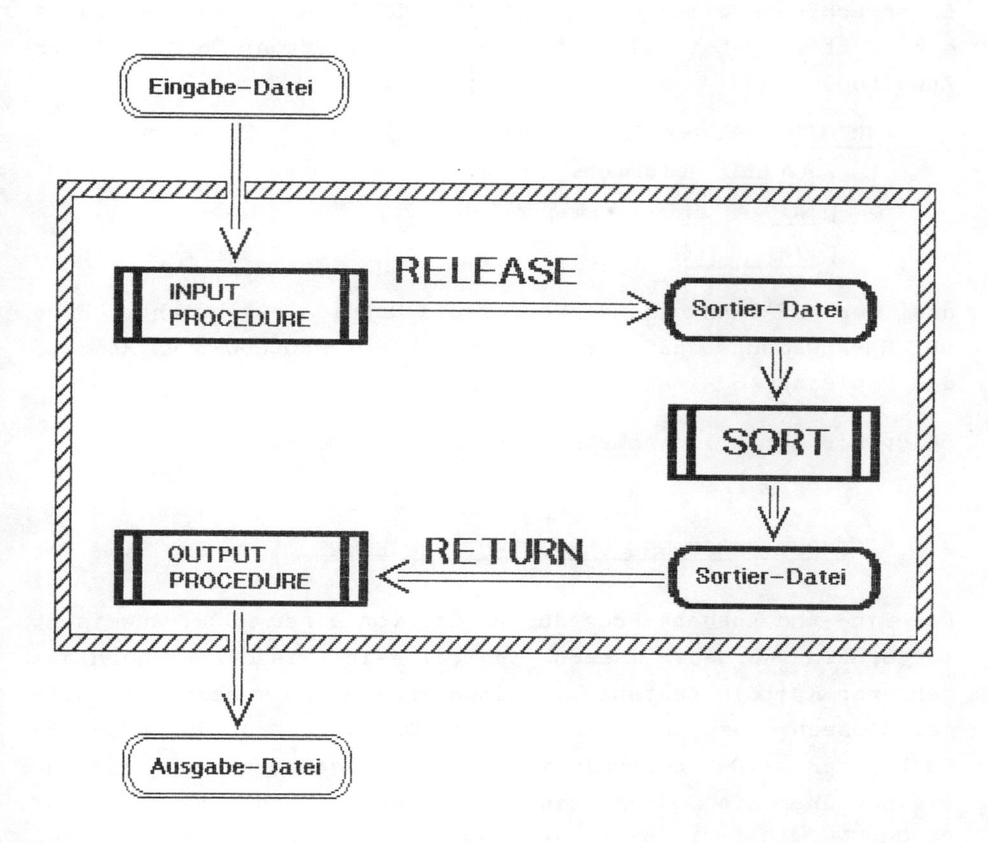

7.6.4 RELEASE und RETURN

Um in einer INPUT PROCEDURE einen Datensatz der Sortier-Datei zu übergeben, benutzt man die folgende Anweisung:

<u>RELEASE</u> Sortier-Satz-Name [<u>FROM</u> Bezeichner]

Da die Sortier-Dateien spezielle Dateien sind, kann man sie nicht wie gewöhnliche Dateien behandeln. Der WRITE-Anweisung für normale Dateien entspricht bei Sortier-Dateien die RELEASE-Anweisung. Eine RELEASE-Anweisung darf daher nur in einer INPUT PROCEDURE stehen, die von einer SORT-Anweisung aufgerufen wird.

Entsprechendes gilt für die OUTPUT PROCEDURE. Man entnimmt der Sortier-Datei die einzelnen (sortierten) Sätze mit der Anweisung

<u>RETURN</u> Sortier-Datei-Name RECORD [<u>INTO</u> Bezeichner]
AT <u>END</u> unbedingter-Befehl-1
[<u>NOT</u> AT <u>END</u> unbedingter-Befehl-2]
[<u>END-RETURN</u>]

die der READ-Anweisung für normale Dateien entspricht. Eine RETURN-Anweisung darf nur in einer OUTPUT PROCEDURE vorkommen, die von einer SORT-Anweisung aufgerufen wird.

Beispiele für beide Anweisungen in Programm 9.

7.6.5 INPUT PROCEDURE und OUTPUT PROCEDURE

Die Ein- und Ausgabe-Prozeduren, die von einer SORT-Anweisung aufgerufen werden, müssen Kapitel sein (sie dürfen auch aus mehreren Kpiteln bestehen). Diese Prozeduren müssen in sich geschlossen sein und dürfen keinen Bezug zu Prozeduren außerhalb ihrer selbst nehmen; wichtig ist umgekehrt auch, daß man sie nur über die SORT-Anweisung aufrufen kann (INPUT/OUTPUT PROCEDURE IS ...), nicht aber von anderen Teilen des Programmes aus, z.B. über eine PERFORM-Anweisung. Die Ein- und Ausgabe-Prozeduren sind gleichsam in Käfige eingeschlossen; ähnlich verhält es sich mit den Prozeduren, die durch die USE-Anweisung in dem DECLARATIVES-Abschnitt angesprochen werden.

Die Ein- und Ausgabe-Prozeduren müssen die benötigten Dateien selbst öffnen und schließen, während die Dateien, die in den Klauseln USING und GIVING angegeben sind, von SORT automatisch geöffnet und geschlossen werden.

In den Ein- und Ausgabe-Prozeduren dürfen alle COBOL-Anweisungen vorkommen, außer natürlich SORT und MERGE.

Ein vollständiges Beispiel für je eine INPUT PROCEDURE und eine OUTPUT PROCEDURE sind in Programm 9 angegeben.

7.6.6 MERGE

Mit der MERGE-Anweisung (merge = mischen) kann man zwei oder mehrere, in gleicher Weise geordnete, sequentielle Dateien zu einer neuen, geordneten Datei zusammenmischen. Die MERGE-Anweisung sieht wie die SORT-Anweisung aus und gehorcht analogen Regeln, nur ist eine OUTPUT PROCEDURE nicht erlaubt, und bei der USING-Klausel müssen mindesten zwei Dateien angegeben werden. Diese Abweichungen von SORT sind sofort einsichtig, wenn man sich klar macht, was "mischen" in der Datenverarbeitung bedeutet, nämlich das Zusammenfügen von mehreren Datenströmen zu einem neuen.

7.6.7 Programm 9: SORTIEREN

Nach dem Voraufgegangenen ist zu dem Programm selbst nicht mehr viel zu sagen. Es werden Datensätze im Lochkartenformat eingelesen. Die INPUT PROCEDURE verzichtet auf die ersten sechs Zeichen. In die OUTPUT PROCEDURE ist die Prozedur AUSGABE von Programm 3 (MINREP) eingebaut, welches damals auf einem NCR-TOWER (Compiler RM/COBOL85) gelaufen war. Ein Vergleich zeigt, daß keine Änderungen in diesem Programmteil nötig waren. Programme, die in ANS COBOL geschrieben sind und keine Programmiertricks enthalten, sind <u>portabel</u>, d.h. sie können von einem Rechner leicht auf einen anderen übertragen, also transportiert werden.

Von den Ergebnissen sind die erste und die letzte Seite wiedergegeben, sowie die ersten und letzten Datensätze; insgesamt wurden 125 Sätze eingelesen.

```
IDENTIFICATION DIVISION.

PROGRAM-ID.  SORTIEREN.


ENVIRONMENT DIVISION.

CONFIGURATION SECTION.

SOURCE-COMPUTER.  SIEMENS 7.590-G.
OBJECT-COMPUTER.  SIEMENS 7.590-G.

SPECIAL-NAMES.
    TERMINAL IS BILDSCHIRM
    C01      IS NEUE-SEITE.


INPUT-OUTPUT SECTION.

FILE-CONTROL.
    SELECT EINGABEDATEI ASSIGN  TO "SORTDAT".
    SELECT AUSGABEDATEI ASSIGN  TO "SORTLIST".
    SELECT SORTIERDATEI ASSIGN  TO DISC.


DATA DIVISION.


FILE SECTION.

FD  EINGABEDATEI.

01  EINGABE-SATZ.
    02  FILLER                   PICTURE IS  X(6).
    02  MERKMAL-1                PICTURE IS  9(5).
    02  MERKMAL-2                PICTURE IS  9(2).
    02  MERKMAL-3                PICTURE IS  X(25).
    02  INHALT                   PICTURE IS  X(40).


FD  AUSGABEDATEI.

01  ZEILE                        PIC X(90).


SD  SORTIERDATEI.

01  SORTIER-SATZ.
    02  MERKMAL-1                PICTURE IS  9(5).
    02  MERKMAL-2                PICTURE IS  9(2).
    02  MERKMAL-3                PICTURE IS  X(25).
    02  INHALT                   PICTURE IS  X(40).
```

```
WORKING-STORAGE SECTION.

01  KONSTANTE.
    02  DATEI-ENDE               PIC X(3)   VALUE IS "EOF".

01  VARIABLE.
    02  SATZZAEHLER              PIC 9(6).

01  STATUS-WORT.
    02  STATUS-EINGABE           PIC X(3).
        88  EINGABE-ZU-ENDE                 VALUE "EOF".
    02  STATUS-SORTIERDATEI      PIC X(3).
        88  SORTIERT-ZU-ENDE                VALUE "EOF".

01  UEBERSCHRIFT                 PIC X(38)  VALUE IS
        "       Auflistung der sortierten Daten".
01  TABELLE-1                    PIC X(49)  VALUE IS
        "       MERK-  M2  MERKMAL-3                TEXT".
01  TABELLE-2                    PIC X(12)  VALUE IS
        "       MAL-1".
01  FUSSNOTE                     PIC X(33)  VALUE IS
        "       Fortsetzung naechste Seite".


01  ERGEBNIS.
    02  FILLER                   PIC X(7)   VALUE SPACES.
    02  MERKMAL-1                PIC 9(5).
    02  FILLER                   PIC X(2)   VALUE SPACES.
    02  MERKMAL-2                PIC 9(2).
    02  FILLER                   PIC X(2)   VALUE SPACES.
    02  MERKMAL-3                PIC X(25).
    02  FILLER                   PIC X(2)   VALUE SPACES.
    02  INHALT                   PIC X(40).

01  ERGEBNIS-TEXT   REDEFINES ERGEBNIS   PIC X(90).


01  STATISTIK-TEXT.
    02  FILLER                   PIC X(31)   VALUE IS
          "         === Verarbeitet wurden ".
    02  SATZZAHL                 PIC Z(5)9.
    02  FILLER                   PIC X(17)   VALUE IS
                              " Datensaetze. ===".

01  ENDE-TEXT                    PIC X(60)   VALUE IS
        "        *** Wer Ordnung haelt, ist nur zu faul zu su
-       "chen ***".


01  FUER-AUSGABE-PROZEDUR.
    02  ZEILENZAEHLER            PIC 9(2).
    02  SEITENZAEHLER            PIC 9(3).
    02  LEER                     PIC X      VALUE IS SPACE.
```

```
    02  SEITEN-UEBERSCHRIFT.
        05  SEITEN-KOPF                PIC X(76).
        05  FILLER                     PIC X(4)    VALUE SPACES.
        05  FILLER                     PIC X(6)    VALUE "Seite ".
        05  SEITE                      PIC ZZ9.
    02  TABELLEN-KOPF-1                PIC X(91).
    02  TABELLEN-KOPF-2                PIC X(91).
    02  SEITEN-FUSS                    PIC X(91).

PROCEDURE DIVISION.

HAUPTPROGRAMM SECTION.
***********************

SORTIEREN.
    SORT SORTIERDATEI
        ON ASCENDING KEY
           MERKMAL-1 OF SORTIER-SATZ
           MERKMAL-2 OF SORTIER-SATZ
        ON DESCENDING KEY
           MERKMAL-3 OF SORTIER-SATZ
        INPUT PROCEDURE IS EIN
        OUTPUT PROCEDURE IS AUS.
    STOP RUN.


EIN SECTION.
**************

ANFANG.
    MOVE ZEROS TO VAARIABLE, SATZZAHL, SEITE.
    MOVE UEBERSCHRIFT TO SEITEN-KOPF.
    MOVE TABELLE-1    TO TABELLEN-KOPF-1;
    MOVE TABELLE-2    TO TABELLEN-KOPF-2.
    MOVE FUSSNOTE     TO SEITEN-FUSS.
    OPEN INPUT EINGABEDATEI.
    READ EINGABEDATEI RECORD
        AT END MOVE "EOF" TO STATUS-EINGABE
    END-READ.

AUSFUEHRUNG.
    PERFORM     WITH TST BEFORE
             UNTIL EINGABE-ZU-ENDE
        MOVE CORRESPONDING EINGABE-SATZ TO SORTIER-SATZ
        ADD 1 TO SATZZAEHLER
        RELEASE SORTIER-SATZ
        READ EINGABEDATEI RECORD
            AT END MOVE DATEI-ENDE TO STATUS-EINGABE
        END-READ
    END-PERFORM.

SCHLUSS.
    CLOSE EINGABEDATEI.
```

```
 AUS SECTION.
**************

 ANFANG.
     OPEN OUTPUT AUSGABEDATEI.
     RETURN SORTIERDATEI RECORD
         AT END MOVE DATEI-ENDE TO STATUS-SORTIERDATEI
     END-RETURN.

 AUSFUEHRUNG.
     PERFORM     WITH TEST BEFORE
              UNTIL SORTIERT-ZU-ENDE
         MOVE CORRESPONDING SORTIER-SATZ TO ERGEBNIS
         PERFORM AUSGABE
         RETURN SORTIERDATEI RECORD
             AT END MOVE DATEI-ENDE TO STATUS-SORTIERDATEI
         END-RETURN
     END-PERFORM.

 SCHLUSS.
     MOVE SPACES TO ERGEBNIS-TEXT.
     PERFORM AUSGABE 3 TIMES.
     MOVE SATZZAEHLER TO SATZZAHL.
     MOVE STATISTIK-TEXT TO ERGEBNIS-TEXT.
     PERFORM AUSGABE.
     DISPLAY STATISTIK-TEXT UPON BILDSCHIRM.

     MOVE SPACES TO ERGEBNIS-TEXT.
     PERFORM AUSGABE 5 TIMES.
     MOVE ENDE-TEXT TO ERGEBNIS-TEXT.
     PERFORM AUSGABE.
     DISPLAY ENDE-TEXT UPON BILDSCHIRM.
     CLOSE AUSGABEDATEI.

 UNTERPROGRAMM SECTION.
***********************

 AUSGABE.
     IF ZEILENZAEHLER = 0 PERFORM SEITENWECHSEL.
     ADD 1 TO ZEILENZAEHLER.
     WRITE ZEILE FROM ERGEBNIS AFTER 1.
     IF ZEILENZAEHLER = 28 MOVE ZEROES TO ZEILENZAEHLER.

 SEITENWECHSEL.
     IF SEITENZAEHLER NOT = 0
        THEN
            WRITE ZEILE FROM SEITEN-FUSS AFTER 2 LINES
     END-IF.
     ADD 1 TO SEITENZAEHLER.
     MOVE SEITENZAEHLER TO SEITE.
     WRITE ZEILE FROM SEITEN-UEBERSCHRIFT AFTER NEUE-SEITE.
     WRITE ZEILE FROM TABELLEN-KOPF-1 AFTER 3 LINES
     WRITE ZEILE FROM TABELLEN-KOPF-2 AFTER 1.
     WRITE ZEILE FROM LEER AFTER ADVANCING 2 LINES.
```

Dies sind die ersten und die letzten Datensätze:

```
Filler1111111ABCDEFGHIJKLMNOPQRSTUVWXY*** text *** text *** text *** Satz 001.
Filler1234522XXXXXXXXXXXXXXXXXXXXXXXXX*** text *** text *** text *** Satz 002.
Filler2345122ZZZZZZZZZZZZZZZZZZZZZZZZZ*** text *** text *** text *** Satz 003.
Filler1111122IDIDIDIDIDIDIDIDIDIDIDIDI*** text *** text *** text *** Satz 004.
Filler2222222IHIHIHIHIHIHIHIHIHIHIHIHI*** text *** text *** text *** Satz 005.
Filler3333333HIHIHIHIHIHIHIHIHIHIHIHIH*** text *** text *** text *** Satz 006.
Filler2345133ABCDEFGHIJKLMNOPQRSTUVWXY*** text *** text *** text *** Satz 007.
Filler1111133BCDEFGHIJKLMNOPQRSTUVWXYZ*** text *** text *** text *** Satz 008.
Filler2222222        IJKLMNOPQRSTUVWXY*** text *** text *** text *** Satz 009.
Filler1111111ZZZZZZZZZZZZZYYYYYYYYYYYY*** text *** text *** text *** Satz 010.
Filler3333333YYYYYYYYYYYYYYYYYYYZZZZZZ*** text *** text *** text *** Satz 011.
Filler1234533YYYYYYYYYYYYYYYYYYYYYYYYY*** text *** text *** text *** Satz 012.
Filler2222222EEEEEEEEEEEEEEEEEEEEEEEEE*** text *** text *** text *** Satz 013.
Filler2345111CCCCCCCCCCCCCCCCCCCCCCCCC*** text *** text *** text *** Satz 014.
Filler1111133KKKKKKKKKKKKKKKKKKKKKKKKK*** text *** text *** text *** Satz 015.
Filler3333333ABCDEFGHIJKLMNOPQRSTUVWXY*** text *** text *** text *** Satz 016.
Filler2222233YYYYYYYYYYYYYYYYYYYYYYYYY*** text *** text *** text *** Satz 017.
Filler2222212ABCDEFGHIJKLMNOP         *** text *** text *** text *** Satz 018.


Filler1111122AAAAAAAAAAAAABBBBBBBBBBBB*** text *** text *** text *** Satz 111.
Filler2222233XXXXXXXXXXXXFFFFFFFFFFFFF*** text *** text *** text *** Satz 112.
Filler2222233AAAAAAAAAAAAAAAAAAAAAAAAA*** text *** text *** text *** Satz 113.
Filler3333333ABABABABABABABABABABABABA*** text *** text *** text *** Satz 114.
Filler1234533XXXXXXXXXXXXXXXXXXXXXXXXX*** text *** text *** text *** Satz 115.
Filler1111122PAPAPAPAPAPAPAPAPAPAPAPAP*** text *** text *** text *** Satz 116.
Filler3333322GEIGEIGEIGEIGEIGEIGEIGEI *** text *** text *** text *** Satz 117.
Filler2222222                         *** text *** text *** text *** Satz 118.
Filler1111133ABCDEFGHIJKLMNOPQRSTUVWXY*** text *** text *** text *** Satz 109.
Filler1234512CCCCCCCCCCCCCCCCCCCCCCCCC*** text *** text *** text *** Satz 120.
Filler2222233EEEEEEEEEEEEEEEEEEEEEEEEE*** text *** text *** text *** Satz 121.
Filler1111112ABCDEFGHIJKLMNOPQRSTUVWXY*** text *** text *** text *** Satz 122.
Filler3333333ABCDEFGHIJKLMNOPQRSTUVWXY*** text *** text *** text *** Satz 123.
Filler1111133BBBBBBBBBBBBBBBBBBBBBBBBB*** text *** text *** text *** Satz 124.
Filler1234533AAAAAAAAAAAAAAAAAAAAAAAAA*** text *** text *** text *** Satz 125.
```

Anschließend finden Sie die erste und die letzte Seite der Ergebnisse.

Das Programm verabschiedet sich am Bildschirm mit den Meldungen:

```
=== Verarbeitet wurden    125 Datensaetze. ===
*** Wer Ordnung haelt, ist nur zu faul zu suchen ***
```

```
Auflistung der sortierten Daten                                    Seite   1

MERK-  M2  MERKMAL-3                  Text
MAL-1


11111  11  ZZZZZZZZZZZZZYYYYYYYYYYYY  *** text *** text *** text *** Satz 010.
11111  11  ABCDEFGHIJKLMNOPQRSTUVWXY  *** text *** text *** text *** Satz 001.
11111  12  YYYYYYYYYYYYZZZZZZZZZZZZZ  *** text *** text *** text *** Satz 019.
11111  12  TTTTTTTTTTTTTSSSSSSSSSSSS  *** text *** text *** text *** Satz 097.
11111  12  TQTQTQTQTQTQTQTQTQTQTQTQT  *** text *** text *** text *** Satz 067.
11111  12  RRRRRRRRRRRRRRRRRRRRRRRRR  *** text *** text *** text *** Satz 094.
11111  12  JJJJJJJJJJJJJJJJJJJJJJJJJ  *** text *** text *** text *** Satz 060.
11111  12  HHHHHHHHHHHHHHHHHHHHHHHHH  *** text *** text *** text *** Satz 076.
11111  12  ABCDEFGHIJKLMNOPQRSTUVWXY  *** text *** text *** text *** Satz 122.
11111  12  ABABABABABABABABABABABABA  *** text *** text *** text *** Satz 031.
11111  21  YAYAYAYAYAYAYAYAYAYAYAYAY  *** text *** text *** text *** Satz 036.
11111  21  XYXYXYXYXYXYXYXYXYXYXYXYX  *** text *** text *** text *** Satz 034.
11111  21  TTTTTTTTTTTTTTTTTTTTTTTTT  *** text *** text *** text *** Satz 099.
11111  21  SSSSSSSSSSSSSSSSSSSSSSSSS  *** text *** text *** text *** Satz 100.
11111  21  MWMWMWMWMWMWMWMWMWMWMWMWM  *** text *** text *** text *** Satz 052.
11111  22  QOQOQOQOQOQOQOQOQOQOQOQOQ  *** text *** text *** text *** Satz 049.
11111  22  PAPAPAPAPAPAPAPAPAPAPAPAP  *** text *** text *** text *** Satz 116.
11111  22  IDIDIDIDIDIDIDIDIDIDIDIDI  *** text *** text *** text *** Satz 004.
11111  22  FFFFFFFFFFFFFFFFFFFFFFFFF  *** text *** text *** text *** Satz 105.
11111  22  BBBBBBBBBBBBBBBBBBBBBBBBB  *** text *** text *** text *** Satz 106.
11111  22  AYAYAYAYAYAYAYAYAYAYAYAYA  *** text *** text *** text *** Satz 040.
11111  22  AAAAAAAAAAAAABBBBBBBBBBBB  *** text *** text *** text *** Satz 111.
11111  33  ZZZZZZZZZZZZZZZZZZZZZZZZZ  *** text *** text *** text *** Satz 082.
11111  33  WWWWWWWWWWWWWWWWWWWWWWWWW  *** text *** text *** text *** Satz 069.
11111  33  PRPRPRPRPRPRPRPRPRPRPRPRP  *** text *** text *** text *** Satz 092.
11111  33  LLLLLLLLLLLLLTTTTTTTTTTTT  *** text *** text *** text *** Satz 027.
11111  33  LLLLLLLLLLLLLLLLLLLLLLLLL  *** text *** text *** text *** Satz 057.
11111  33  KKKKKKKKKKKKKKKKKKKKKKKKK  *** text *** text *** text *** Satz 015.

Fortsetzung naechste Seite
```

```
Auflistung der sortierten Daten                                          Seite   5

MERK-  M2  MERKMAL-3                   Text
MAL-1


33333  33  YYYYYYYYYYYYYYYYYYYZZZZZZ   *** text *** text *** text *** Satz 011.
33333  33  XWXWXWXWXWXWXWXWXWXWXWXWX   *** text *** text *** text *** Satz 084.
33333  33  TTTTTTTTTTTTTLLLLLLLLLLLL   *** text *** text *** text *** Satz 028.
33333  33  LLLLLLLLLLLLLLLLLLLLLLLLL   *** text *** text *** text *** Satz 025.
33333  33  LLLLLLLLLLLLLLLLLLLLLLLLL   *** text *** text *** text *** Satz 055.
33333  33  IJIJIJIJIJIJIJIJIJIJIJIJI   *** text *** text *** text *** Satz 081.
33333  33  HIHIHIHIHIHIHIHIHIHIHIHIH   *** text *** text *** text *** Satz 006.
33333  33  HHHHHHHHHHHHHHUUUUUUUUUUU   *** text *** text *** text *** Satz 074.
33333  33  ABCDEFGHIJKLMNOPQRSTUVWXY   *** text *** text *** text *** Satz 016.
33333  33  ABCDEFGHIJKLMNOPQRSTUVWXY   *** text *** text *** text *** Satz 023.
33333  33  ABCDEFGHIJKLMNOPQRSTUVWXY   *** text *** text *** text *** Satz 123.
33333  33  ABABABABABABABABABABABABA   *** text *** text *** text *** Satz 114.
33333  33            KLMNOPQRSTUVWXY   *** text *** text *** text *** Satz 042.


 === Verarbeitet wurden    125 Datensaetze. ===



 *** Wer Ordnung haelt, ist nur zu faul zu suchen ***
```

7.7 Report Writer

7.7.1 Aufgabe des Report Writers

Mit dem Report Writer (Listprogramm) wird dem COBOL-Programmierer ein Hilfsmittel an die Hand gegeben, welches Auflistungen fast automatisch vornimmt: die Druckausgabe wird durch die Daten selbst gesteuert. Das Format der Ausgabe muß selbstverständlich sehr genau erklärt werden. Dies geschieht in einem besonderen Kapitel der DATA DIVISION, das hinter der WORKING-STORAGE SECTION liegt: die REPORT SECTION. Dafür braucht man sich aber in der PROCEDURE DIVISION um die Ausgabe-Organisation kaum noch zu kümmern.

Eine Seite der Druckausgabe (Liste) wird eingeleitet mit einem Seitenkopf (PAGE HEADING) und abgeschlossen mit einem Seitenfuß (PAGE FOOTING). Dazwischen befinden sich die eigentlichen Ausgabe-Zeilen (DETAIL), die durch datengesteuerte Zwischen-Überschriften (CONTROL HEADING) und Zwischen-Fußzeilen (CONTROL FOOTING) weiter untergliedert werden können. Darüberhinaus kann man noch der gesamten Ausgabe einen Listenkopf (REPORT HEADING) vorausschicken und dementsprechend einen Listenfuß (REPORT FOOTING) folgen lassen.

Wenn man den Report Writer benutzt, werden automatisch zwei Software-Register eingerichtet: der Seitenzähler PAGE-COUNTER und der Zeilenzähler LINE-COUNTER, der die Zeilen pro Seite zählt. Beide Register können vom Programmierer angesprochen (abgefragt) werden.

In der FILE SECTION der DATA DIVISION muß natürlich die Ausgabe-Datei (Druck-Datei) definiert werden, welche der Report-Writer benutzt. Diese Definition unterscheidet sich von den üblichen FD-Erklärungen dadurch, daß die Klausel "REPORT IS Listen-Name" enthalten sein muß und die Datensatz-Erklärung fehlt, die dafür in der REPORT SECTION nachgeholt wird, worauf die Klausel REPORT IS ja gerade hinweist.

Die durch den Report Writer aufzulistenden Daten müssen geordnet bzw. sortiert sein. Die Ordnungs-Merkmale werden zur Ausgabe-Steuerung benutzt. Jedesmal, wenn ein solches Merkmal seinen Wert ändert (control break), kann man den Report Writer veranlassen, bestimmte Aktionen auszuführen, z.B. Zwischensummen zu bilden oder auf die nächste Seite vorzuschieben. Man unterscheidet Merkmale mit höherer und solche mit niederer Bedeutung, ähnlich wie beim Sortieren; die Merkmale mit der niederen Bedeutung wechseln häufiger ihren Wert. Diesen Wechsel eines Merkmals nennt man Gruppenwechsel.

Eine Liste (report) wird eingeteilt in sog. Leisten (report groups) und diese in einzelne Daten-Elemente. In der Regel besteht eine Leiste aus einer Zeile oder aus mehreren zusammengehörigen Zeilen. Ein Seitenkopf ist z.B. eine solche Leiste. Diese Leisten müssen detailliert in der REPORT SECTION definiert werden.

7.7.2 REPORT SECTION

In der REPORT SECTION wird eine Liste durch die Listenerklärung (Report Description) definiert; die Buchstaben "RD" beginnen an der Stelle A der COBOL-Zeile (Zeichen-Position 8 und 9), alles andere ab Stelle B (Zeichen-Position 12):

```
RD  Listen-Name
    [ { CONTROL IS    } { { Daten-Name-1 } ...               } ]
    [ { CONTROLS ARE  } { FINAL [ Daten-Name-2 ] ...          } ]

    [ PAGE [ LIMIT IS   ] Ganzzahl-1 [ LINE  ]
    [      [ LIMITS ARE ]            [ LINES ]

      [ HEADING       Ganzzahl-2 ]
      [ FIRST DETAIL  Ganzzahl-3 ]
      [ LAST DETAIL   Ganzzahl-4 ]

      [ FOOTING       Ganzzahl-5 ]  ] .
```

Mit der CONTROL-Klausel werden die Merkmale (in absteigender Bedeutung) angegeben, welche die Ausgabe steuern sollen; FINAL bedeutet das Ende der Liste und wird benutzt für Endabrechnungen etc.; FINAL stellt somit das Merkmal mit der höchsten Bedeutung dar. PAGE LIMIT gibt die maximale Zeilenzahl an, HEADING die Zeile, wo der Seitenkopf beginnt, FIRST und LAST DETAIL die Anfangs- und End-Zeile der auszugebenden Daten und FOOTING die erste Zeile des Seitenfußes. Wenn die letzte Daten-Zeile der Seite gedruckt ist (LAST DETAIL) und die nächste Zeile zur Verarbeitung ansteht, wird der Seitenfuß ausgegeben, auf eine neue Seite vorgeschoben, der Seitenzähler um 1 weiter gesetzt, der Seitenkopf wiederholt und der Zeilenzähler auf den Anfangswert gesetzt. Dann kann die nächste Daten-Zeile ausgegeben werden. Dieser Vorgang ist schon in der Prozedur AUSGABE von Programm 3 (MINREP) angedeutet worden, nur braucht man ihn jetzt in der PROCEDURE DIVISION nicht mehr zu programmieren. Damit ist der grobe Rahmen der Liste beschrieben.

Nachfolgend ist die Struktur einer Ausgabe-Seite (Druck-Seite) bildlich dargestellt:

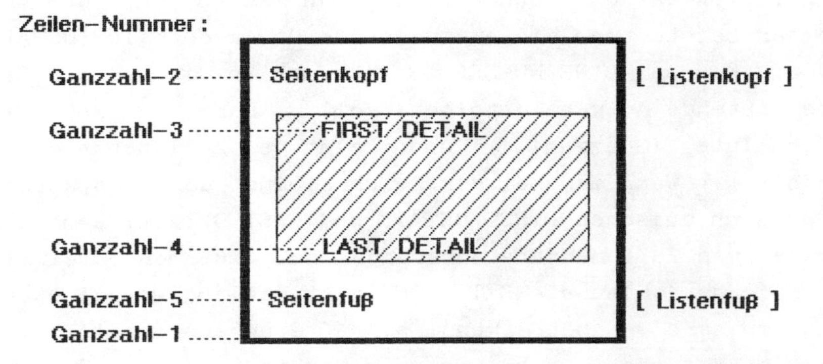

Hierzu einige realistische Zahlen: Schnelldruckerpapier hat normalerweise 72 Zeilen (zu 132 oder 136 Zeichen). Da man aber nicht über den Falz drucken will, hört der Drucker normalerweise einige Zeilen vor dem Falz auf zu drucken, schiebt vor auf die nächste Seite, und zwar auf eine Position einige Zeilen nach dem Falz, und druckt dort weiter. Daraus ergibt sich, daß für Ganzzahl-1 etwa 64 oder 66 anzugeben ist.

Eine Leiste wird folgendermaßen definiert (etwas gekürzt):

```
01 [ Daten-Name-1 ]

[ LINE NUMBER IS { Ganzzahl-1 [ ON NEXT PAGE ] } ]
                 { PLUS Ganzzahl-2             }

[                 { Ganzzahl-3        } ]
[ NEXT GROUP IS   { PLUS  Ganzzahl-4  } ]
[                 { NEXT PAGE         } ]

            { REPORT HEADING                                   }
            { PAGE HEADING                                     }
            { CONTROL HEADING { Daten-Name-2 }                 }
            {                 { FINAL        }                 }
  TYPE IS   { DETAIL                                           }
            { CONTROL FOOTING { Daten-Name-3 }                 }
            {                 { FINAL        }                 }
            { PAGE FOOTING                                     }
            { REPORT FOOTING                                   }
```

Man gibt einer Leiste einen Namen, wenn man sie von der PROCEDURE DIVISION aus ansprechen will; man muß es auf jeden Fall bei einer Leiste tun, die auszugebende Daten enthält (DETAIL). Mit der Klausel LINE NUMBER IS gibt man an, in welcher Zeile die betreffende Ausgabe erfolgen soll. Dabei unterscheidet man absolute (Ganzzahl-1) und relative Zeilenangabe (PLUS Ganzzahl-2). Wenn man bei der Beschreibung der Ausgabeseite (im Bereich zwischen FIRST DETAIL und LAST DETAIL) einmal mit der relativen Zeilenangabe angefangen hat, muß man dabei bleiben. Mit der Klausel NEXT GROUP gibt man an, wo die nächste Ausgabe zu erfolgen hat, wenn ein Gruppenwechsel (control break) stattfindet, d.h. wenn ein Merkmal, das zur Steuerung der Ausgabe benutzt wird, seinen Wert ändert.

Die obligatorische Angabe in einer Leistenerklärung ist die Klausel TYPE IS, deren Bedeutung aus dem soeben Gesagten hervorgeht. Dabei sind folgende Abkürzungen erlaubt:

RH für REPORT HEADING,
PH für PAGE HEADING,
CH für CONTROL HEADING,
DE für DETAIL,
CF für CONTROL FOOTING,
PF für PAGE FOOTING und
RF für REPORT FOOTING,

Hinter den Klauseln CONTROL HEADING und CONTROL FOOTING gibt man das Merkmal an, das bei Gruppenwechsel die betreffende Ausgabe veranlassen soll. Enthält Bezeichner-1 bzw. Bezeichner-2 für die nächste DETAIL-Ausgabe einen neuen Wert, wird erst die betreffende CONTROL-Ausgabe mit dem alten Wert von Bezeichner-1 bzw. Bezeichner-2 gemacht, bevor die nächste DETAIL-Ausgabe mit dem neuen Wert von Bezeichner-1 bzw. Bezeichner-2 erfolgt. Analoges gilt für FINAL. Zur weiteren Klärung dieser Begriffe sei auf das nachfolgende Programm verwiesen.

Eine Leiste setzt sich in der Regel aus mehreren Einzel-Datenbeschreibungen zusammen, die wie folgt definiert werden.

```
Stufen-Nummer   [ Daten-Name-1 ]

  [ LINE NUMBER IS { Ganzzahl-1 [ ON NEXT PAGE ] } ]
                   { PLUS Ganzzahl-2             }

  [ COLUMN NUMBER IS Ganzzahl-3 ]

 { SOURCE IS Bezeichner-1                                  }
 { VALUE IS Literal                                        }
 { SUM { Bezeichner-2 } ... [ RESET ON { Bezeichner-3 } ] }
 {                                     { FINAL        }   }

  [ GROUP INDICATE ]

  [ PICTURE IS Maske ]
```

Zu der Zeilenangabe kommt jetzt die Angabe der Druckposition, d.h. der "Spalte" (COLUMN IS), in der das betreffende Daten-Element beginnen soll. Mit GROUP INDICATE wird angezeigt, daß die betreffende Ausgabe nur bei Gruppenwechsel und Seitenwechsel erfolgen soll. Zur PICTURE-Klausel ist zu sagen, daß natürlich auch die Abkürzung PIC erlaubt ist. Mit SOURCE gibt man die "Quelle" an, woher das betreffende Daten-Elelment kommt (implizites "MOVE Bezeichner-1 TO diese-Stelle-hier"). SUM gibt an, daß Inhalte der angegebenen Bezeichner, die anderweitig in der betreffenden Liste als Daten-Namen oder in der SOURCE-Klausel vorkommen müssen, aufsummiert werden. Bei einem Gruppenwechsel wird der Summenzähler automatisch gelöscht, d.h. die Summierung gilt nur innerhalb des Bereichs einer Gruppe. Das Löschen des Summenzählers kann man unterdrücken mit der RESET-Klausel, die angibt, wann der Summenzähler "zurückgesetzt" werden soll. Im übrigen sei auf das Programm 10 verwiesen.

7.7.3 PROCEDURE DIVISION

Im Folgenden werden Anweisungen der PROCEDURE DIVISION aufgeführt, die sich auf den Report Writer beziehen.

Ehe man mit dem Report Writer zu arbeiten beginnt, muß man die betreffende Liste "eröffnen" mit

INITIATE { Listen-Name-1 } ...

Damit werden alle Zähler auf ihre Anfangswerte gesetzt. Die Ausgabe einer DETAIL-Zeile wird "erzeugt" mit

GENERATE Bezeichner-1

Bezeichner-1 ist der Name der betreffenden Leiste. Schließlich wird die Liste "abgeschlossen" mit

TERMINATE { Listen-Name-1 } ...

Jetzt werden alle Aktionen, die mit FINAL verknüpft sind, ausgeführt.

Die Anweisungen INITIATE und TERMINATE enthalten nicht die OPEN- bzw. CLOSE-Anweisungen für die Datei, auf der die Liste erklärt ist.

Mit

USE BEFORE REPORTING Bezeichner-1

kann man in dem DECLARATIVES-Abschnitt der PROCEDURE DIVISION angeben, daß bestimmte Sonder-Aktionen durchzuführen sind, bevor die Leiste Bezeichner-1 ausgegeben wird. Ein Beispiel dafür ist in Programm 10 enthalten.

7.7.4 Programm 10: MAXREP

Das Programm MAXREP (Maxi Report Writer) ist so abgefaßt, daß es weitgehend selbsterklärend ist. Bitte prüfen Sie die Zahlenangaben für die Zeilen und Spalten aus der REPORT SECTION in den Ergebnissen nach. Im einzelnen ist noch folgendes anzumerken:

Der Seitenkopf hat einen Namen erhalten, weil auf ihn im DECLARATIVES-Abschnitt Bezug genommen wird.

Die eigentliche Datenzeile (TYPE IS DETAIL) heißt ZEILE. Der Inhalt der Felder FILIALE und ABTEILUNG wird nur bei Gruppenwechsel und Seitenwechsel ausgedruckt.

Bei jedem Abteilungswechsel findet eine Zwischen-Abrechnung statt (CONRTOL FOOTING ABTEILUNG): die Summe der Beträge wird gebildet. Diese Leiste enthält zwei Summenzähler, von denen der erste den Namen ABTEILUNG-SUMME führt, weil er selbst Objekt eines Summenzählers ist. Dieser Zähler wird bei jedem Abteilunsgwechsel gelöscht, während der zweite Zähler, der keinen Namen hat, erst bei Filialwechsel zurückgesetzt wird.

Zu jedem Filialwechsel werden im Summenzähler FILIAL-SUMME die jeweiligen Endwerte des Zählers ABTEILUNG-SUMME aufsummiert.

Sein Wert muß dann mit dem letzten Wert des zweiten Summenzählers der Abteilungsleiste übereinstimmen. Anschließend wird auf die nächste Seite vorgeschoben, mit allem, was dazugehört.

Zum Schluß wird eine Gesamtabrechnung ausgeführt: es werden die Endwerte des Summenzählers FILIAL-SUMME zusammengerechnet.

In der PROCEDURE DIVISION ist im DECLARATIVES-Abschnitt eine Prozedur SEITENWECHSEL angegeben, die bei jedem Vorschub auf eine neue Seite durchlaufen wird, nämlich bevor die Leiste SEITENKOPF ausgegeben werden soll. In ihr wird das Feld FORTSETZUNG mit entsprechenden Hinweisen gefüllt, je nachdem, ob ein Filialwechsel stattgefunden hat oder nicht. Anfangs hat FILIALE-ALT den Wert SPACES; in FILIALE-ALT merkt man sich den Inhalt von FILIALE vom letzten Seitenwechsel

Im Paragraphen RAHMEN-PROGRAMM wird der erste Datensatz gelesen, ehe die Liste "initiiert" wird, weil vor der Ausgabe der ersten Zeile der aktuelle Wert von FILIALE im SEITENKOPF und in der Prozedur SEITENWECHSEL benötigt wird.

Es folgt die Auflistung des Programms, die Ergebnisliste und die Liste der Eingabe-Daten.

```
 IDENTIFICATION DIVISION.
***************************

 PROGRAM-ID.  MAXREP.


 ENVIRONMENT DIVISION.
************************

 CONFIGURATION SECTION.
*----------------------*
 SOURCE-COMPUTER.  SIEMENS 7.590-G.
 OBJECT-COMPUTER.  SIEMENS 7.590-G.

 SPECIAL-NAMES.
     TERMINAL         IS BILDSCHIRM
     CURRENCY SIGN    IS "M"
     DECIMAL-POINT    IS COMMA.
```

```
 INPUT-OUTPUT SECTION.
*--------------------*

 FILE-CONTROL.
     SELECT EINGABEDATEI  ASSIGN  TO "DATEN".
     SELECT LISTE         ASSIGN  TO "LISTE".


 DATA DIVISION.
***************

 FILE SECTION.
*------------*

 FD  EINGABEDATEI.

 01  EINGABE-SATZ.
     02  FILLER                   PICTURE IS  X(7).
     02  FILIALE                  PICTURE IS  X(7).
     02  ABTEILUNG                PICTURE IS  X(4).
     02  TAG                      PICTURE IS  9(2).
     02  MONAT                    PICTURE IS  9(2).
     02  JAHR                     PICTURE IS  9(2).
     02  BETRAG                   PICTURE IS  9(7)V9(2).
     02  BEMERKUNGEN              PICTURE IS  X(16).
     02  FILLER                   PICTURE IS  X(7).

 FD  LISTE
     REPORT IS ABRECHNUNG.


 WORKING-STORAGE SECTION.
*-----------------------*

 01  KONSTANTE.
     02  EOF-EINGABE              PIC X(3)    VALUE IS "EOF".
     02  WEITER                   PIC X(24)
              VALUE IS "Fortsetzung der Filiale.".
     02  FILIAL-ANFANG            PIC X(24)
              VALUE IS " - Anfang der Filiale. -".
     02  LISTEN-ENDE              PIC X(24)
              VALUE IS " Ende der Ausgabe-Liste.".

 01  VARIABLE.
     02  FILIALE-ALT              PIC X(7).
     02  FORTSETZUNG              PIC X(24).
     02  STATUS-EINGABE           PIC X(3).
         88  EINGABE-ZU-ENDE                  VALUE IS "EOF".
```

```
REPORT SECTION.
*---------------*

RD  ABRECHNUNG
    CONTROLS ARE FINAL, FILIALE, ABTEILUNG
    PAGE LIMIT IS 38 LINES
        HEADING          1
        FIRST DETAIL     8
        LAST  DETAIL    34
        FOOTING         36.


01  TYPE IS REPORT HEADING
    LINE NUMBER IS 1.
    02  COLUMN NUMBER IS 39      PICTURE IS  X(35)
        VALUE IS "ABC Handelsgesellschaft mbH & Co KG".

01  SEITENKOPF
    TYPE IS PAGE HEADING.

    02  LINE NUMBER IS 3
            COLUMN 21       PIC X(7)    VALUE "Filiale".
        02  COLUMN 29       PIC X(7)    SOURCE FILIALE.
        02  COLUMN 47       PIC X(19)   VALUE IS
                                "Quartals-Abrechnung".
        02  COLUMN 77       PIC X(24)   SOURCE FORTSETZUNG.
    02  LINE NUMBER IS 5
            COLUMN 11       PIC X(7)    VALUE "Filiale".
        02  COLUMN 22       PIC X(4)    VALUE "Abt.".
        02  COLUMN 34       PIC X(5)    VALUE "Datum".
        02  COLUMN 51       PIC X(10)   VALUE IS
                                "Abrechnung".
        02  COLUMN 70       PIC X(12)   VALUE IS
                                "Gesamt-Summe".
        02  COLUMN 85       PIC x(11)   VALUE IS
                                "Bemerkungen".


01  ZEILE
    TYPE IS DETAIL
    LINE NUMBER IS PLUS 1.

    02  COLUMN 11   GROUP INDICATE
                       PIC X(7)    SOURCE FILIALE.
    02  COLUMN 22   GROUP INDICATE
                       PIC X(4)    SOURCE ABTEILUNG.
    02  COLUMN 31      PIC Z9      SOURCE IS TAG.
    02  COLUMN 33      PIC X       VALUE IS ".".
    02  COLUMN 34      PIC Z9      SOURCE IS MONAT.
    02  COLUMN 36      PIC X(4)    VALUE IS " .19".
    02  COLUMN 40      PIC 99      SOURCE IS JAHR.
    02  COLUMN 48      PIC MM.MMM.MM9,99
                                   SOURCE IS BETRAG.
    02  COLUMN 85      PIC X(16)   SOURCE IS BEMERKUNGEN.
```

```
01  TYPE IS CONTROL FOOTING ABTEILUNG
    NEXT GROUP PLUS 3.

    02  LINE NUMBER IS PLUS 1
        COLUMN 11           PIC X(90)   VALUE ALL "-".

    02  LINE NUMBER IS PLUS 2
            COLUMN 11       PIC X(30)   VALUE IS
                     "Zwischen-Abrechnung Abteilung:".
        02  ABTEILUNGS-SUMME
            COLUMN 44       PIC MM.MMM.MMM.MM9,99
                                          SUM BETRAG.
        02  COLUMN 65       PIC MM.MMM.MMM.MM9,99
                                          SUM BETRAG
                                          RESET ON FILIALE.

    02  LINE NUMBER IS PLUS 1
        COLUMN 11           PIC X(90)   VALUE ALL "=".


01  TYPE IS CONTROL FOOTING FILIALE
    NEXT GROUP NEXT PAGE.

    02  LINE NUMBER IS PLUS 5
            COLUMN 31       PIC X(19)   VALUE IS
                                 "Abrechnung Filiale ".
        02  COLUMN 50       PIC X(7)    SOURCE FILIALE-ALT.
        02  COLUMN 57       PIC X(1)    VALUE IS ":".
        02  FILIAL-SUMME
            COLUMN 65       PIC MM.MMM.MMM.MM9,99
                                          SUM ABTEILUNGS-SUMME.

    02  LINE NUMBER IS PLUS 1
        COLUMN 31           PIC X(51)   VALUE ALL "*".


01  TYPE IS CONTROL FOOTING FINAL
        LINE NUMBER IS NEXT PAGE.

    02  LINE NUMBER IS 10
            COLUMN 38       PIC X(16)   VALUE IS
                                 "Gesamt-Verkaeufe".
        02  COLUMN 55       PIC MM.MMM.MMM.MM9,99
                                        SUM FILIAL-SUMME.
    02  LINE PLUS 1   COLUMN 38   PIC X(38)   VALUE ALL "*".
    02  LINE PLUS 1   COLUMN 38   PIC X(38)   VALUE ALL "*".


01  TYPE IS PAGE FOOTING
    LINE NUMBER IS 37.
    02  COLUMN 36       PIC X(19)   VALUE IS
                                 "Quartals-Abrechnung".
    02  COLUMN 92       PIC X(5)    VALUE IS "Seite".
    02  COLUMN 98       PIC ZZ9     SOURCE PAGE-COUNTER.
```

```
 PROCEDURE DIVISION.
*********************

 DECLARATIVES.
*-------------*

 SEITEN-STEUERUNG SECTION.
     USE BEFORE REPORTING SEITENKOPF.

 SEITENWECHSEL.
     IF EINGABE-ZU-ENDE
     THEN
        MOVE LISTEN-ENDE TO FORTSETZUNG
     ELSE
        IF FILIALE OF EINGABE-SATZ = FILIALE-ALT
        THEN
              MOVE WEITER TO FORTSETZUNG
        ELSE
              MOVE FILIAL-ANFANG TO FORTSETZUNG
              MOVE FILIALE OF EINGABE-SATZ TO FILIALE-ALT
        END-IF
     END-IF.

 END DECLARATIVES.


 HAUPTPROGRAMM SECTION.
*---------------------*

 ANFANG.
     OPEN INPUT EINGABEDATEI
          OUTPUT LISTE.
     MOVE SPACES TO VARIABLE.
     INITIATE ABRECHNUNG.
     READ EINGABEDATEI RECORD
          AT END MOVE EOF-EINGABE TO STATUS-EINGABE
     END-READ.

 AUSFUEHRUNG.
     PERFORM      WITH TEST BEFORE    UNTIL EINGABE-ZU-ENDE
         GENERATE ZEILE
         READ EINGABEDATEI RECORD
            AT END MOVE EOF-EINGABE TO STATUS-EINGABE
         END-READ
     END-PERFORM.

 SCHLUSS.
     TERMINATE ABRECHNUNG.
     DISPLAY "=== Abrechnung beendet! ===" UPON BILDSCHIRM.
     CLOSE EINGABEDATEI, LISTE.
     STOP RUN.
```

Es folgt die Auflistung der Eingabedaten und anschließend die-
jenige der Ergebnisse.

Und dies sind die Eingabedaten:

```
Filler Berlin AAAA050187000011775                Filler
Filler Berlin AAAA190187008017680                Filler
Filler Berlin AAAA180287030807650Lieferung-X.AAAAFiller
Filler Berlin AAAA090387000128875                Filler
Filler Berlin BBBB050187000001760                Filler
Filler Berlin BBBB120187125001000Lieferung-Z.BBBBFiller
Filler Berlin BBBB130287075000000Lieferung-X.BBBBFiller
Filler Berlin BBBB260287065780150Lieferung-Y.BBBBFiller
Filler Berlin BBBB270287000012780                Filler
Filler Berlin BBBB060387000280500Ohne Skonto     Filler
Filler Berlin CCCC050187000012600                Filler
Filler Berlin CCCC120187087506100Lieferung-Z.CCCCFiller
Filler Berlin CCCC190187000138900                Filler
Filler Berlin CCCC260187002876000                Filler
Filler Berlin CCCC090287000012800                Filler
Filler Berlin CCCC180287087307500                Filler
Filler Berlin CCCC270287167581605Lieferung-X.CCCCFiller
Filler Berlin CCCC060387060727000                Filler
Filler Berlin CCCC090387001810010                Filler
Filler Berlin CCCC130387001800000Lieferung-Y.CCCCFiller
Filler Berlin CCCC160387000012700                Filler
Filler Berlin CCCC170387031010000                Filler
Filler Berlin CCCC200387001204330                Filler
Filler Berlin CCCC260387000126800                Filler
Filler Berlin CCCC270387000147100Lieferung-X.CCCCFiller
Filler HamburgAAAA050187000012350                Filler
Filler HamburgAAAA120187030100500Lieferung-J.AAAAFiller
Filler HamburgAAAA090287001001700                Filler
Filler HamburgAAAA270387380075000Lieferung-H.AAAAFiller
Filler HamburgBBBB120187000753875                Filler
Filler HamburgBBBB260187000017680                Filler
Filler HamburgBBBB270387007088110Lieferung-H.BBBBFiller
```

Auf den nächsten Seiten finden Sie die Ergebnisse.

ABC Handelsgesellschaft mbH & Co KG

Filiale Berlin — Quartals-Abrechnung — - Anfang der Filiale. -

Filiale	Abt.	Datum	Abrechnung	Gesamt-Summe	Bemerkungen
Berlin	AAAA	5. 1 .1987	M117,75		
		19. 1 .1987	M80.176,30		
		18. 2 .1987	M308.076,50		Lieferung-X.AAAA
		9. 3 .1987	M1.288,75		
Zwischen-Abrechnung Abteilung:			M389.659,80	M389.659,80	
Berlin	BBBB	5. 1 .1987	M17,60		
		12. 1 .1987	M1.250.010,00		Lieferung-Z.BBBB
		13. 2 .1987	M750.000,00		Lieferung-X.BBBB
		26. 2 .1987	M657.801,50		Lieferung-Y.BBBB
		27. 2 .1987	M127,80		
		6. 3 .1987	M2.805,00		Ohne Skonto
Zwischen-Abrechnung Abteilung:			M2.660.761,90	M3.050.421,70	
Berlin	CCCC	5. 1 .1987	M126,00		
		12. 1 .1987	M875.061,00		Lieferung-Z.CCCC
		19. 1 .1987	M1.389,00		

Quartals-Abrechnung — Seite 1

Filiale Berlin Quartals-Abrechnung Fortsetzung der Filiale.

Filiale	Abt.	Datum	Abrechnung	Gesamt-Summe	Bemerkungen
Berlin	CCCC	26. 1 .1987	M28.760,00		
		9. 2 .1987	M128,00		
		18. 2 .1987	M873.075,00		
		27. 2 .1987	M1.675.816,05		Lieferung-X.CCCC
		6. 3 .1987	M607.270,00		
		9. 3 .1987	M18.100,10		
		13. 3 .1987	M18.000,00		Lieferung-Y.CCCC
		16. 3 .1987	M127,00		
		17. 3 .1987	M310.100,00		
		20. 3 .1987	M12.043,30		
		26. 3 .1987	M1.268,00		
		27. 3 .1987	M1.471,00		Lieferung-X.CCCC
Zwischen-Abrechnung Abteilung:			M4.422.734,45	M7.473.156,15	

Abrechnung Filiale Berlin : M7.473.156,15

****

```
         Filiale Hamburg          Quartals-Abrechnung            - Anfang der Filiale. -

Filiale     Abt.        Datum           Abrechnung           Gesamt-Summe   Bemerkungen

Hamburg     AAAA       5. 1 .1987          M123,50
                      12. 1 .1987      M301.005,00                          Lieferung-J.AAAA
                       9. 2 .1987       M10.017,00
                      27. 3 .1987    M3.800.750,00                          Lieferung-H.AAAA
------------------------------------------------------------------------------------------

Zwischen-Abrechnung Abteilung:       M4.111.895,50         M4.111.895,50
==========================================================================================


Hamburg     BBBB      12. 1 .1987        M7.538,75
                      26. 1 .1987          M176,80
                      27. 3 .1987       M70.881,10                          Lieferung-H.BBBB
------------------------------------------------------------------------------------------

Zwischen-Abrechnung Abteilung:          M78.596,65         M4.190.492,15
==========================================================================================



                    Abrechnung Filiale Hamburg:            M4.190.492,15
                    ***************************************************

                         Quartals-Abrechnung                                   Seite    3
```

```
        Filiale Hamburg          Quartals-Abrechnung             Ende der Ausgabe-Liste.

Filiale    Abt.         Datum              Abrechnung            Gesamt-Summe   Bemerkungen


                           Gesamt-Verkaeufe     M11.663.648,30
                           ***************************************
                           ***************************************




                          Quartals-Abrechnung                                        Seite    4
```

7.7.5 Übungsaufgabe 5

Zunächst müssen Sie sich Datenmaterial beschaffen. Steht Ihnen kein ähnliches wie für Programm 10 zur Verfügung, müssen Sie wohl oder übel die Eingabe-Daten von Programm 10 abtippen, d.h. in eine Datei eintragen.

Nun sortieren Sie die Daten, die ja nach Filiale und Abteilung geordnet sind, nach dem Datum und bauen den Report Writer in die zugehörige OUTPUT PROCEDURE ein. Es sollen Tages-Summen und Monats-Summen gebildet werden, außerdem soll eine Endabrechnung erfolgen. Haben Sie beim Eintragen der Eingabe-Daten von Programm 10 keine Fehler gemacht, können Sie das Endergebnis an demjenigen von Programm 10 kontrollieren.

Ist bei dem Ihnen zur Verfügung stehenden COBOL-Compiler der Report Writer nicht vorhanden, lösen Sie die Sortieraufgabe und bilden die betreffenden Summen in der OUTPUT PROCEDURE; Sie können außerdem die Prozedur AUSGABE von Programm 3 (MINREP) verwenden, um so den Report Writer zu simulieren.

7.8 Source Text Manipulation

Dieser Modul hieß in COBOL 68 und COBOL 74 "Library", weil man auf eine "Bibliothek" von Text-Stücken zugriff. Der neue Name entspricht der Aufgabe dieses Moduls besser.

Mittels des Moduls "Source Text Manipulation" kann man Programmteile in der Quellsprache (source code), d.h. COBOL-Zeilen, aus einer Bibliothek übernehmen und während des Übersetzens in das Programm eintragen lassen und dabei manipulieren. Wie man die COBOL-Zeilen in eine Bibliothek schafft, ist systemabhängig und gehört nicht zur COBOL-Sprache. Das Eintragen der COBOL-Zeilen aus einer Bibliothek in das Programm dagegen gehört zu COBOL:

COPY Text-Name $\left\{ \begin{array}{l} \underline{\text{OF}} \\ \underline{\text{IN}} \end{array} \right\}$ Bibliotheks-Name

$$\left[\underline{\text{REPLACING}} \left\{ \left\{ \begin{array}{l} \text{Wort-1} \\ \text{Bezeichner-1} \\ \text{Literal-1} \\ \text{==Pseudo-Text-1==} \end{array} \right\} \underline{\text{BY}} \left\{ \begin{array}{l} \text{Wort-2} \\ \text{Bezeichner-2} \\ \text{Literal-2} \\ \text{==Pseudo-Text-2==} \end{array} \right\} \right\} \ldots \right]$$

Wort-1 bzw. Wort-2 bezeichnet ein einzelnes COBOL-Wort, während Pseudo-Text-1 bzw. Pseudo-Text-2 eine Folge von (mehreren) COBOL-Wörtern bezeichnet.

Die COPY-Anweisung fügt alle unter Text-Name in einer Bibliothek zusammengefaßten COBOL-Zeilen an dieser Stelle in das Programm ein und tauscht gegebenenfalls Wörter und dergleichen aus. Dies geschieht, bevor der eigentliche Übersetzungsprozeß in die Wege geleitet wird.

Beispiel:

In der Bibliothek DATEIEN seien unter dem Text-Namen OPEN-IN folgende COBOL-Zeilen eingetragen:

```
OPEN INPUT DATEI.
WRITE " Es wurde die Eingabe-Datei DATEI"
    " geoeffnet." .
READ DATEI RECORD
    AT END GO TO SCHLUSS.
```

Im COBOL-Programm schreibt man:

```
OEFFNEN.
    COPY OPEN-IN OF DATEIEN    REPLACING
         DATEI BY KORREKTUREN-ALT
         ==GO TO SCHLUSS== BY
         ==MOVE EOF TO STATUS-KORR-ALT==.
```

Das hat dann die Wirkung, als hätte man folgendes geschrieben:

```
OEFFNEN.
    OPEN INPUT KORREKTUREN-ALT.
    WRITE " Es wurde die Eingabe-Datei KORREKTUREN-ALT"
        " geoeffnet." .
    READ KORREKTUREN-ALT RECORD
         AT END MOVE EOF TO STATUS-KORR-ALT.
```

Die Eintragung in der Bibliothek bleibt unverändert; im COBOL-Programm wird jeweils das Wort "DATEI" durch "KORREKTUREN-ALT" ersetzt und die Anweisung "GO TO SCHLUSS" durch "MOVE EOF TO STATUS-KORR-ALT".

Auf diese Weise kann man sich nicht nur Schreibarbeit ersparen, sondern man kann genormte Schnittstellen schaffen zu anderen Programmen, wie z.B. einheitliche Datenbeschreibungen. Darüberhinaus können einheitliche Teilprogramme, z.B. Plausibilitätsprüfungen, allen Programmierern zur Verfügung gestellt werden. Schließlich kann man auf diese Weise auch erreichen, daß sich die Programme einheitlich ihren Benutzern gegenüber äußern (z.B. einheitliches Format der Fehlermeldungen). Man wird also die Hilfsmittel dieses Moduls vor allem dann anwenden, wenn große Programmsysteme geschrieben werden sollen, die aus mehreren Einzelprogrammen bestehen, oder wenn mehrere Programmierer gleichzeitig an ein und demselben Programm bzw. Programm-System arbeiten.

7.9 Kommunikation zwischen Einzelprogrammen

Mittels des Moduls Inter-Program Communication ist es möglich, mehrere COBOL-Programme miteinander zu verknüpfen. Eine solche Verknüpfung setzt voraus, daß Programme einander aufrufen und Zugriff zu gemeinsamen Daten haben können

Ein Programm wird aufgerufen mit der Anweisung (hier gekürzt wiedergegeben):

```
CALL { Bezeichner-1 } [ USING { Bezeichner-2 } ... ]
     { Literal-1    }
```

Bezeichner-1 enthält den Namen, Literal-1 ist der Name des aufzurufenden Programms; Bezeichner-2 und folgende bezeichnen Datenbereiche (in der Regel der Stufen-Nummer 01), auf die das aufgerufene Programm zugreift.

Wird das gerufene Programm mit der Klausel USING aufgerufen, muß es eine LINKAGE SECTION enthalten, die n a c h der WORKING-STORAGE SECTION und (gegebenenfalls) v o r der COMMUNICATION SECTION und der REPORT SECTION angeordnet ist. In dieser LINKAGE SECTION sind diejenigen Datenbereiche aufgeführt, auf die in der Klausel USING Bezug genommen wird. Die Daten selbst befinden sich im rufenden Programm, nicht in der LINKAGE SECTION; die LINKAGE SECTION dient also nur der Daten-Übergabe, wobei die in beiden Programmen verwendeten Daten-Namen durchaus verschieden voneinander sein können, weil beide Programme unabhängig voneinander übersetzt werden. Entsprechend lautet dann die Überschrift der PROCEDURE DIVISION des gerufenen Programms:

PROCEDURE DIVISION [**USING** { Daten-Name-1 } ...]

Daten-Name-1 etc. sind Daten-Namen der LINKAGE SECTION. Das gerufene Programm endet logisch statt mit STOP RUN mit der Anweisung

EXIT PROGRAM .

Programm 11 illustriert das hier Gesagte.

7.10 Exkurs: Strukturierte Programmierung

COBOL-Programme, die nicht mehr trivial sind, pflegen im allgemeinen umfangreich zu sein. Es ist daher schwierig, solche Programme zu warten, d.h. Fehler zu korrigieren oder notwendige Änderungen anzubringen. Um diese sehr wichtigen Arbeiten leichter erledigen zu können, wendet man heutzutage die sog. Strukturierte Programmierung an.

Es kann nicht Zweck dieses Exkurses sein, die Strukturierte Programmierung ausführlich darzustellen; das ist andernorts bereits geschehen, etwa in [SIN 84]. Hier sollen nur einige ihrer Grundprinzipien aufgezeigt werden.

Die Strukturierte Programmierung wird in erster Linie charakterisiert durch

1.) hierarchische Gliederung des Programms in Strukturblöcke,

2.) weitgehende Vermeidung von GO TO.

Zu 1.): Ein Strukturblock ist - vereinfacht dargestellt - ein Programmstück, gleich welcher Größe, das

- genau einen Eingang und genau einen Ausgang hat und
- entweder ganz in einem anderen Strukturblock enthalten ist oder selbst Strukturblöcke vollständig enthält.

Die hierarchische Gliederung spiegelt die "Schrittweise Verfeinerung" oder den "Top-Down-Design" wieder, d.h. den Entwurf "vom Allgemeinen zum Speziellen": Beginn des Entwurfs mit einer groben Gliederung des Problems, Delegierung der Einzelaufgaben bis hin zur detaillierten Ausarbeitung der einzelnen Strukturblöcke, die letztendlich "lokal trivial" sein sollen. Die Hierarchie der Strukturblöcke äußert sich darin, daß jeder Strukturblock nur von einem übergeordneten Strukturblock her aufgerufen werden kann, nicht von einem neben- oder untergeordneten.

Zu 2.): Man läßt ein GO TO, wenn überhaupt, nur dann zu, wenn das Sprungziel im gleichen Strukturblock liegt wie das GO TO selber. Auf diese Weise wird verhindert, daß wild im Programm herumgehüpft wird, was eine Fehlersuche bzw. Programmänderung ungeheuer erschwert.

Überspitzt kann man die Strukturierte Programmierung auch so beschreiben: GO TO wird durch PERFORM ersetzt.

Daß die Forderung nach Programmierung ohne GO TO keine Schimäre ist, können Sie z.B. daraus ersehen, daß ich, der Autor dieses Buches, ein System aus 9 miteinander verknüpften COBOL-Programmen geschrieben habe, welches aus insgesamt ca.

12.000 COBOL-Zeilen besteht und nicht ein einziges GO TO enthält; dieses System befindet sich seit vielen Jahren in regelmäßigem Einsatz.

7.11 <u>Programm 11: STUDNEU</u>

Gegeben sei ein Magnetband mit Studenten-Stammdaten. In dieses sog. Stammband sollen neu-immatrikulierte Studenten "eingefahren", also eingemischt werden; die Daten der neu-immatrikulierten Studenten seien in einer Massenspeicherdatei festgehalten. Aus diesen beiden Datenströmen soll eine neue Datei in Form eines Magnetbandes erzeugt werden. Es wird davon ausgegangen, daß beide Eingabe-Dateien nach Matrikel-Nummern aufsteigend sortiert sind; es handelt sich also um ein einfaches Mischproblem.

Die Daten in der Massenspeicherdatei müssen durch eine strenge Plausibilitätsprüfung geschickt werden, um zu verhindern, daß fehlerhafte Daten auf dem neuen Stammband enthalten sind. Da die Plausibilitätsprüfung auch von anderen Programmen benutzt werden soll, wird das Programm PLAUSI unabhängig vom rufenden Programm STUDNEU entwickelt und ausgestestet; man koppelt es mittels Inter-Program Communicaion an das rufende Programm an.

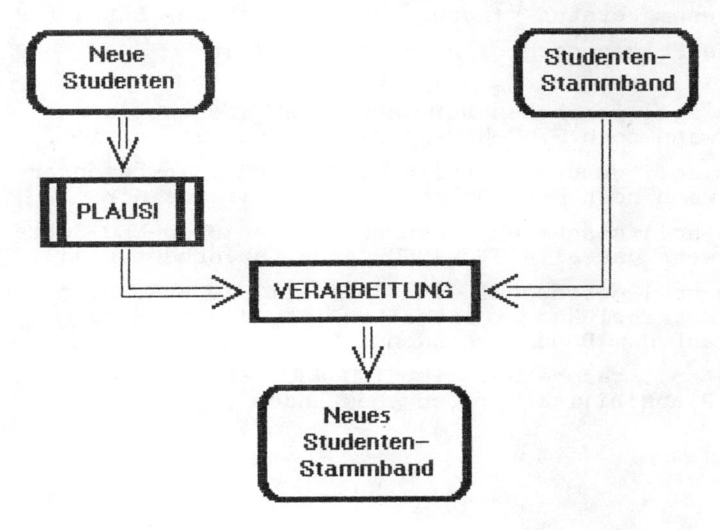

Ein erster verbaler Programmentwurf sieht dann etwa folgendermaßen aus:

```
Dateien öffnen.
Variable vorbesetzen.
Ersten Satz von STUD-NEU lesen.
Ersten Band-Satz lesen.

VERARBEITUNG
    bis beide Dateien abgearbeitet sind.

Statistik ausgeben.
Dateien schließen
```

Zur Prozedur VERARBEITUNG: Man stelle sich beide Eingabe-Dateien als sortierte Stapel vor; denken Sie etwa an zwei verdeckte Stapel Spielkarten. Man nimmt von den oben aufliegenden Datensätzen jeweils den mit der kleineren Matrikel-Nummer und gibt ihn in die Ausgabe-Datei. Von derjenigen Datei, der man den Satz entnommen hat, liest man den nächsten Satz. Oder anders gesagt:

```
Wenn ein STUD-NEU-Satz zu verarbeiten war,
   dann diesen STUD-NEU-Satz ausgeben,
   nächsten STUD-NEU-Satz lesen und
   der Plausibilitätsprüfung unterziehen.

Wenn ein Band-Satz zu verarbeiten war,
   dann diesen Band-Satz ausgeben und
   nächsten Band-Satz lesen.
```

Bei diesem ersten (noch ganz allgmeinen) Entwurf sind u.a. folgende Fragen noch nicht berücksichtigt:

Was soll geschehen bei Band-Ende, insbesondere wenn noch STUD-NEU-Sätze zu verarbeiten sind?

Was soll geschehen bei STUD-NEU-Ende, insbesondere wenn noch Band-Sätze zu verarbeiten sind?

Was soll geschehen, wenn die ersten STUD-NEU-Sätze, wenn gar alle STUD-NEU-Sätze fehlerhaft sind?

Was soll geschehen, wenn in einem STUD-NEU-Satz eine Matrikel-Nummer enthalten ist, die bereits auf dem Band vorhanden ist?

Was soll geschehen, mit STUD-NEU-Sätzen, die nicht die Plausibilitätsprüfung bestanden haben?

Die beiden letzten Fragen lassen sich so beantworten: Da auf gar keinen Fall das neue Studenten-Stammband fehlerhafte Daten enthalten darf, sind solche STUD-NEU-Sätze mit einer entsprechenden Fehlermeldung abzuweisen. Diese Sätze müssen dann korrigiert und in einem späteren Programmlauf erneut "eingefahren" werden.

Ist die Sortierfolge einer Eingabe-Datei gestört, so muß man annehmen, daß falsche Dateien für den Programmlauf verwendet wurden: Sofortiger Programmabbruch ist dann zwingend erforderlich.

Man sieht, das Programm ist nicht so trivial, wie es anfangs erschien. Wir behalten aber die Übersicht, wenn wir die genannten Empfehlungen beachten: Schrittweise Verfeinerung, hierarchische Gliederung, Vermeidung von GO TO (in Programm 11 ist nicht ein einziges enthalten!). Die nachfolgende Figur gibt die Struktur des Programms wieder (alle Paragraphen sind aufgeführt):

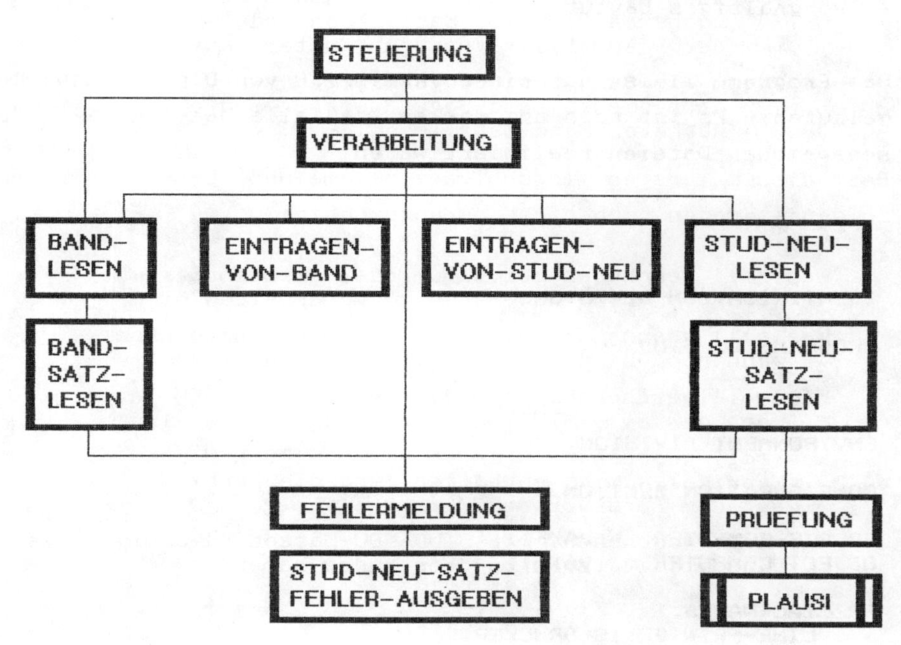

Ein weiteres Strukturierungsmittel ist das Status-Wort: Darin notiert man sowohl für die einzelnen Dateien als auch für das Programm selber den aktuellen Zustand; hierzu gehören u.a. die Matrikel-Nummer des zuletzt gelesenen Satzes. Damit kann man z.B. jederzeit feststellen, welcher Satz als nächster zu verarbeiten ist.

Wichtig bei einem derartigen Programm sind ausführliche Fehlermeldungen, die nach Möglichkeit auch die fehlerhaften Daten enthalten sollen.

Schließlich sei auf das Bemühen hingewiesen, ein gut lesbares Programm zu erhalten. Das wird erreicht durch

- Wahl selbsterklärender (d.h. meist längerer) Daten- und Prozedur-Namen,
- Vermeidung von Literalen, statt dessen Verwendung von Konstanten,
- ausgiebige Benutzung von Bedingungs-Namen und
- sorgfältiges Layout.

Das Programm 11 ist auf einer VAX-11/750 von Digital Equipment gelaufen. Es ist noch anzumerken, daß alle Dateien als Massenspeicher-Dateien realisiert waren.

```
IDENTIFICATION DIVISION.

PROGRAM-ID. STUDNEU.


ENVIRONMENT DIVISION.

CONFIGURATION SECTION.

SOURCE-COMPUTER.    VAX-11.
OBJECT-COMPUTER.    VAX-11.

SPECIAL-NAMES.
    LINE-PRINTER IS DRUCKER.
```

```
INPUT-OUTPUT SECTION.

FILE-CONTROL.
    SELECT STUDENTEN-NEU ASSIGN TO "STUDEIN";
        ACCESS MODE IS SEQUENTIAL.
    SELECT BAND-EIN    ASSIGN TO "BANDEIN";
        ACCESS MODE IS SEQUENTIAL.
    SELECT BAND-AUS    ASSIGN TO "BANDAUS";
        ACCESS MODE IS SEQUENTIAL.


DATA DIVISION.


FILE SECTION.


FD  STUDENTEN-NEU.

01  STUD-NEU-SATZ.
    02  SATZ-ART          PIC X(3).
    02  MATR-NR           PIC X(6).
    02  INHALT            PIC X(71).


FD  BAND-EIN.

01  BAND-EIN-SATZ.
    02  SATZ-ART          PIC X(3).
    02  MATR-NR           PIC X(6).
    02  INHALT            PIC X(71).

FD  BAND-AUS.

01  BAND-AUS-SATZ.
    02  SATZ-ART          PIC X(3).
    02  MATR-NR           PIC X(6).
    02  INHALT            PIC X(71).
```

```
/
WORKING-STORAGE SECTION.

01  VARIABLE.
    02  ZAEHLER-BAND               PIC 9(5).
    02  ZAEHLER-STUD-NEU           PIC 9(5).
    02  ZAEHLER-STUD               PIC 9(5).
    02  ZAEHLER-FEHLER             PIC 9(5).
        88  FEHLER-UEBERLAUF       VALUES 20 THRU  99999.

01  KONSTANTE.
    02  OKAY                       PIC 9    VALUE 1.
    02  DATEN-FALSCH               PIC 9    VALUE 3.
    02  STUD-NEU-GELESEN           PIC 9    VALUE 4.
    02  BAND-GELESEN               PIC 9    VALUE 5.
    02  DOPPEL-NR                  PIC 9    VALUE 6.
    02  KATASTROPHE                PIC 9    VALUE 7.
    02  STUD-NEU-ENDE              PIC 9    VALUE 8.
    02  BAND-ENDE                  PIC 9    VALUE 9.

01  FEHLER-CODE                    PIC 9(3).


01  STATUS-WORT.
    02  STATUS-BAND.
        03  EOF-BAND                  PIC 9.
            88  BAND-ZU-ENDE                VALUE 9.
        03  MATR-NR                   PIC X(6).
    02  STATUS-STUD-NEU.
        03  EOF-STUD-NEU              PIC 9.
            88  STUD-NEU-ZU-ENDE            VALUE 8.
        03  MATR-NR                   PIC X(6).
    02  STATUS-VERARBEITUNG.
        03  FEHLER                    PIC 9.
            88  STUD-NEU-OKAY               VALUE 1.
            88  DATENFEHLER                 VALUE 3.
            88  BEREITS-EINGETRAGEN         VALUE 6.
            88  SCHWERER-FEHLER             VALUE 7.
        03  RICHTUNG                  PIC 9.
            88  VON-STUD-NEU                VALUE 4.
            88  VOM-BAND                    VALUE 5.


01  STUD-NEU-SATZ-FEHLER.
    02  FILLER          PIC X(12)  VALUE "*** Fehler: ".
    02  FEHLER-TEXT     PIC X(20).
    02  FILLER          PIC X(32)
        VALUE " in nachstehendem STUD-NEU-Satz:".

01  SONSTIGER-FEHLER.
    02  FILLER          PIC X(12)  VALUE "*** Fehler: ".
    02  FEHLER-TEXT     PIC X(23).
    02  FILLER          PIC X(29)  VALUE IS
              ":  daher Programm-Abbruch ***".
```

```
01  FEHLER-TEXTE.
    02  FEHLER-1.
        03  FILLER       PIC X(16)   VALUE IS
              "Datenfehler Nr. ".
        03  FEHLER-NR  PIC 9(3).
    02  FEHLER-2        PIC X(20)   VALUE IS
              "Doppelte Matrikel-Nr".
    02  FEHLER-3        PIC X(20)   VALUE IS
              "Sortier-Fehler  Band".
    02  FEHLER-4        PIC X(23)  VALUE IS
              "Sortier-Fehler STUD-NEU".
    02  FEHLER-5        PIC X(20)   VALUE IS
              "  Programmier-Fehler".
    02  FEHLER-6.
        03  ANZ-FEHLER PIC Z(4)9.
        03  FILLER       PIC X(16)   VALUE IS
              " Fehler: zuviel,".

01  FEHLERHAFTER-STUD-NEU-SATZ.
    02  FILLER          PIC X(4)    VALUE SPACES.
    02  FEHLER-STUD-NEU-SATZ    PIC X(80).

01  ENDE-STUD-NEU.
    02  FILLER          PIC X(4)    VALUE SPACES.
    02  FILLER          PIC X(19)   VALUE IS
              "verarbeitet wurden ".
    02  ANZAHL-STUD-NEU         PIC Z(4)9.
    02  FILLER          PIC X(12)   VALUE " NEU-Saetze.".

01  ENDE-BAND.
    02  FILLER          PIC X(4)    VALUE SPACES.
    02  FILLER          PIC X(19)   VALUE IS
              "verarbeitet wurden ".
    02  ANZAHL-BAND     PIC Z(4)9.
    02  FILLER          PIC X(13)   VALUE " Band-Saetze.".

01  ENDE-STUD.
    02  FILLER          PIC X(4)    VALUE SPACES.
    02  FILLER          PIC X(19)   VALUE IS
              "verarbeitet wurden ".
    02  ANZAHL-STUD     PIC Z(4)9.
    02  FILLER          PIC X(11)   VALUE " Studenten.".
```

```
/
 PROCEDURE DIVISION.

 STEUERUNG.
     OPEN INPUT STUDENTEN-NEU, BAND-EIN,
          OUTPUT BAND-AUS.
     MOVE ZEROES TO VARIABLE,
                    STATUS-WORT,
                    FEHLER-CODE.
     PERFORM STUD-NEU-SATZ-LESEN.
     PERFORM BAND-SATZ-LESEN.

     PERFORM VERARBEITUNG
         UNTIL (BAND-ZU-ENDE AND STUD-NEU-ZU-ENDE)
             OR FEHLER-UEBERLAUF
             OR SCHWERER-FEHLER.

     CLOSE  STUDENTEN-NEU,  BAND-EIN, BAND-AUS.
     DISPLAY "=== Ausgabe-Ende ===" UPON DRUCKER.
     MOVE ZAEHLER-STUD TO ANZAHL-STUD.
     DISPLAY ENDE-STUD UPON DRUCKER.
     DISPLAY SPACES UPON DRUCKER.
     DISPLAY "... Nach getah'ner Arbeit ist gut ruh'n! ..."
                                              UPON DRUCKER.
     STOP RUN.


* - - - Prozeduren - - - *

 VERARBEITUNG.
* . . . Satzauswahl . . . *
     IF STUD-NEU-ZU-ENDE
     THEN
        MOVE BAND-GELESEN TO RICHTUNG
     ELSE
        IF BAND-ZU-ENDE
        THEN
           MOVE STUD-NEU-GELESEN TO RICHTUNG
        ELSE
           IF MATR-NR OF STATUS-BAND < MATR-NR OF STATUS-STUD-NEU
           THEN
              MOVE BAND-GELESEN TO RICHTUNG
           ELSE
              IF MATR-NR OF STATUS-BAND
                 > MATR-NR OF STATUS-STUD-NEU
              THEN
                 MOVE STUD-NEU-GELESEN TO RICHTUNG
              ELSE
                 MOVE DOPPEL-NR TO FEHLER
                 MOVE ZERO TO RICHTUNG
              END-IF
           END-IF
        END-IF
     END-IF.
```

```
* . . . Satz eintragen . . . *
     IF VOM-BAND
     THEN
        PERFORM EINTRAGEN-VON-BAND
        PERFORM BAND-SATZ-LESEN
     ELSE
        IF VON-STUD-NEU
        THEN
           PERFORM EINTRAGEN-VON-STUD-NEU
        ELSE
           PERFORM FEHLERMELDUNG
        END-IF
        PERFORM STUD-NEU-SATZ-LESEN
     END-IF.

 STUD-NEU-LESEN.
     IF STUD-NEU-ZU-ENDE
     THEN
        CONTINUE
     ELSE
        PERFORM STUD-NEU-SATZ-LESEN
     END-IF.

 STUD-NEU-SATZ-LESEN.
     READ STUDENTEN-NEU RECORD
         AT END
               MOVE STUD-NEU-ENDE TO EOF-STUD-NEU
               DISPLAY "=== STUD-NEU-Ende ===" UPON DRUCKER
               MOVE ZAEHLER-STUD-NEU TO ANZAHL-STUD-NEU
               DISPLAY ENDE-STUD-NEU UPON DRUCKER
     END-READ.
     IF STUD-NEU-ZU-ENDE
     THEN
        CONTINUE
     ELSE
        ADD 1 TO ZAEHLER-STUD-NEU
        IF MATR-NR OF STUD-NEU-SATZ
         < MATR-NR OF STATUS-STUD-NEU
        THEN
           MOVE KATASTROPHE TO FEHLER
           PERFORM FEHLERMELDUNG
        ELSE
           PERFORM PRUEFUNG
           IF STUD-NEU-OKAY
           THEN
              MOVE MATR-NR OF STUD-NEU-SATZ
                TO MATR-NR OF STATUS-STUD-NEU
           ELSE
              PERFORM FEHLERMELDUNG
           END-IF
        END-IF
     END-IF.
```

```
BAND-LESEN.
    IF BAND-ZU-ENDE
    THEN
       CONTINUE
    ELSE
       PERFORM BAND-SATZ-LESEN
    END-IF.

BAND-SATZ-LESEN.
    READ BAND-EIN RECORD
        AT END
                 MOVE BAND-ENDE TO EOF-BAND
                 DISPLAY "=== Band-Ende ===" UPON DRUCKER
                 MOVE ZAEHLER-BAND TO ANZAHL-BAND
                 DISPLAY ENDE-BAND UPON DRUCKER
    END-READ.
    IF BAND-ZU-ENDE
    THEN
       CONTINUE
    ELSE
       ADD 1 TO ZAEHLER-BAND
       IF MATR-NR OF BAND-EIN-SATZ
        < MATR-NR OF STATUS-BAND
       THEN
          MOVE KATASTROPHE TO FEHLER
          PERFORM FEHLERMELDUNG
       ELSE
          MOVE MATR-NR OF BAND-EIN-SATZ
            TO MATR-NR OF STATUS-BAND
       END-IF
    END-IF.

EINTRAGEN-VON-BAND.
    ADD 1 TO ZAEHLER-STUD.
    WRITE BAND-AUS-SATZ FROM BAND-EIN-SATZ.

EINTRAGEN-VON-STUD-NEU.
    IF DATENFEHLER
    THEN
       NEXT SENTENCE
    ELSE
       ADD 1 TO ZAEHLER-STUD
       WRITE BAND-AUS-SATZ FROM STUD-NEU-SATZ
    END-IF.

PRUEFUNG.
    MOVE 0 TO FEHLER-CODE.
    CALL "PLAUSI" USING STUD-NEU-SATZ, FEHLER-CODE.
    IF FEHLER-CODE = 0
         MOVE OKAY TO FEHLER
    ELSE
         MOVE DATEN-FALSCH TO FEHLER
         MOVE FEHLER-CODE TO FEHLER-NR
    END-IF.
```

```
 FEHLERMELDUNG.
     ADD 1 TO ZAEHLER-FEHLER.
     IF DATENFEHLER
     THEN
        MOVE FEHLER-1 TO FEHLER-TEXT OF STUD-NEU-SATZ-FEHLER
        PERFORM STUD-NEU-SATZ-FEHLER-AUSGEBEN
     ELSE
        IF BEREITS-EINGETRAGEN
        THEN
           MOVE FEHLER-2 TO FEHLER-TEXT OF STUD-NEU-SATZ-FEHLER
           PERFORM STUD-NEU-SATZ-FEHLER-AUSGEBEN
        ELSE
*          (Schwerer Fehler!)
           IF VOM-BAND
           THEN
              MOVE FEHLER-3 TO FEHLER-TEXT OF SONSTIGER-FEHLER
              DISPLAY SONSTIGER-FEHLER UPON DRUCKER
           ELSE
              IF VON-STUD-NEU
              THEN
                 MOVE FEHLER-4 TO FEHLER-TEXT OF SONSTIGER-FEHLER
                 DISPLAY SONSTIGER-FEHLER UPON DRUCKER
              ELSE
                 MOVE FEHLER-5 TO FEHLER-TEXT OF SONSTIGER-FEHLER
                 DISPLAY SONSTIGER-FEHLER UPON DRUCKER
              END-IF
           END-IF
        END-IF
     END-IF.
     IF FEHLER-UEBERLAUF
     THEN
        MOVE ZAEHLER-FEHLER TO ANZ-FEHLER
        MOVE FEHLER-6 TO FEHLER-TEXT OF SONSTIGER-FEHLER
        DISPLAY SONSTIGER-FEHLER UPON DRUCKER
     END-IF.

 STUD-NEU-SATZ-FEHLER-AUSGEBEN.
     DISPLAY STUD-NEU-SATZ-FEHLER UPON DRUCKER
     MOVE STUD-NEU-SATZ TO FEHLER-STUD-NEU-SATZ
     DISPLAY FEHLERHAFTER-STUD-NEU-SATZ UPON DRUCKER
     DISPLAY SPACE UPON DRUCKER.
```

Hier endet das Programm STUDNEU. Es folgt das gerufene Programm PLAUSI:

```
IDENTIFICATION DIVISION.

PROGRAM-ID.  PLAUSI.


ENVIRONMENT DIVISION.

CONFIGURATION SECTION.

SOURCE-COMPUTER.   VAX-11.
OBJECT-COMPUTER.   VAX-11.


DATA DIVISION.

LINKAGE SECTION.

01  FEHLER                          PIC 9(3).

01  STAMMSATZ.
    02  KA                          PIC X(3).
    02  MATR                        PIC X(6).
    02  DATEN                       PIC X(71).


PROCEDURE DIVISION
    USING STAMMSATZ, FEHLER.

UNTERSUCHUNG.
    MOVE ZERO TO FEHLER.
    IF KA IS NOT NUMERIC;
       THEN
           MOVE 901 TO FEHLER
       ELSE
           IF KA IS NOT = 101
              THEN
                  MOVE 991 TO FEHLER
              ELSE
                  IF MATR IS NOT NUMERIC
                     THEN
                         MOVE 902 TO FEHLER
*                    ELSE
*                        Weitere Untersuchungen ...
                  END-IF
           END-IF
    END-IF.

SCHLUSS.
    EXIT PROGRAM.
```

Dies ist der Inhalt von BAND-EIN, d.h. des (alten) Studenten-Stammbandes:

```
101123451 INHALT VON BAND-EIN-SATZ NR. 01 INHALT
101123452 INHALT VON BAND-EIN-SATZ NR. 02 INHALT
101123453 INHALT VON BAND-EIN-SATZ NR. 03 INHALT
101123454 INHALT VON BAND-EIN-SATZ NR. 04 INHALT
101123455 INHALT VON BAND-EIN-SATZ NR. 05 INHALT
101123456 INHALT VON BAND-EIN-SATZ NR. 06 INHALT
101123457 INHALT VON BAND-EIN-SATZ NR. 07 INHALT
101123458 INHALT VON BAND-EIN-SATZ NR. 08 INHALT
101123459 INHALT VON BAND-EIN-SATZ NR. 09 INHALT
101234561 INHALT VON BAND-EIN-SATZ NR. 21 INHALT
101234562 INHALT VON BAND-EIN-SATZ NR. 22 INHALT
101234563 INHALT VON BAND-EIN-SATZ NR. 23 INHALT
101234564 INHALT VON BAND-EIN-SATZ NR. 24 INHALT
101234565 INHALT VON BAND-EIN-SATZ NR. 25 INHALT
101234566 INHALT VON BAND-EIN-SATZ NR. 26 INHALT
101234567 INHALT VON BAND-EIN-SATZ NR. 27 INHALT
101234568 INHALT VON BAND-EIN-SATZ NR. 28 INHALT
101234569 INHALT VON BAND-EIN-SATZ NR. 29 INHALT
101345671 INHALT VON BAND-EIN-SATZ NR. 41 INHALT
101345672 INHALT VON BAND-EIN-SATZ NR. 42 INHALT
101345673 INHALT VON BAND-EIN-SATZ NR. 43 INHALT
101345674 INHALT VON BAND-EIN-SATZ NR. 44 INHALT
101345675 INHALT VON BAND-EIN-SATZ NR. 45 INHALT
101345676 INHALT VON BAND-EIN-SATZ NR. 46 INHALT
101345677 INHALT VON BAND-EIN-SATZ NR. 47 INHALT
101345678 INHALT VON BAND-EIN-SATZ NR. 48 INHALT
101345679 INHALT VON BAND-EIN-SATZ NR. 49 INHALT
101345679 INHALT VON BAND-EIN-SATZ NR. 49 INHALT
```

Und dies ist der Inhalt der Datei STUDENTEN-NEU:

```
101123450 INHALT VON KARTE (SATZ)  NR. 00 INHALT:   VOR  BAND-EIN-SATZ NR. 01
101123455 INHALT VON KARTE (SATZ)  NR. 05 INHALT:   GLEICHE MATR-NR WIE BANDSATZ
101123470 INHALT VON KARTE (SATZ)  NR. 10 INHALT:   NACH BAND-EIN-SATZ NR. 09
101123471 INHALT VON KARTE (SATZ)  NR. 11 INHALT:   NACH BAND-EIN-SATZ NR. 09
101123472 INHALT VON KARTE (SATZ)  NR. 12 INHALT:   NACH BAND-EIN-SATZ NR. 09
201123473 INHALT VON KARTE (SATZ)  NR. 13 INHALT:   FALSCHE KARTENART
101234560 INHALT VON KARTE (SATZ)  NR. 20 INHALT:   VOR  BAND-EIN-SATZ NR. 21
101234570 INHALT VON KARTE (SATZ)  NR. 30 INHALT:   NACH BAND-EIN-SATZ NR. 29
KKK234571 INHALT VON KARTE (SATZ)  NR. 31 INHALT:   KARTENART NICHT NUMMERISCH
101345670 INHALT VON KARTE (SATZ)  NR. 40 INHALT:   VOR  BAND-EIN-SATZ NR. 41
10134567M INHALT VON KARTE (SATZ)  NR. MM INHALT:   MATR-NR NICHT NUMERISCH
101345680 INHALT VON KARTE (SATZ)  NR. 50 INHALT:   NACH BAND-EIN-SATZ NR. 49
101345681 INHALT VON KARTE (SATZ)  NR. 51 INHALT:   NACH BAND-EIN-SATZ NR. 49
101345682 INHALT VON KARTE (SATZ)  NR. 52 INHALT:   NACH BAND-EIN-SATZ NR. 49
101345682 INHALT VON KARTE (SATZ)  NR. 52 INHALT:   NACH BAND-EIN-SATZ NR. 49
```

Nachfolgend das Ergebnis, d.h. die zusammengemischten Daten in der Datei BAND-AUS, mit dem Schnelldrucker ausgegeben:

```
101123450 Inhalt von STUD-EIN-Satz NR. 00 Inhalt:      vor  BAND-EIN-Satz NR. 01
101123451 Inhalt von BAND-EIN-Satz NR. 01 Inhalt
101123452 Inhalt von BAND-EIN-Satz NR. 02 Inhalt
101123453 Inhalt von BAND-EIN-Satz NR. 03 Inhalt
101123454 Inhalt von BAND-EIN-Satz NR. 04 Inhalt
101123455 Inhalt von BAND-EIN-Satz NR. 05 Inhalt
101123456 Inhalt von BAND-EIN-Satz NR. 06 Inhalt
101123457 Inhalt von BAND-EIN-Satz NR. 07 Inhalt
101123458 Inhalt von BAND-EIN-Satz NR. 08 Inhalt
101123459 Inhalt von BAND-EIN-Satz NR. 09 Inhalt
101123470 Inhalt von STUD-EIN-Satz NR. 10 Inhalt:      nach BAND-EIN-Satz NR. 09
101123471 Inhalt von STUD-EIN-Satz NR. 11 Inhalt:      nach BAND-EIN-Satz NR. 09
101123472 Inhalt von STUD-EIN-Satz NR. 12 Inhalt:      nach BAND-EIN-Satz NR. 09
101234560 Inhalt von STUD-EIN-Satz NR. 20 Inhalt:      vor  BAND-EIN-Satz NR. 21
101234561 Inhalt von BAND-EIN-Satz NR. 21 Inhalt
101234562 Inhalt von BAND-EIN-Satz NR. 22 Inhalt
101234563 Inhalt von BAND-EIN-Satz NR. 23 Inhalt
101234564 Inhalt von BAND-EIN-Satz NR. 24 Inhalt
101234565 Inhalt von BAND-EIN-Satz NR. 25 Inhalt
101234566 Inhalt von BAND-EIN-Satz NR. 26 Inhalt
101234567 Inhalt von BAND-EIN-Satz NR. 27 Inhalt
101234568 Inhalt von BAND-EIN-Satz NR. 28 Inhalt
101234569 Inhalt von BAND-EIN-Satz NR. 29 Inhalt
101234570 Inhalt von STUD-EIN-Satz NR. 30 Inhalt:      nach BAND-EIN-Satz NR. 29
101345670 Inhalt von STUD-EIN-Satz NR. 40 Inhalt:      vor  BAND-EIN-Satz NR. 41
101345671 Inhalt von BAND-EIN-Satz NR. 41 Inhalt
101345672 Inhalt von BAND-EIN-Satz NR. 42 Inhalt
101345673 Inhalt von BAND-EIN-Satz NR. 43 Inhalt
101345674 Inhalt von BAND-EIN-Satz NR. 44 Inhalt
101345675 Inhalt von BAND-EIN-Satz NR. 45 Inhalt
101345676 Inhalt von BAND-EIN-Satz NR. 46 Inhalt
101345677 Inhalt von BAND-EIN-Satz NR. 47 Inhalt
101345678 Inhalt von BAND-EIN-Satz NR. 48 Inhalt
101345679 Inhalt von BAND-EIN-Satz NR. 49 Inhalt
101345690 Inhalt von STUD-EIN-Satz NR. 50 Inhalt:      nach BAND-EIN-Satz NR. 49
101345691 Inhalt von STUD-EIN-Satz NR. 51 Inhalt:      nach BAND-EIN-Satz NR. 49
101345692 Inhalt von STUD-EIN-Satz NR. 52 Inhalt:      nach BAND-EIN-Satz NR. 49
```

Und dies ist das Protokoll des Laufs auf dem Schnelldrucker:

```
*** Fehler: Doppelte Matrikel-Nr in nachstehendem STUD.NEU-Satz:
    101123455 Inhalt von STUD-EIN-Satz NR. 05 Inhalt:   gleiche MATR-NR wie BANDSatz

*** Fehler: Datenfehler Nr. 991  in nachstehendem STUD.NEU-Satz:
    201123473 Inhalt von STUD-EIN-Satz NR. 13 Inhalt:   hier ist die Satzart falsch!

*** Fehler: Datenfehler Nr. 901  in nachstehendem STUD.NEU-Satz:
    KKK234571 Inhalt von STUD-EIN-Satz NR. 31 Inhalt:   Satzart ist nicht numerisch!

*** Fehler: Datenfehler Nr. 902  in nachstehendem STUD.NEU-Satz:
    10134568M Inhalt von STUD-EIN-Satz NR. MM Inhalt:   MATR-NR ist nicht numerisch!

=== Band-Ende ===
    verarbeitet wurden    27 Band-Saetze.
=== STUD-NEU-Ende ===
    verarbeitet wurden    14 NEU-Saetze.
=== Ausgabe-Ende ===
    verarbeitet wurden    37 Studenten.

... Nach getah'ner Arbeit ist gut ruh'n! ...
```

7.12 Segmentation

In früheren Zeiten, als die Computer noch teure, von Hand gefädelte, verhältnismäßig kleine Kernspeicher hatten, war dieser Modul wichtig. Er ermöglichte es COBOL-Programmierern ihre Programme so abzufassen, daß eine Overlay-Struktur automatisch generiert wurde in Abhängigkeit vom Speicherausbau der betreffenden Maschine. Man fügte zu diesem Zwecke hinter dem Wort SECTION in der PROCEDURE DIVISION eine zweistellige Zahl an. Aus diesen Zahlen wurde die Overlay-Struktur abgeleitet.

Heute, im Zeitalter der Mega-Chips, in dem sogar Home-Computer über einen Speicherausbau von über 1 Million Bytes verfügen, ist dieser Modul überflüssig geworden, zumal moderne Universalrechnersysteme die sog. virtuelle Speichertechnik realisiert haben, bei der selbst Riesenprogramme ohne zusätzliche Maßnahmen ablaufen können.

Im nächsten COBOL-Standard wird daher dieser Modul getilgt. Wir brauchen uns also damit nicht weiter zu befassen.

7.13 Debug

Mit dem englischen Wort "debug" (wörtlich übersetzt: "entwanzen") werden Methoden und Hilfsmittel der Fehlersuche bezeichnet. Da moderne Computer-Systeme dem Programmierer mächtige Werkzeuge an die Hand geben, mit denen er sich auf die Fehlersuche begeben kann, ist auch dieser Modul entbehrlich geworden und fällt im nächsten Standard fort.

Was erhalten bleibt, sind die sog. <u>Debugging-Zeilen</u>. Das sind COBOL-Zeilen, die in Stelle C (Zeichen-Position 7) ein "D" enthalten. Diese Zeilen werden normalerweise als Kommentar-Zeilen interpretiert, es sei denn, man übersetzt das Programm mit dem aktivierten Schalter WITH DEBUGGING MODE:

SOURCE-COMPUTER. [Computer-Name [WITH DEBUGGING MODE].]

Dann, WITH DEBUGGING MODE, werden die Debugging-Zeilen aktiviert. Man kann mit ihrer Hilfe etwa Zwischen-Ergebnisse ausgeben und anhand derselben einen Fehler einkreisen.

7.14 Kommunikation

Der Modul Communication stellt Hilfsmittel bereit, mit denen man Kommunikationssysteme zwischen Benutzern an Bildschirmgeräten (Terminals) und dem zentralen Computer bzw. dem COBOL-Programm gestalten kann. COBOL setzt dabei die Existenz eines entsprechenden Software-Pakets voraus, welches Message Control System (MCS) genannt wird.

Die Kommunikationsbeschreibung (communication description) CD in der COMMUNICATION SECTION (zwischen LINKAGE SECTION und REPORT SECTION) der DATA DIVISION stellt eine genormte Schnittstelle zwischen MCS und dem COBOL-Programm dar. Damit kann das COBOL-Programm Meldungen (messages) von den Terminals, die von MCS nach Eingang in Warteschlagen (queues) eingereiht werden, verarbeiten und beantworten.

Weiter kann auf diese interessante Anwendung hier nicht eingegangen werden.

Anzumerken ist nur noch, daß der Dialog zwischen e i n e m Benutzer und dem COBOL-Programm mit DISPLAY und ACCEPT geführt werden kann. Hat man es dagegen mit mehreren Benutzern zu tun, die gleichzeitig in einen Dialog eintreten wollen, so benötigt man Communication.

8. Anhang

8.1 Historisches

8.1.1 Vorläufer von COBOL

Bereits Anfang der fünfziger Jahre entstanden höhere Programmiersprachen für technisch-wissenschaftliche Zwecke: In den USA arbeitete man an FORTRAN (Formula Translator) und in Europa schufen Wissenschaftler verschiedener Nationen ALGOL (Algorithmic Language).

Bald danach hat man auch Programmiersprachen für kommerzielle Probleme erfunden [SAMM 69]. Dies sind die wichtigsten:

FLOW-MATIC von UNIVAC

1955 erste Entwicklungen durch GRACE HOPPER, die auch FORTRAN mit geschaffen hat.
1958 erster Compiler für UNIVAC.

In der Erkenntnis, daß die mathematische Symbolik für kommerzielle Probleme ungeeignet ist, wurden in FLOW-MATIC bereits folgende wichtige Eigenschaften realisiert:

- Die Sprache ist in einem leicht verständlichen Englisch abgefaßt.
- Trennung von Datenbeschreibungen und Prozeduren.

AIMACO von Air Force Air Material Command

Diese Sprache kann man als Erweiterung von FLOW-MATIC ansehen. Der Compiler lief auf der UNIVAC 1105. Der Versuch, einen Compiler für die IBM 705 zu schreiben, wurde abgebrochen, da AIMACO von COBOL-60 abgelöst wurde. Es handelt sich um den ersten Versuch, eine kommerzielle Sprache auf Maschinen verschiedener Hersteller zu implementieren.

Commercial Translator (COMTRAN) von IBM

1958 erster Compiler.

COMTRAN enthielt, im Gegensatz zu FLOW-MATIC, Formel-Verarbeitung, die IF-Anweisung, Stufennummern in der Datenbeschreibung und die PICTURE-Klausel. COMTRAN lief auf verschiedenen IBM-Maschinen, sehr lange auf der IBM 7090/7094, und wurde erst bei der Umstellung auf das System /360 fallengelassen.

FACT von Honeywell

1959 wurde FACT (= Fully Automatic Compiling Technique) parallel zu COBOL entwickelt und auf der H 800 implementiert.

FACT enthielt eine flexiblere Datei-Verarbeitung als COBOL-60, sowie bereits SORT und REPORT. FACT war damals die komplexeste Implementierung einer kommerziellen Programmiersprache.

8.1.2 Geschichte von COBOL

8. April 1959:
Eine Arbeitsgruppe an der University of Pennsylvania überprüft die Möglichkeit, einen Geldgeber (sponsor) für die Entwicklung einer kommerziellen Programmiersprache zu finden und gewinnt das Pentagon dafür.

28./29. Mai 1959:
Im Pentagon treffen sich Vertreter von Anwendern (Privat-Industrie und Behörden) und Computer-Herstellern. Es werden Arbeitsausschüsse gebildet, die COBOL (= Common Business Oriented Language) entwickeln sollen. Gründung von CODASYL (= Conference on Data Systems Languages).

23. Juni 1959:
Erste Arbeitssitzung des COBOL-Ausschusses. Seine Aufgabe war es, aus FLOW-MATIC, AIMACO und COMTRAN eine Sprache zu entwikkeln, die alle deren Eigenschaften enthalten sollte. Später wurde in die Entwicklung auch FACT mit einbezogen.

17. Dezember 1959:
Der erste Entwurf ist fertiggestellt.

April 1960:
Veröffentlichung von COBOL-60.

1960:
Erste Implementierung von COBOL-60 durch REMINGTON RAND (UNIVAC) und RCA. COBOL erweist sich als praktikabel.

Juni 1961:
Veröffentlichung von COBOL-61. COBOL-61 enthält zwar Verbesserungen gegenüber COBOL-60, ist aber mit COBOL-60 nicht kompatibel.

November 1962:
Veröffentlichung von COBOL-61 Extended. COBOL-61 Extended erweitert COBOL-61 um SORT und REPORT und läßt CORRESPONDING bei ADD und SUBTRACT zu. COBOL-61 Extended ist zu COBOL-61 aufwärtskompatibel; dieses Prinzip wird für alle weiteren COBOL-Entwicklungen im wesentlichen eingehalten.

Frühjahr 1966:
Veröffentlichung von COBOL, Edition 1965. COBOL-61 Extended wird erweitert um die Indizierung und SEARCH sowie um die Verarbeitung von Massenspeicher-Dateien. Auf COBOL, Edition 65, basiert ANS COBOL X3.23-1968.

Ab 1968 gibt das CODASYL Programming Language Committee (ab 1977 CODASYL COBOL Committee genannt) in Abständen das Journal of Development (JOD) heraus, welches den aktuellen Stand der Sprachentwicklung enthält. Jedes JOD baut auf seinem Vorgänger auf, ist aber in sich vollständig und abgeschlossen. Nachfolgend werden die wichtigsten erwähnt.

JOD 1969 bringt u.a. neu "Communication", ersetzt EXAMINE durch INSPECT und führt STRING und UNSTRING ein.

JOD 1970 bringt u.a. neu MERGE und INITIALIZE, auch "Debug". Auf JOD 1970 basiert ANS COBOL X3.23-1974.

JOD 1976 bringt u.a. neu das Arbeiten mit einer Datenbank nach dem CODASYL-Datenbank-Modell, die Umkehrung der Druckaufbereitung (de-editing), tilgt die Stufennummer 77 zugunsten von 01, und tilgt ALTER.

JOD 1978 bringt u.a. neu die Unterstützung der Strukturierten Programmierung mit END-IF, END-ADD etc., das Verb EVALUATE, Erweiterung von PERFORM um "In-Line" Prozeduren und die Tilgung der Kommentar-Paragraphen in der IDENTIFICATION DIVISION. Es war vorgesehen, auf JOD 1978 den dritten ANS COBOL Standard basieren zu lassen.

JOD 1981 bringt u.a. neu BINARY und PACKED-DECIMAL, die Darstellung von Gleitpunktzahlen, die Tilgung von ENTER zugunsten von CALL, die Erlaubnis, COBOL-Programme in freiem Format eingeben zu können.

JOD 1984 bringt u.a. die Tilgung von RERUN. Auf JOD 1984 basiert ANS COBOL X3.23-1985.

8.1.3 Standardisierung von COBOL

Der amerikanische Normenausschuß ASA X3.4.4 (später USASI X3.4.4, jetzt ANSI X3J4), der sich mit der Standardisierung von COBOL beschäftigt, betreibt selbst keine Sprachentwicklung. Von Anfang an besteht eine enge Zusamamenarbeit mit internationalen Organisationen wie International Standard Organization (ISO) und European Computing Machinery Association (ECMA).

15./16. Januar 1961:
Erste Sitzung des Ausschusses X3.4.4, der aus Vertretern von Herstellern und Anwendern besteht.

4. - 7. Juni 1963:
Erste gemeinsame Sitzung von X3.4.4 mit einer Delegation der ECMA und des CODASYL COBOL Ausschusses in Berlin. Es wird festgehalten, daß die Sprachentwicklung vom CODASYL COBOL Ausschuß weitergeführt wird, daß aber auch europäische Wünsche in COBOL realisiert werden sollen, so daß sich COBOL aus einer amerikanischen zu einer international verwendbaren Programmiersprache entwickeln kann. Die Folge davon ist, daß nach und nach europäische Forderungen (besonders aus Deutschland, Frankreich und den Niederlanden) in COBOL übernommen werden, wie DECIMAL-POINT IS COMMA, die CURRENCY-Klausel und die DEVIDE ... BY ... Anweisung.

25. Februar 1966:
COBOL wird in 7 Bausteine (Moduln) gegliedert. Der (8-te) Modul Library wird erst später hinzugefügt.

30. März 1966:
Einteilung der Moduln in zwei oder drei Stufen.

April 1967:
Die vorläufige Fassung von USA Standard COBOL wird veröffentlicht. Es gehen 55 Änderungsvorschläge aus aller Welt ein. Redaktionsschluß ist der 20. September 1968.

Anfang 1969:
Veröffentlichung von USA Standard COBOL (USAS COBOL), später ANS COBOL X3.23-1968 genannt.

1970:
Der technische Ausschuß X3J4 beginnt, eine Revision von COBOL 68 zu erarbeiten.

Juni 1972:
Der revidierte COBOL-Standard wird als Entwurf veröffentlicht. Er besteht nunmehr aus 11 statt bisher 8 Moduln. In enger Zusammenarbeit mit CODASYL wird dieser Entwurf überarbeitet.

10. Mai 1974:
Der neue COBOL-Standard wird verabschiedet und anschließend als ANS COBOL X3.23-1974 veröffentlicht und in Kraft gesetzt.

1977:
X3J4 nimmt die Arbeit an einer Revision des COBOL-Standards wieder auf.

Juni 1981:
Der revidierte COBOL-Standard wird als Entwurf veröffentlicht. In den folgenden Jahren findet ein langwieriger Änderungs-Prozeß statt, der schließlich im April 1985 mit der endgültigen Festlegung des Entwurfs endet.

September 1985:
Der neue COBOL-Standard wird verabschiedet und anschließend als ANS COBOL X3.23-1985 veröffentlicht und in Kraft gesetzt.

Dieser Standard richtet bereits den Blick in die Zukunft, d.h. auf den nächsten Standard: Alle diejenigen Moduln, Anweisungen, Klauseln etc. sind gekennzeichnet, die im nächsten Standard wegfallen werden, weil die Fortschritte in der Datenverarbeitung diese Bausteine überflüssig gemacht haben.

8.1.4 Validierung von COBOL-Compilern

Um die Zuverlässigkeit ihrer Produkte nachzuweisen, können Hersteller seit einigen Jahren ihre Compiler vom Office of Software Development and Information Technology / Federal Software Management Support Center (OIT/FSMC) "validieren" lassen. Dem Compiler werden dabei Programme einer sog. Validation Suite zum übersetzen gegeben, die alle wichtigen Eigenschaften der Sprache überprüfen, insbesondere aber auch das Aufdecken von Programmier-Fehlern. Besteht ein Compiler diese Prüfung, kann er für eine gewisse Zeit - etwa 2 Jahre lang - dieses Zertifikat tragen.

Die Liste der validierten Compiler wird regelmäßig veröffentlicht. Sie ist für COBOL-85-Compiler gegenwärtig noch kurz.

In der Bundesrepublik Deutschland führt die Gesellschaft für Mathematik und Datenverarbeitung (GMD) in St. Augustin bei Bonn im Auftrag der amerikanischen Dienststelle die Validierung von COBOL-Compilern durch.

Wenn man einen validierten COBOL-Compiler verwendet, darf man sicher sein, daß der Compiler die Spezifikationen von ANS COBOL X3.23-1985 einhält, daß der Compiler ziemlich fehlerfrei arbeitet und die Programme, die mit ihm erarbeitet worden sind, kompatibel, d.h. austauschbar sind. Die Validierung unterstützt also wesentlich das Anliegen der Standardisierung von COBOL.

8.2 Liste der reservierten Wörter

Die Anzahl der reservierten Wörter (einschließlich der Operationszeichen) beträgt

für COBOL 68: 241 Wörter
für COBOL 74: 308 Wörter
für COBOL 85: 359 Wörter

Zum Vergleich: die Liste der reservierten Wörter in JOD 1978 ist 434 Wörter lang.

Die Hersteller ergänzen diese Liste mit den sog. Hersteller-Namen (implementor names); daher sind die Listen der reservierten Wörter bei konkreten Compilern wesentlich länger.

Nachfolgend sind alle in COBOL 85 reservierten Wörter aufgelistet, einschließlich der Operationszeichen.

ACCEPT
ACCESS
ADD
ADVANCING
AFTER
ALL
ALPHABET
ALPHABETIC
ALPHABETIC-LOWER
ALPHABETIC-UPPER
ALPHANUMERIC
ALPHANUMERIC-EDITED
ALSO
ALTER
ALTERNATE
AND
ANY
ARE
AREA
AREAS
ASCENDING
ASSIGN
AT
AUTHOR

BEFORE
BINARY
BLANK
BLOCK
BOTTOM
BY

CALL
CANCEL
CD
CF
CH
CHARACTER
CHARACTERS
CLASS
CLOCK-UNITS
CLOSE
COBOL
CODE
CODE-SET
COLLATING
COLUMN
COMMA
COMMON
COMMUNICATION
COMP
COMPUTATIONAL
COMPUTE
CONFIGURATION
CONTAINS
CONTENT
CONTINUE
CONTROL
CONTROLS
CONVERTING
COPY
CORR
CORRESPONDING
COUNT
CURRENCY

DATA
DATE
DATE-COMPILED
DATE-WRITTEN
DAY
DAY-OF-WEEK
DE
DEBUG-CONTENTS
DEBUG-ITEM
DEBUG-LINE
DEBUG-NAME
DEBUG-SUB-1
DEBUG-SUB-2
DEBUG-SUB-3
DEBUGGING
DECIMAL-POINT
DECLARATIVES
DELETE
DELIMITED
DELIMITER
DEPENDING
DESCENDING
DESTINATION
DETAIL
DISABLE
DISPLAY
DIVIDE
DIVISION
DOWN
DUPLICATES
DYNAMIC

EGI

ELSE
EMI
ENABLE
END
END-ADD
END-CALL
END-COMPUTE
END-DELETE
END-DIVIDE
END-EVALUATE
END-IF
END-MULTIPLY
END-OF-PAGE
END-PERFORM
END-READ
END-RECEIVE
END-RETURN
END-REWRITE
END-SEARCH
END-START
END-STRING
END-SUBTRACT
END-UNSTRING
END-WRITE
ENTER
ENVIRONMENT
EOP
EQUAL
ERROR
ESI
EVALUATE
EVERY
EXCEPTION
EXIT
EXTEND
EXTERNAL

FALSE
FD
FILE
FILE-CONTROL
FILLER
FINAL
FIRST
FOOTING
FOR
FROM

GENERATE
GIVING
GLOBAL
GO
GREATER
GROUP

HEADING
HIGH-VALUE
HIGH-VALUES

I-O
I-O-CONTROL
IDENTIFICATION
IF
IN
INDEX
INDEXED
INDICATE
INITIAL
INITIALIZE
INITIATE
INPUT
INPUT-OUTPUT
INSPECT
INSTALLATION
INTO
INVALID
IS

JUST
JUSTIFIED

KEY

LABEL
LAST
LEADING
LEFT
LENGTH
LESS
LIMIT
LIMITS
LINAGE
LINAGE-COUNTER
LINE
LINE-COUNTER
LINES
LINKAGE
LOCK
LOW-VALUE
LOW-VALUES

MEMORY
MERGE
MESSAGE
MODE
MODULES
MOVE
MULTIPLE
MULTIPLY

NATIVE
NEGATIVE
NEXT
NO
NOT
NUMBER
NUMERIC
NUMERIC-EDITED

OBJECT-COMPUTER
OCCURS
OF
OFF
OMITTED
ON
OPEN
OPTIONAL
OR
ORDER
ORGANIZATION
OTHER
OUTPUT
OVERFLOW

PACKED-DECIMAL
PADDING
PAGE
PAGE-COUNTER
PERFORM
PF
PH
PIC
PICTURE
PLUS
POINTER
POSITION

POSITIVE
PRINTING
PROCEDURE
PROCEDURES
PROCEED
PROGRAM
PROGRAM-ID
PURGE

QUEUE
QUOTE
QUOTES

RANDOM
RD
READ
RECEIVE
RECORD
RECORDS
REDEFINES
REEL
REFERENCE
REFERENCES
RELATIVE
RELEASE
REMAINDER
REMOVAL
RENAMES
REPLACE
REPLACING
REPORT
REPORTING
REPORTS
RERUN
RESERVE
RESET

RETURN
REVERESED
REWIND
REWRITE
RF
RH
RIGHT
ROUNDED
RUN

SAME
SD
SEARCH
SECTION
SECURITY
SEGMENT
SEGMENT-LIMIT
SELECT
SEND
SENTENCE
SEPARATE
SEQUENCE
SEQUENTIAL
SET
SIGN
SIZE
SORT
SORT-MERGE
SOURCE
SOURCE-COMPUTER
SPACE
SPACES
SPECIAL-NAMES
STANDARD
STANDARD-1
STANDARD-2

START
STATUS
STOP
STRING
SUB-QUEUE-1
SUB-QUEUE-2
SUB-QUEUE-3
SUBTRACT
SUM
SUPPRESS
SYMBOLIC
SYNC
SYNCHRONIZED

TABLE
TALLYING
TAPE
TERMINAL
TERMINATE
TEST
TEXT
THAN

THEN
THROUGH
THRU
TIME
TIMES
TO
TOP
TRAILING
TRUE
TYPE

UNIT
UNSTRING
UNTIL
UP
UPON
USAGE
USE
USING

VALUE
VALUES

VARYING
WHEN
WITH
WORDS
WORKING-STORAGE
WRITE

ZERO
ZEROES
ZEROS

+
-
*
/
**
<
>
=
<=
>=

In den nachfolgenden Teillisten sind Informationen enthalten, die für Programmierer wichtig sind, die auch mit anderen COBOL-Compilern arbeiten, also mit COBOL 68 oder COBOL 74, und die künftige Entwicklungen im Auge behalten wollen.

Hier ist zunächst die Liste derjenigen Wörter, die in COBOL 68 zu den reservierten gehören, aber ab COBOL 74 getilgt sind. Aus Kompatibilitätsgründen haben manche Hersteller diese Wörter - oder einige von ihnen - in ihren Listen der reservierten Wörter mit aufgenommen (die Liste enthält 13 Wörter):

ACTUAL
ADDRESS
BEGINNING
ENDING
EXAMINE
FILE-LIMIT
FILE-LIMITS
KEYS
NOTE
PROCESSING
REMARKS
SEEK
TALLY

Anschließend ist die Liste derjenigen reservierten Wörter angegeben, die im Vergleich zu COBOL 68 in COBOL 74 neu hinzugekommen sind (die Liste enthält 76 Wörter:

ALSO
BOTTOM
CALL
CANCEL
CD
CHARACTER
CODE-SET
COLLATING
COMMUNICATION
COUNT
DATE
DAY
DEBUG-CONTENTS
DEBUG-ITEM
DEBUG-LINE
DEBUG-NAME
DEBUG-SUB-1
DEBUG-SUB-2
DEBUG-SUB-3
DEBUGGING
DELETE
DELIMITED
DELIMITER
DESTINATION
DISABLE
DUPLICATES
DYNAMIC
EGI
EMI
ENABLE
END-OF-PAGE
EOP
ESI
EXCEPTION
EXTEND
INITIAL
INSPECT
LENGTH
LINAGE
LINAGE-COUNTER
LINKAGE
MERGE
MESSAGE
NATIVE
ORGANIZATION
OVERFLOW
POINTER
PRINTING
PROCEDURES
PROGRAM
QUEUE
RECEIVE
REFERENCES
RELATIVE
REMOVAL
REWRITE
SEGMENT
SEND
SEPARATE
SEQUENCE
SORT-MERGE
STANDARD-1
START
STRING
SUB-QUEUE-1
SUB-QUEUE-2
SUB-QUEUE-3
SUPPRESS
SYMBOLIC
TABLE
TERMINAL
TEXT
TIME
TOP
TRAILING
UNSTRING

Hier sind diejenigen reservierten Wörter aufgelistet, die in COBOL 85 neu hinzugekommen sind (die Liste enthält 48 Wörter und 2 Operationszeichen):

ALPHABET	END-DIVIDE	FALSE
ALPHABETIC-LOWER	END-EVALUATE	GLOBAL
ALPHABETIC-UPPER	END-IF	INITIALIZE
ALPHANUMERIC	END-MULTIPLY	NUMERIC-EDITED
ALPHANUMERIC-EDITED	END-PERFORM	ORDER
ANY	END-READ	OTHER
BINARY	END-RECEIVE	PACKED-DECIMAL
CLASS	END-RETURN	PADDING
COMMON	END-REWRITE	PURGE
CONTENT	END-SEARCH	REFERENCE
CONTINUE	END-START	REPLACE
CONVERTING	END-STRING	STANDARD-2
DAY-OF-WEEK	END-SUBTRACT	TEST
END-ADD	END-UNSTRING	THEN
END-CALL	END-WRITE	TRUE
END-COMPUTE	EVALUATE	<=
END-DELETE	EXTERNAL	>=

Schließlich sind diejenigen reservierten Wörter aufgelistet, die im aktuellen Standard als "obsolet" bezeichnet sind, die also im nächsten Standard vorausichtlich nicht mehr vorkommen werden (die Liste enthält 24 Wörter):

ALTER	DEBUG-NAME	MULTIPLE
AUTHOR	DEBUG-SUB-1	PROCEDURES
CLOCK-UNITS	DEBUG-SUB-2	REFERENCES
DATE-COMPILED	DEBUG-SUB-3	RERUN
DATE-WRITTEN	ENTER	REVERESED
DEBUG-CONTENTS	INSTALLATION	SECURITY
DEBUG-ITEM	LABEL	SEGMENT-LIMIT
DEBUG-LINE	MEMORY	TAPE

Literaturverzeichnis

[ANSI 69] ANSI (American National Standards Institute): American National Standard COBOL, X3.23-1968. New York 1969

[ANSI 74] ANSI (American National Standards Institute): American National Standard COBOL, X3.23-1974, New York 1974

[ANSI 80] ANSI (American National Standards Institute), X3J4 COBOL Technical Committee; COBOL Information Bulletin Number 19. Washington, D. C.: CBEMA May 1980

[ANSI 85] ANSI (American National Standards Institute): American National Standard COBOL, X3.23-1985, New York 1985

[BAU 85] BAUKNECHT, K.; ZEHNDER, C. A.: Grundzüge der Datenverarbeitung. 3. Aufl., Stuttgart: Teubner 1985. = Leitfäden der angewandten Informatik

[FMK 80] FRIED, R.; McKENZEY, R.: The Next COBOL Standard. DATAMATION 25 (September 1979), 175-180

[JOD 78] CODASYL (Conference on Data Systems Languages), COBOL Committee: Journal of Development 1978. Québec 1978.

[NEL 80] NELSON, D. F.: Recent History and the Future of COBOL. In HOFFMANN, H.-J. (Hrsg.): Programmiersprachen und Programmentwicklung; 6. Fachtagung des Fachausschusses Programmiersprachen der GI, Darmstadt, 11. - 12. März 1980. Berlin - Heidelberg - New York: Springer 1980. = Informatik Fachberichte 25

[SAMM 69] SAMMET, J. E.: Programming Languages: History and Fundamentals. Englewood Cliffs, N.J.: Prentice Hall 1969

[SIN 84] SINGER, F.: Programmieren in der Praxis. 2. Aufl., Stuttgart: Teubner 1984. = Leitfäden der angewandten Informatik

Stichwortverzeichnis

*** THAT'S ALL, CHARLEY BROWN ***